卷积传媒 AIRBOOK

信息学竞赛宝典

数据结构基础

张新华 梁靖韵 刘树明 ◉ 编著

人民邮电出版社
北京

图书在版编目（CIP）数据

信息学竞赛宝典. 数据结构基础 / 张新华, 梁靖韵, 刘树明编著. -- 北京 : 人民邮电出版社, 2024.6
ISBN 978-7-115-63502-0

Ⅰ. ①信… Ⅱ. ①张… ②梁… ③刘… Ⅲ. ①数据结构—自学参考资料 Ⅳ. ①TP3

中国国家版本馆CIP数据核字(2024)第007648号

内 容 提 要

数据结构是计算机存储、组织数据的方式，往往同高效的检索算法和索引技术有关。学习和掌握数据结构的相关知识，使我们能够更好地运用计算机来解决实际问题。

为了提高读者的学习效率，本书直接从各类竞赛真题入手，以精练而准确的语言、全面细致地介绍了信息学竞赛中经常用到的数据结构类型，包括链表、堆栈、队列、树、图等。本书精挑细选、由浅入深地安排了相关习题。考虑读者接受水平的差异，一般在引入新知识点的题目时，本书会提供该题目的完整参考代码，但随着读者对此知识点的理解逐步加深，后续的同类型题目将逐步向仅提供算法思路、提供伪代码和无任何提示的方式转变。此外，对于一些思维跨度较大的题目，本书会酌情给予读者一定的提示。

本书可以与《信息学竞赛宝典　基础算法》同步学习，也可以作为有一定编程基础的读者学习数据结构算法的独立用书。

◆ 编　　著　张新华　梁靖韵　刘树明
责任编辑　赵祥妮
责任印制　陈　犇
◆ 人民邮电出版社出版发行　　北京市丰台区成寿寺路 11 号
邮编　100164　　电子邮件　315@ptpress.com.cn
网址　https://www.ptpress.com.cn
涿州市京南印刷厂印刷
◆ 开本：787×1092　1/16
印张：20.25　　　　2024 年 6 月第 1 版
字数：332 千字　　　2024 年 6 月河北第 1 次印刷

定价：89.90 元

读者服务热线：(010)81055410　印装质量热线：(010)81055316
反盗版热线：(010)81055315
广告经营许可证：京东市监广登字 20170147 号

前言
PREFACE

编程竞赛介绍

随着计算机逐步深入人们生活的各个方面，利用计算机及其程序设计来分析、解决问题的算法在计算机科学乃至整个科学界的作用日益明显。相应地，各类以算法为主的编程竞赛也层出不穷：在国内，有全国青少年信息学奥林匹克联赛（National Olympiad in Informatics in Provinces，NOIP），该联赛与全国中学生生物学联赛、全国中学生物理竞赛、全国高中数学联赛、全国高中学生化学竞赛对高中生而言是含金量最高的竞赛；在国际上，有面向中学生的国际信息学奥林匹克竞赛（International Olympiad in Informatics，IOI）、面向亚太地区在校中学生的信息学科竞赛即亚洲与太平洋地区信息学奥林匹克（Asia-Pacific Informatics Olympiad，APIO），以及由国际计算机学会（Association for Computing Machinery，ACM）主办的面向大学生的国际大学生程序设计竞赛（International Collegiate Programming Contest，ICPC）等。

因为各类编程竞赛要求参赛选手不仅要有深厚的计算机算法功底、快速并准确编程的能力和创造性的思维，而且要有团队合作精神和抗压能力，所以编程竞赛逐渐得到高校、IT 公司和其他社会团体的认同和重视。编程竞赛的优胜者更是 Microsoft、Google、百度、Facebook（已更名为 Meta）等全球知名 IT 公司争相高薪招募的对象。因此，除了各类参加编程竞赛的选手，很多不参加此类竞赛的研究人员和从事 IT 行业的人士，也都希望能得到这方面的专业训练并从中取得一定的收获。

为什么要学习数据结构

数据结构是计算机存储、组织数据的方式。数据结构是指相互之间存在一种或多种特定关系的数据元素的集合。数据结构是带有结构特性的数据元素的集合，它研究的是数据的逻辑结构、物理结构和它们之间的关系，数据结构会对这些结构定义相适应的运算，设计出相应的算法，确保经过运算以后得到的新结构仍保持原来的结构类型。数据结构往往与高效的检索算法和索引技术有关。

据统计，当今处理非数值计算性问题占用了 85% 以上的机器时间，这类问题涉及的数据结构更为复杂，数据元素之间的相互关系一般无法用数学方程加以描述。因此，解决这类问题的关键不再是优化数学分析和计算方法，而是要设计出合适的数据结构。通常情况下，精心设计的数据结构可以带来更高的运行效率或者存储效率。

数据结构是计算机科学与技术、计算机信息管理等专业的基础课程，是十分重要的核心课程。所有的计算机系统软件和应用软件都要用到各种类型的数据结构，学习和掌握数据结构的相关知识，使我们能够更好地运用计算机来解决实际问题。可以说，数据结构是计算机学科知识结构的核心和技术体系的基石。

本书的特色及用法

本书包含了 NOIP 中常用的数据结构类型，如堆栈、队列、树、图等，适用于 NOIP 级别的竞赛选手学习。

为了提高读者的学习效率，本书直接以各类竞赛真题入手，以精练而准确的语言，全面、细致地介绍编程竞赛中常用的数据结构类型。考虑读者接受水平的差异，一般在引入包含新知识点的题目时，本书会提供该题目的完整参考代码以供读者参考，但随着读者对知识点的理解逐步加深，后续的同类型题目将逐步向仅提供思路、提供伪代码和无任何提示的方式转变。此外，对于一些思维跨度较大的题目，本书会酌情给予读者一定的提示。

本书的内容是按照难易程度划分的，但是并不建议读者严格按照本书既有的顺序逐步学习，因为这很容易导致学到后面的内容时，就忘了前面学习过的内容。一个比较好的学习建议是，读者在掌握某个章、节的大部分内容后，可以先学习后面章、节的内容，剩下的部分和没有做过的较难的题目，可以在后面的复习巩固中完成。

本书的配套资源

本书精心安排了由浅入深的相关例题与习题，让读者能进一步掌握数据结构相关知识。对于例题，本书给出了详细的算法分析和参考代码，题目对应的数字（如 402001）为配套题库网站中的题目编号，网址为 www.magicoj.com，读者可在该网站通过题目编号查找对应题目并进行在线评测。因篇幅所限，对于习题，本书仅提供配套题库网站的题目编号，请读者到配套题库网站上完成习题。

本书有配套的源代码、课件，读者可登录“异步社区”网站搜索本书，在本书的页面中进行相关资源的下载。

适合阅读本书的读者

本书可以作为本系列书的读者后续的学习教材，也可以作为有一定编程基础的读者学习数据结构的参考用书。

本书可作为 NOIP 的复赛教材和 ICPC 的参考与学习用书，还可作为计算机专业的学生、IT 工程师、科研人员、算法爱好者的参考和学习用书。

致谢

感谢全国各中学、大学的信息学奥赛指导教师们，他们对本书的编写提出了许多真诚而有益的建议，并对笔者在写书过程中遇到的一些困惑和问题给予了热心的解答。

本书使用了 NOIP 的部分原题、在线评测网站的部分题目，并参考和收集了其他创作者发表在互联网、杂志等媒体上的相关资料，无法一一列举，在此对相关人员一并表示衷心的感谢。

感谢卷积文化传媒（北京）有限公司的 CEO 高博先生和他的同事。

最后要说的话

由于笔者水平所限，书中难免存在不妥之处，欢迎读者赐正。读者如果在阅读过程中发现任何问题，请发送电子邮件到 hiapollo@sohu.com，希望读者能对本书提出建设性意见，以便重印时改进。

希望本书的出版，能够给学有余力的中学生、计算机专业的大学生、程序算法爱好者和 IT 从业者提供一些新思路。

广州市第六中学强基计划基地教材编委会
2024 年 1 月

目录
CONTENTS

第 5 章 ■ 图

第 6 章 ■ 哈希

第 7 章 ■ 树状数组

第 8 章 ■ 并查集

第9章 线段树

第10章 二分图

第1章　链表

1.1 何谓链表

我们知道，数组一般需要先定义长度（事先预估数组元素个数），但这在解决某些问题时并不是特别适用。例如，记录不同学校的学生时，由于各校人数不同，开辟过大的数组会导致存储空间浪费，开辟过小的数组会导致数组元素不够用。

链表可以根据需要动态开辟内存单元，是一种常见的重要数据结构。图 1.1 所示为最简单的一种链表。

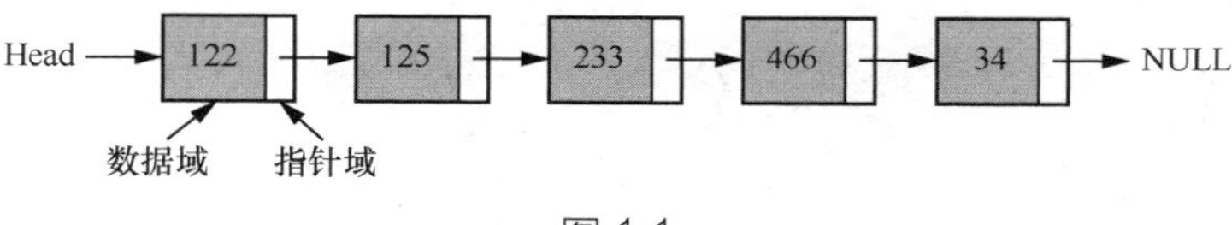

图 1.1

链表如同铁链，一环扣一环，中间是不能断开的。例如，幼儿园教师带领小朋友出来散步，教师牵着第一个小朋友的手，第一个小朋友牵着第二个小朋友的手……最后一个小朋友的一只手是空的，这就是一个“链”。

教师即“头指针”变量，即图 1.1 中的“Head”，它用于存放一个地址。链表中的每一个元素被称为一个“节点”，每个节点都包含两部分：一部分是存储数据元素的数据域，另一部分是存储下一个节点地址的指针域。

最后一个元素的指针域不指向其他节点，它被称为“表尾”，以“NULL”表示。“NULL”在 C++ 里指向“空地址”。

显然，链表使用结构体和指针变量实现是十分合适的。

由于 NOIP 已允许使用 C++ 的 STL（Standard Template Library，标准模板库），因此本书中许多数据结构的实现都可以使用 STL 轻松实现，例如队列可以使用 STL 的 queue 实现，堆栈可以使用 STL 的 stack 实现……此外，使用效率更高的数组仿真也是不错的选择。对学习时间不充裕的读者来说，本章的链表内容可以略过不看，但如果想要对数据结构有更深刻的理解以应对更高层次的挑战，建议读者还是认认真真把基础夯实。

1.2 简单静态链表

下面的代码实现的是一个简单静态链表，它由 3 个存储学生数据（学号、成绩）的节点组成。请考虑：（1）head 的作用；（2）p 的作用。

```
1   // 简单静态链表
2   #include <bits/stdc++.h>
3   using namespace std;
4   
5   struct  student
6   {
7     long num;                          // 学号
8     float score;                       // 成绩
9     struct student *next;              // 该指针指向 student 类型的结构体
10  };                                   // 注意必须有分号
11  
12  int main()
13  {
14    struct student a,b,c;
15    a.num=34341;                       //a 学生赋值
16    a.score=81.5;
17    b.num=34343;                       //b 学生赋值
18    b.score=97;
19    c.num=34344;                       //c 学生赋值
20    c.score=82;
21    struct student *head=&a;           //head 指向 a 的地址
22    a.next=&b;                         // 将 b 的地址赋给 a.next，即连接下一结构体元素
23    b.next=&c;
24    c.next=NULL;                       // 最后一个元素指向空地址
25    struct student *p=head;            // 定义指针变量 p 指向 head
26    do                                 // 输出记录
27    {
28      cout<<p->num<<" "<<p->score<<endl;
29      p=p->next;                       //p 指向下一节点
30    } while(p!=NULL);
31    return 0;
32  }
```

head 是“头指针”变量，指向链表中的第一个节点地址，这相当于“幼儿园教师”拉着第一个“小朋友”的手。输出链表中每个节点的值相当于登记小朋友的名字，但是这件事教师是不适合亲自做的，因为她必须时刻拉着小朋友的手，否则小朋友就有可能会跑得找不到人影（链表地址丢失）。p 是教师的“助手”，所以由 p 从教师的位置开始向后一步步移动以登记小朋友的名字。

1.3 动态链表

完善的动态链表程序通常具有以下基本功能：建立链表、插入节点、删除节点、输出链表、释放链表等。随后的代码将依次实现这些功能。

为了程序的易读性和可扩展性，可以在程序开头先进行预定义处理。请务必领会下面的代码含义，否则将影响对后续代码的理解。

```
1   #include <bits/stdc++.h>
2   using namespace std;
3
4   //typedef 用于为复杂的声明定义简单的别名
5   typedef struct List *Link;                    //Link 代表链表指针
6   typedef struct List Lnode;                    //Lnode 代表链表节点
7
8   struct List
9   {
10    int data;                                   // 此处仅以一个整型变量为例
11    struct List *next;
12  };
```

1.3.1 链表的建立

建立链表之前，Head 指向 NULL。链表建好后，每次新建一个节点连接到链表时，首先使 NewPoint（新建节点）的指针域指向 Head 指向的地址，再将 Head 指向 NewPoint 的地址，如图 1.2 所示。

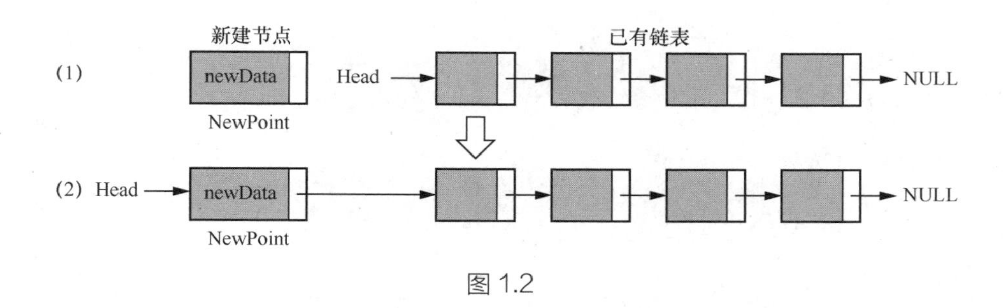

图 1.2

链表建立函数应该返回节点指针，其输入参数也应该是节点指针，参考代码如下。其中第 6 行的关键字 new 表示要在内存中开辟一个新的空间，该空间用于保存 NewPoint。

```
1   Link Create(Link Head)                        // 建立链表
2   {
3     int newData;
4     while(1)
5     {
6       Link NewPoint=new Lnode;// 开辟空间保存 NewPoint，如果失败，NewPoint=NULL
7       printf(" 输入链表元素 : 结束输入 '-1'\n");
8       scanf("%d",&newData);
```

```
9       if (newData==-1)                         // 如果输入 -1，则创建完毕
10        return Head;                           // 返回 Head
11      NewPoint->data=newData;                  // 赋值给节点
12      NewPoint->next=Head;                     //NewPoint 连接到链表头
13      Head=NewPoint;                           // 更新 Head，即指向 NewPoint
14    }
15  }
```

1.3.2 链表的显示

链表显示函数 Display() 无返回值，其输入参数为链表的头指针，参考代码如下。

```
1   void Display(Link Head)                      // 显示链表节点元素
2   {
3     Link p=Head;                               // 由指针 p 代替 Head 来完成扫描任务
4     if(p==NULL)
5       printf("\n 链表为空 \n");
6     else
7       while(p!=NULL)
8       {
9         printf("%d ",p->data);                 // 输出指针指向地址的值
10        p=p->next;                             // 指针移到下一个节点
11      }
12    printf("\n");
13  }
```

1.3.3 查找节点元素 x 的位置

函数 Locate() 用于查找节点元素 x 在链表中的位置，参考代码如下。

```
1   int Locate(Link Head,int x)                  // 查找节点元素 x 在链表中的位置
2   {
3     int n=0;
4     Link p=Head;                               // 由指针 p 代替 Head 来完成扫描任务
5     while(p!=NULL && p->data !=x)
6     {
7       p=p->next;
8       n++;
9     }
10    return p==NULL? -1: n+1;
11  }
```

1.3.4 返回链表的长度

函数 Lenth() 用于返回链表的长度，参考代码如下。

```
1   int Lenth(Link Head)                         // 返回链表长度
2   {
3     int len=0;
4     Link p=Head;                               // 由指针 p 代替 Head 来完成扫描任务
5     while(p!=NULL)
```

```
6       {
7         len++;
8         p=p->next;
9       }
10      return len;
11    }
```

1.3.5　获得节点元素值

函数 Get() 用于获得链表中第 *i* 个位置的节点元素值，参考代码如下。

```
1     int Get(Link Head,int i)                    //获得第 i 个位置的节点元素值
2     {
3       int j=1;                                  //定义 j 为计数器
4       Link p=Head;
5       while(j<i && p!=NULL)                     //直到找到第 i 个位置的节点元素值
6       {
7         p=p->next;
8         j++;
9       }
10      if(p!=NULL)
11        return(p->data);
12      else
13        printf(" 输入数据错误 !");
14      return -1;
15    }
```

1.3.6　节点的插入

函数 Insert() 用于将节点 x 插入链表的第 *i* 个位置，参考代码如下。

```
1     Link Insert(Link Head,int x,int i)          //插入节点 x 到第 i 个位置
2     {
3       Link NewPoint=new Lnode;                  //新建节点，new 用于动态开辟内存空间
4       NewPoint->data=x;                         //为节点赋值
5       if(i==1)                                  //如果插入位置为第一个节点位置
6       {
7         NewPoint->next=Head;
8         Head=NewPoint;
9       }
10      else
11      {
12        int j=1;
13        Link p=Head;
14        while(j<i-1 && p->next!=NULL)           //找到 i-1 处
15        {
16          p=p->next;
17          j++;
18        }
19        if(j==i-1)
20        {
```

```
21          NewPoint->next=p->next;
22          p->next=NewPoint;
23        }
24        else  printf(" 插入节点失败，输入的值错误 !");
25      }
26      return Head;
27    }
```

1.3.7　节点的删除

因为链表中唯一能够找到节点的办法是使用上一个节点的指针，所以如果我们将某个节点直接删去，这个节点所指向的节点和它之后的所有节点都没有办法再找到了。为了解决这个问题，一般采取这样的方法：记录下要删除的节点之前的那个节点，在删除节点之前，把这个节点的指针指向要删除的那个节点的指针指向的节点。比如现在要删除图 1.3 所示链表中的节点 t，先找到它之前的节点 p，在删除 t 之前将 p 的指针指向节点 c，然后删除 t，这样在删除 t 之前，就已经把 t 从链表中剔除出来了，不会影响之后的节点。

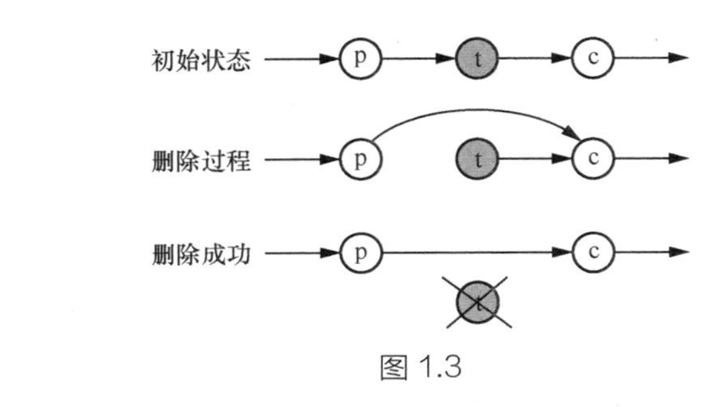

图 1.3

参考代码如下，其中第 7 行，表示将括号内指针指向的内存空间释放。记住，用 new 动态开辟的内存空间，一定要用 delete() 释放；否则，即便程序运行结束，这部分内存空间仍然不会被操作系统回收，从而成为被白白浪费掉的“内存垃圾”，这种现象称为“内存泄漏”。

```
1   Link Del(Link Head,int i)                      // 删除 i 位置上的节点
2   {
3     Link p=Head,t;
4     if(i==1)                                     // 如果是第一个节点
5     {
6       Head=Head->next;
7       delete(p);                                 // 删除 Head 指向的节点
8     }
9     else
10    {
11      int j=1;                                   //j 为计数器
12      while(j<i-1 && p->next !=NULL)             // 找到删除的前一个位置
13      {
14        p=p->next;
15        j++;
16      }
```

```
17          if(p->next!=NULL && j==i-1)
18          {
19            t=p->next;
20            p->next=t->next;
21          }
22          if(t!=NULL)
23            delete(t);                                        //释放节点内存空间
24        }
25        return Head;
26    }
```

1.3.8 释放链表

函数 SetNull() 用于将 Head 指向的链表中的全部节点从内存中释放，参考代码如下。

```
1    Link SetNull(Link Head)                                    //释放链表
2    {
3      Link p=Head;
4      while(p!=NULL)                                           //逐个节点释放
5      {
6        p=p->next;
7        delete(Head);
8        Head=p;
9      }
10     return Head;
11   }
```

完整的链表演示程序读者可在下载资源的代码中查看，文件保存在“第 1 章　链表”文件夹中，文件名为“完整链表”。

1.4 数组与链表的比较

一个常见的编程问题：遍历同样大小的数组和链表，哪个比较快？如果按照某些教科书上的分析方法，两者一样快，因为时间复杂度都是 $O(n)$，但其实遍历数组比遍历链表要快很多。

首先介绍一个概念：存储器层次（memory hierarchy）。计算机中存在多种不同的存储器，各存储器的平均存取速度相差很大，如表 1.1 所示。

表 1.1

存储器名称	平均存取速度
CPU 寄存器（CPU register）	0~1 个 CPU 时钟周期
CPU L1 缓存（L1 CPU cache）	3 个 CPU 时钟周期
CPU L2 缓存（L2 CPU cache）	10 个 CPU 时钟周期
内存（RAM）	100 个 CPU 时钟周期
硬盘（disk）	大于 1000000 个 CPU 时钟周期

各存储器的平均存取速度差异非常大，CPU 寄存器的平均存取速度是内存的平均存取速度的大约 100 倍！这就是为什么 CPU 生产厂家发明了 CPU 缓存，而 CPU 缓存就是数组和链表的关键区别所在。

CPU 缓存会把一个连续的内存空间读入，因为数组结构是连续的内存地址，所以数组的全部或者部分元素被连续保存在 CPU 缓存中，平均读取每个元素只要 3 个 CPU 时钟周期。而链表的节点是分散在堆空间里面的，读取的时候 CPU 缓存帮不上忙，只能去读取内存，平均读取时间为 100 个 CPU 时钟周期。这样算下来，遍历数组的速度比遍历链表的速度快大约 33 倍！（以上皆为理论数字，具体的数字因 CPU 型号及环境不同而略有差异）。

因此，程序中尽量使用连续的数据结构，这样可以充分发挥 CPU 缓存的优势。对缓存友好的算法称为 Cache-oblivious algorithm，有兴趣的读者可以参考相关资料。再举一个简单的例子，程序如下。

```
// 程序 1
for(int i=0;i<N;i++)
   for(int j=0;j<N;j++)
     for(int k=0;k<100;k++)
       //b[k][j] 为非逐行连续读取
       c[i]+=a[k]*b[k][j];
```

```
// 程序 2
for(int i=0;i<N;i++)
    for(int k=0;k<100;k++)
      for(int j=0;j<N;j++)
         //b[k][j] 为逐行连续读取
         c[i]+=a[k]*b[k][j];
```

两个程序的执行结果一样，算法复杂度也一样，但是程序 2 的执行速度要快很多，因为 C++ 的数组是按行存储的。

1.5 课后练习

1. 猴子选大王（网站题目编号：401001）
2. 试用单链表编写学生成绩管理系统

该系统具有添加学生记录、显示全部学生记录、按座位号删除学生记录、按座位号修改学生成绩等功能。数据格式大致如表 1.2 所示。

表 1.2

学生座位号	学生姓名	语文成绩	英语成绩	数学成绩
6	Mike	86	87	74
15	Rose	70	74	54
17	Bill	95	64	86
21	Peter	64	86	63
23	Jack	78	82	74
34	Helen	92	73	83

第 2 章　堆栈

2.1 堆栈的定义

堆栈（简称栈）是一种只能在一端对数据项进行插入和删除操作的线性表。堆栈中允许进行插入、删除操作的一端称为栈顶（top），另一端称为栈底。栈顶位置是动态的，由一个称为栈顶指针的位置指示器表示。当堆栈中没有数据元素时，称为空栈。堆栈的插入操作通常称为进栈或入栈，堆栈的删除操作通常称为退栈或出栈。

堆栈的主要特点是“后进先出”，即后入栈的元素先出栈。每次入栈的数据元素都放在当前栈顶之上，成为新的栈顶元素，每次出栈的数据元素都是当前栈顶元素，如图 2.1 所示。

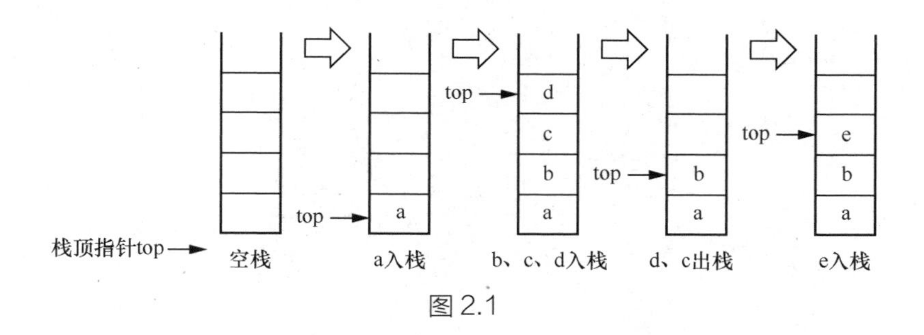

图 2.1

学院食堂有一个大桶，里面的餐盘都是一个个摞起来的，我们每次只能在最上面拿餐盘或放餐盘，这就是堆栈的现实应用。

常用的堆栈操作有以下 3 种方式。

（1）入栈：Push()。

（2）出栈：Pop()。

（3）显示堆栈元素：Display()。

2.2 数组仿真堆栈

堆栈数组声明如下：

```
int Stack[MaxSize];
int top=-1;
```

其中 MaxSize 是该堆栈的最大容量，top 表示当前堆栈顶端的索引值，初始值设为 -1 表示堆栈为空。

简单的数组仿真堆栈实现代码如下。

```
//简单的数组仿真堆栈
#include <bits/stdc++.h>
using namespace std;
const int MAXN=1000;                         //堆栈能容纳的最多元素个数

int Stack[MAXN];                             //不能写成 stack，会有名称冲突
int Top = -1;                                //初始化栈顶指针为 -1

int Pop()                                    //栈顶元素出栈，获取出栈的元素
{
  if(Top<0)
  {
    cout<<"\n 栈为空 !\n";
    return -1;
  }
  return Stack[Top--];
}

void Push(int value)                         //入栈
{
  if(Top>=MAXN)
    cout<<"\n 栈已满 !\n";
  else
    Stack[++Top]=value;
}

void Display()                               //显示堆栈中的元素
{
  for(int tmp = Top ; tmp >= 0 ; -- tmp)
    cout<<Stack[tmp]<<"";
  cout<<"\n";
}

int main()
{
  int ins;
  while(1)
  {
    system("cls");                           //清屏，竞赛禁用此命令
    Display();
    cout<<" 请输入元素 ,(0= 退出 ,-1= 出栈 )\n";
    cin>>ins;
    if(ins==0)
      exit(0);
    else if(ins^-1)                          //用按位异或“^”替代“!=”的操作
      Push(ins);
    else if(ins==-1)
      Pop();                                 //此处也可改为接收返回的栈顶元素并输出
```

```
49        }
50        return 0;
51    }
```

值得一提的是，用字符串作字符栈也是一种很好的方法。此时的入栈操作，只是将相应字符加在串首（尾），而出栈操作则是删除串的第一个（最后一个）字符，完全不用考虑栈顶指针的问题。

■ 402001 十进制转 *d* 进制

【题目描述】十进制转 *d* 进制（NchangeX）

试用堆栈把一个十进制数转成 d（$2 \leqslant d \leqslant 36$）进制数输出。

【输入格式】

输入为两个非负整数，即 N 和 d。

【输出格式】

输出为一个整数，即转换的 d 进制数。

【输入样例】

10 2

【输出样例】

1010

【算法分析】

将十进制数转换成 d 进制数的方法是“除以 d 取余，逆序排列”，就是用 d 去除要进行转换的十进制数，得到一个商和余数，再用 d 除商得到又一个商和余数，一直继续下去，直到商为 0。将得到的所有余数逆序排列，得到的就是 d 进制数了。

例如，将十进制数 217 转换为二进制数的计算过程如图 2.2 所示。

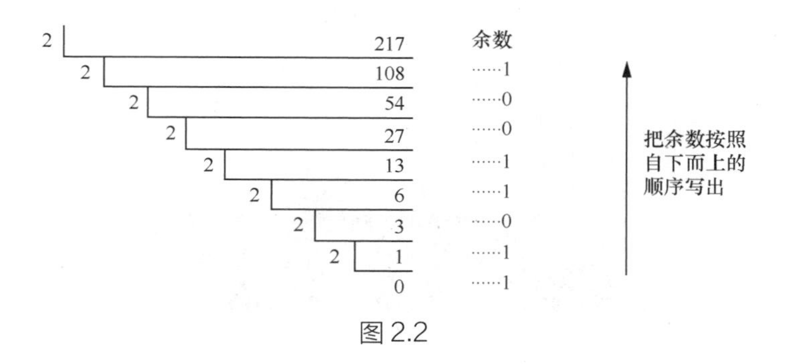

图 2.2

将余数逆序排列，得到二进制结果 11011001。显然，得到的余数依次全部入栈后，再全部出栈的过程恰好就是余数的逆序排列。

■ 同步练习

- 行编辑程序（网站题目编号：402002）
- 表达式求值（网站题目编号：402003）

2.3 单调栈

单调栈是指栈内部的元素具有严格单调性的一种数据结构，分为单调递增栈和单调递减栈。

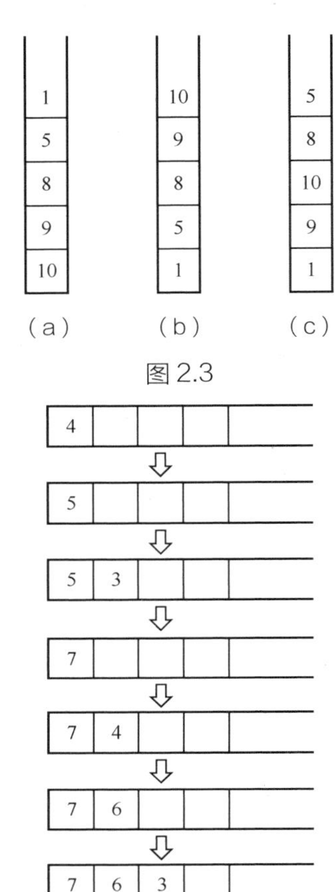

图 2.3

图 2.4

单调栈具有以下两个性质。

（1）栈底到栈顶的元素具有严格单调性。

（2）栈的元素先进后出。

图 2.3（a）所示是一个单调递减栈，图 2.3（b）所示是一个单调递增栈，图 2.3（c）所示既不是单调递减栈，也不是单调递增栈。

单调栈的维护方法很简单，以单调递减栈为例，当一个元素要入栈时，从栈顶开始，把比该元素小的元素全部赶出栈后让该元素再入栈。例如入栈元素分别为 4,5,3,7,4,6,3，维护过程如图 2.4 所示。

单调栈的优势是时间复杂度是线性的，所有的元素只会入栈一次，而且一旦出栈后就不会再入栈了。

在单调递减栈可以找到左起第一个比当前数字大的元素。以图 2.4 所示的单调栈为例，依次观察栈中元素可以发现，左起第一个比 3 大的数是 5，左起第一个比 4 大的数是 7，左起第一个比 6 大的数是 7……

同理，在单调递增栈可以找到左起第一个比当前数字小的元素。

■ 402004 收集雨水

【题目描述】收集雨水（rain）leetcode Trapping Rain Water

有 n 个非负整数表示每个立方体柱子的高度，柱子宽度为 1，计算能收集多少雨水。例如图 2.5 中，深色图形表示雨水，浅色图形表示柱子。

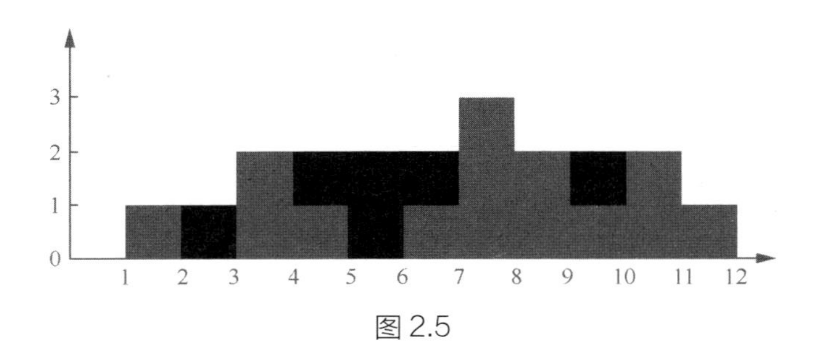

图 2.5

【输入格式】

第一行数据是一个整数 n（$1 < n \leqslant 10000$），第二行数据是 n 个数，表示柱子高度。

【输出格式】

输出一个数，表示收集的雨水量。

【输入样例】

12

0 1 0 2 1 0 1 3 2 1 2 1

【输出样例】

6

【算法分析】

根据只有左右两边柱子高、中间柱子低的区域才能收集雨水的特点，我们可以使用单调递减栈。一旦发现当前要入栈的元素大于栈顶元素，那就说明可能有能收集雨水的区域产生了，此时，当前要入栈的元素是右边界，要出栈的栈顶元素是水槽的最低点，栈顶左边的元素是水槽的左边界，如图 2.6 所示。

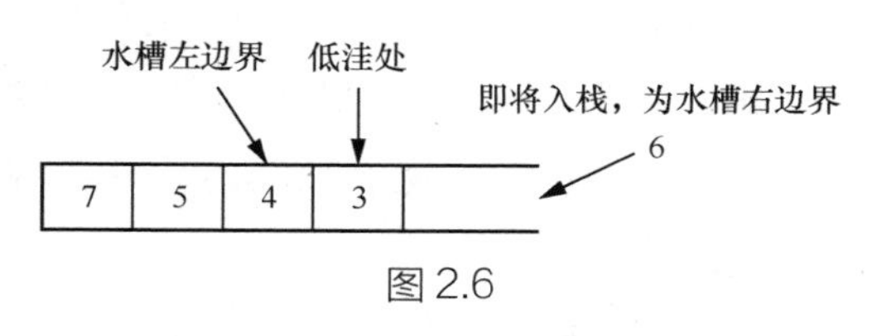

图 2.6

实际上为了方便计算出水槽的宽度，单调栈里保存的并不是柱子的高度，而是柱子的位置。

参考程序如下。

```
1   // 收集雨水
2   #include <bits/stdc++.h>
3   using namespace std;
4
5   int height[10005],n;
6   stack<int> st;                                      // 将 st 设为单调栈
7
8   int main()
9   {
10    scanf("%d",&n);
11    for(int i=0; i<n; i++)
12      cin>>height[i];
13    long long ans=0;
14    for (int i=0; i<n; i++)
15    {
16      while (!st.empty() && height[st.top()]<height[i])// 维护单调递减栈
17      {
18        int low=st.top();                             // 出栈的是低洼处元素
19        st.pop();
20        if (st.empty())
21          break;
22        long long dist=i-st.top()-1;                  // 计算出左右边界之间的距离
23        int h=min(height[st.top()],height[i]);       // 左右边界最小值为所存雨水的高度
24        ans+=dist*(h-height[low]);                    // height[low] 为雨水的最低处
25      }
26      st.push(i);                                     // 保存的不是柱子的高度，而是柱子的位置
27    }
28    printf("%lld\n",ans);
29    return 0;
30  }
```

■ 402005 音乐会

【题目描述】音乐会（patrik）COI2007 Patrik

已知 N 个人排队进入一个音乐会的现场，人们等得很无聊，于是他们开始转来转去，想在队伍里寻找自己的熟人。队列中任意两个人 A 和 B，如果他们相邻或他们之间没有人比 A 或 B 高，那么他们就可以互相看得见。

试问有多少对人可以互相看见。

【输入格式】

输入的第一行包含一个整数 N（$1 \leqslant N \leqslant 500000$），表示队伍中共有 N 个人。

输入的第二行有 N 个整数，表示人的高度，以 nm（等于 10^{-9}m）为单位，每个人的身高都小于 2^{31}nm。这些高度分别表示队伍中人的身高。

【输出格式】

输出一个数 S，表示队伍中共有 S 对人可以互相看见。

【输入样例】

```
7
2 4 1 2 2 5 1
```

【输出样例】

```
10
```

【算法分析】

为了更方便看透题目本质，可将输入样例中的第二行转换为图 2.7 所示的样式以观察其规律。

显然对某个人来说，当右边某个人的身高比他高时，他就看不到更右边的人（不考虑左边的人是为了去重）。可以维护一个单调递减栈，使单调递减栈中的人不会出现被挡住的情况。当一个身高比在栈顶的人高的人要入栈时，先使栈中所有身高比他矮（不包括相同）的人出栈，如图 2.8 所示，出栈几个人，答案就加几个人。

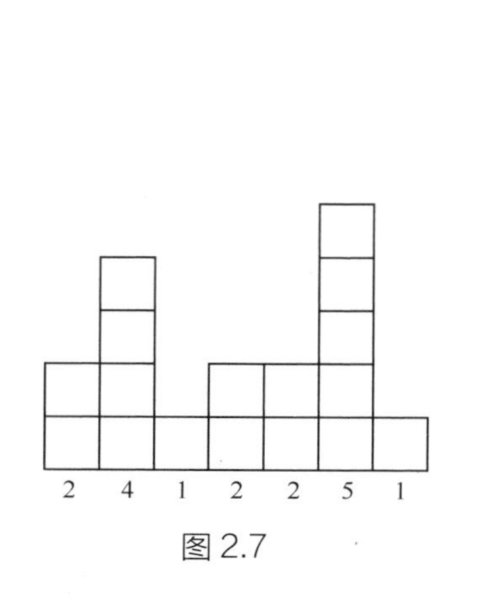

图 2.7

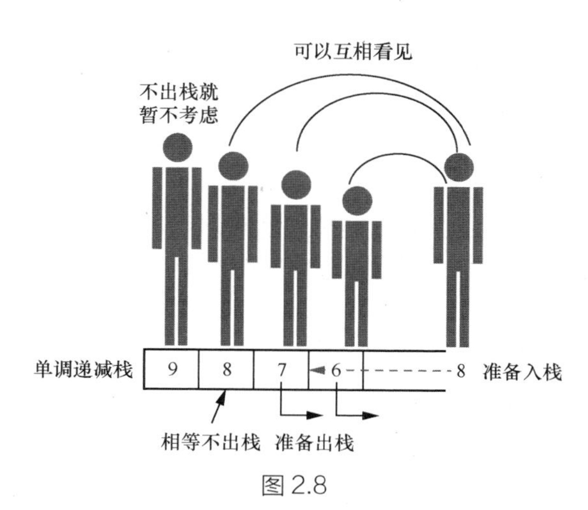

图 2.8

相同的元素虽然不出栈（因为有可能与后面入栈的人互相看见），但也要统计到答案中去。参考程序如下。

```
1   // 音乐会
2   #include <bits/stdc++.h>
3   using namespace std;
4   const int N=500050;
5
6   int H[N],Stack[N];                         //H[] 用于保存身高，Stack[] 为单调栈
7   long long Ans;                             // 不能取 int
8   int top;                                   //top 指向单调栈的栈顶
9
10  inline int Read(int ans=0,int f=0)
11  {
12    char c=getchar();
13    for(; c<'0'  || c>'9'; f^=(c=='-'),c=getchar());
14    for(; c<='9' && c>='0'; c=getchar())
15      ans=(ans<<3)+(ans<<1)+(c^48);
16    return f? -ans : ans;
17  }
18
19  void Calc(int x)                           // 部分评测网站（如洛谷）需二分优化
20  {
21    int L=0,R=top,pos=0;
22    while(L<=R)                              // 因单调栈是递减的，所以可以进行二分查找
23    {
24      int mid=(L+R)>>1;
25      if(H[Stack[mid]]>x)
26        pos=mid,L=mid+1;                      // 查找 pos，即 x 左边第一个比 x 高的人
27      else R=mid-1;
28    }
29    !pos? Ans+=top:Ans+=top-pos+1;           //!pos 表示没找到比 x 高的人
30  }
31
32  int main()
33  {
34    int n=Read();
35    for(int i=1; i<=n; ++i)
36      H[i]=Read();
37    for(int i=1; i<=n; ++i)
38    {
39      Calc(H[i]);
40      while(top>0 && H[i]>H[Stack[top]])// 维护单调递减栈
41        --top;
42      Stack[++top]=i;                         // 当前元素入栈，存的是排序号，不是身高
43    }
44    printf("%lld\n",Ans);
45    return 0;
46  }
```

2.4 后序表达式

■ 402006 后序表达式

【题目描述】后序表达式（ReversePolish）

编程求一个表达式的运算结果。用户输入一个包含“+”“-”“*”“/”，以及正整数、圆括号的合法数学表达式，程序可以输出该表达式的运算结果。

【输入格式】

输入一个合法的数学表达式，不超过 100 个字符，保证有正确的结果。

【输出格式】

输出该表达式的运算结果，保留两位小数（无须四舍五入）。

【输入样例】

(30-2*5)-3*8/4

【输出样例】

14.00

【算法分析】

表达式是由操作数、运算符及分隔符组成的，一般我们使用的是中序表示法，也就是将运算符写在两个操作数之间，例如：

X + Y

X + Y*Z

由于表达式的运算符有优先级，故要用计算机直接运算用户输入的诸如 (5-4)/(6*2)-8 + 2 这样的中序表达式是很不方便的。通常的解决方法是用字符串形式接收表达式并根据运算优先级将之转换为前序表达式或后序表达式（又称逆波兰式）。

前序表达式是将运算符写在两个操作数之前的表达式，例如：+ XY、+ X*YZ。

后序表达式是将运算符写在两个操作数之后的表达式，例如：XY +、XYZ* +。

中序表达式转换为后序表达式的方法如下。

定义一个字符串保存后序表达式，再定义一个堆栈保存运算符，对表达式中的字符 ch 从左到右依次扫描。

（1）若 ch 为数字，将后续的所有数字依次存入后序表达式字符串。

（2）若 ch 为左括号，将此括号入栈。

（3）若 ch 为右括号，使堆栈中左括号以前的字符依次出栈并将其存入后序表达式字符串，然后将左括号删除。

（4）若 ch 为“+”“-”“*”“/”，要先使所有优先级高于或者等于运算符的栈顶元素依次出栈并将其存入后序表达式字符串后（越早存入后序表达式字符串的运算符，越早进行运算），再将 ch 入栈。例如，当 ch 为“+”或“-”时，使当前堆栈中左括号以前的所有字符依次出栈并将其存入后序表达式字符串，然后将 ch 入栈（因为其优先级低）；当 ch 为“*”或“/”时，使当前栈中的栈顶连续的“*”和“/”出栈并依次将其存入后序表达式字符串，然后将 ch 入栈。

（5）表达式扫描完后，依次输出堆栈中的运算符到后序表达式字符串。

例如，将 A/B−C*(D + E) 转换成后序表达式的过程如表 2.1 所示。

表 2.1

后序表达式	堆栈	转换过程
A		读到“A”，直接存入后序表达式字符串
A	/	读到“/”，存入堆栈
AB	/	读到“B”，直接存入后序表达式字符串
AB/	−	读到“−”，因优先级低，则输出堆栈中的运算符到后序表达式字符串后再将其存入堆栈
AB/CDE	−、*、(、+	依次处理，直到读到“E”
AB/CDE +	−、*	当读到右括号时，将堆栈中的运算符输出到后序表达式字符串，直到取出左括号
AB/CDE + *−		表达式读完，依次输出堆栈中的运算符到后序表达式字符串

运算后序表达式的方法是对后序表达式从左到右依次扫描，遇到数字就将其存入堆栈中，遇到运算符就执行两次删除堆栈中元素的操作并进行运算，将结果入栈。如此重复执行直至表达式为空即可。

例如，有一个后序表达式 AB/CDE + *−，其操作过程如下。

（1）堆栈中存入 AB，在读到“/”时，取出 A 和 B，进行除法运算后将结果 X 入栈。

（2）堆栈中存入 CDE，遇到“+”，取出 DE 相加后将结果 Y 入栈。

（3）遇到“*”，取出 Y，与 C 相乘后将结果入栈。

（4）遇到“−”，取出堆栈中仅剩的两个数进行相减得出结果。

参考程序如下。

```
1   //后序表达式
2   #include <bits/stdc++.h>
3   using namespace std;
4
5   string Exp[100];                          //用于存储后序表达式，不能写成 exp
6   int t,top;                                   //t 为 Exp 的下标
7
8   void PutExp()                                //输出表达式
9   {
10    for(int j=1; j<=t; j++)
11      cout<<Exp[j]<<" ";
12    cout<<endl;
13  }
14
15  void Trans()                                 //转换成后序表达式
```

```
16  {
17    char Stack[100];                                  // 作为堆栈使用，不能写成 stack
18    string ch;
19    cin>>ch;
20    for(int i=0; i<ch.size(); i++)
21      if(ch[i]>='0' && ch[i]<='9')                    // 保存完整的数字字符串
22      {
23        Exp[++t]=ch[i];
24        while(i+1<ch.size() && ch[i+1]>='0' && ch[i+1]<='9')// 如果为多位数
25          Exp[t]+=ch[++i];                            // 多位数保存在一个字符串中
26      }
27      else if(ch[i]=='(')
28        Stack[++top]=ch[i];                           // 如果是左括号，则插入堆栈
29      else if(ch[i]==')')
30      {
31        for(; Stack[top]!='('; top--)                 // 右括号
32          Exp[++t]=Stack[top];                        // 出栈到 Exp 直到左括号
33        top--;                                        // 删除堆栈里的左括号
34      }
35      else if(ch[i]=='+' || ch[i]=='-')               // 如果是加号和减号
36      {
37        for(; top!=0 && Stack[top]!='('; top--)       // 堆栈非空且未遇到左括号时
38          Exp[++t]=Stack[top];                        // 出栈到后序表达式
39        Stack[++top]=ch[i];                           // 在堆栈中插入“+”或“-”
40      }
41      else if(ch[i]=='*' || ch[i]=='/')               // 如果是乘号和除号
42      {
43        for(; Stack[top]=='*' || Stack[top]=='/'; top--)
44          Exp[++t]=Stack[top];                        // 出栈全部“*”或“/”
45        Stack[++top]=ch[i];                           // 在堆栈中插入乘号或除号
46      }
47    for(; top!=0; top--)                              // 将全部堆栈元素放到后序表达式
48      Exp[++t]=Stack[top];
49  }
50
51  double Compvalue()                                  // 运算后序表达式
52  {
53    double stk[100];                                  // 作为数字堆栈使用
54    top=0;                                            //top 为 stk 的下标
55    for(int i=1; i<=t; i++)
56    {
57      if(Exp[i]!="+" && Exp[i]!="-" && Exp[i]!="*" && Exp[i]!="/" )
58      {
59        double d=0;
60        for(int j=0; j<Exp[i].size(); j++)            // 将数字字符串转换为数字
61          d=10*d+(Exp[i][j]-'0');
62        stk[++top]=d;                                 // 数字入栈
63      }
64      else
```

```
65      {
66        if(Exp[i]=="+")
67          stk[top-1]=stk[top-1]+stk[top];
68        else if(Exp[i]=="-")
69          stk[top-1]=stk[top-1]-stk[top];
70        else if(Exp[i]=="*")
71          stk[top-1]=stk[top-1]*stk[top];
72        else if(Exp[i]=="/")
73          stk[top-1]=stk[top-1]/stk[top];
74        top--;
75      }
76    }
77    return stk[top];
78  }
79
80  int main()
81  {
82    Trans();                                       // 转换成后序表达式
83    //PutExp();                                    // 输出后序表达式
84    printf("%0.2f\n",Compvalue());                 // 输出运算结果
85    return 0;
86  }
```

类似地，运算前序表达式的方法是从右至左扫描表达式，遇到数字则入栈，遇到运算符则出栈两次获得操作数，其中第一次出栈的数作为被操作数，第二次出栈的数作为操作数。运算子表达式，然后使结果入栈……

例如中序表达式 2*3/(2−1)+3*(4−1) 的前序表达式是 +/*2 3−2 1*3−4 1，请手动模拟其运算过程。

2.5 课后练习

1. 选择题

（1）若已知一个堆栈的入栈序列是 1,2,3,…,n，其出栈序列为 $P_1,P_2,P_3,\cdots,P_n$，若 P_1 是 n，则 P_i 是（　　）。（第七届 NOIP 提高组初赛选择题第 13 题）

A. i　　B. $n-1$　　C. $n-i+1$　　D. 不确定

（2）设堆栈 S 的初始状态为空，元素 a,b,c,d,e,f,g 依次入栈，以下出栈序列不可能出现的有（　　）。（第十一届 NOIP 提高组初赛试题选择题第 14 题）

A. a,b,c,e,d,f,g　　B. b,c,a,f,e,g,d　　C. a,e,c,b,d,f,g

D. d,c,f,e,b,a,g　　E. g,e,f,d,c,b,a

（3）某个车站呈狭长形，宽度只能容下一辆车，并且只有一个出入口。已知某时刻该车站状态为空，从这一时刻开始的出入记录为“进，出，进，进，出，进，进，进，出，出，进，出”。

假设车辆入站的顺序为 1,2,3,…，则车辆出站的顺序为（　　）。（第十届 NOIP 提高组初赛试题第 3 题）

A. 1,2,3,4,5　　B. 1,2,4,5,7　　C. 1,3,5,4,6

D. 1,3,5,6,7　　E. 1,3,6,5,7

（4）已知元素（8,25,14,87,51,90,6,19,20），问这些元素以怎样的顺序入栈，才能使出栈的顺序满足: 8 在 51 前面; 90 在 87 的后面; 20 在 14 的后面; 25 在 6 的前面; 19 在 90 的后面。（　　）（第九届 NOIP 提高组初赛试题第 19 题）

A. 20,6,8,51,90,25,14,19,87　　B. 51,6,19,20,14,8,87,90,25

C. 19,20,90,8,6,25,51,14,87　　D. 6,25,51,8,20,19,90,87,14

E. 25,6,8,51,87,90,19,14,20

（5）设有一顺序栈 S，元素 S_1,S_2,S_3,S_4,S_5,S_6 依次入栈，如果 6 个元素出栈的顺序是 S_2,S_3,S_6,S_5,S_4,S_1，则该顺序栈的容量至少是（　　）。

A. 2　　B. 3　　C. 4　　D. 5

2. 最大矩形面积（网站题目编号: 402007）

3. 情感理论（网站题目编号: 402008）

4. 恒真式（网站题目编号: 402009）

5. 表达式的值（网站题目编号: 402010）

参考答案:

1. 选择题

（1）C；（2）C，E；（3）E；（4）D；（5）C。

第 3 章　队列

3.1　队列的定义

队列简称队（在策略上类似于生活中的排队策略），是一种可以实现“先进先出”的线性存储结构。它的数据只能从一端（称为队尾）存入，只能从另一端（队首）取出。向队列中插入新元素称为进队或入队，新元素入队后就成为新的队尾元素；从队列中删除元素称为离队或出队，元素出队后，其后继元素就成为队首元素。

图 3.1 所示是一个队列的操作示意。

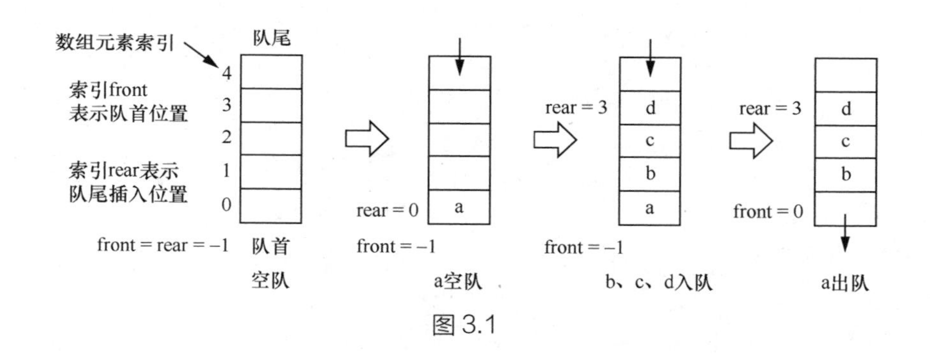

图 3.1

队列的基本操作介绍如下。

（1）入队：AddQueue(Q,x)，将元素 x 插入队列 Q 中。

（2）出队：DelQueue(Q)，从队列 Q 中取出一个元素。

（3）取队首元素：GetHead(Q)，返回当前的队首元素。

（4）判断队列是否为空：Empty(Q)，若队列 Q 为空，则返回 1，否则返回 0。

（5）显示队列中元素：Display(Q)，按从队首到队尾的顺序显示队列中的所有元素。

3.2　数组仿真队列

实现队列最简单的方法是使用数组仿真队列。请仔细观察下面的参考程序，看是否有可以改进的地方。

```
1   //数组仿真队列示例
2   #include <bits/stdc++.h>
3   using namespace std;
4
5   int Queue[5];
6   int front=-1;                                      //头指针
7   int rear=-1;                                       //尾指针
8
9   void AddQueue(int value)
10  {
11    if(rear>=4)
12      cout<<"错误，队列已满!\n";
13    else
14      Queue[++rear]=value;
15  }
16
17  int DelQueue()
18  {
19    if(front==rear)                                  //队列为空
20      return -1;
21    else
22    {
23      int v=Queue[++front];                          //队首元素暂存到v
24      Queue[front]=0;                                //清空队首元素
25      return v;
26    }
27  }
28
29  void Display()
30  {
31    for(int i=0; i<5; i++)
32      if(Queue[i]^0)                                //用按位异或“^”替代“!=”的操作
33        cout<<Queue[i]<<' ';
34    cout<<"\n队首front="<<front<<" 队尾rear="<<rear<<"\n\n";
35  }
36
37  int main()
38  {
39    int Select,temp;
40    while(1)
41    {
42      Display();
43      cout<<"1.输入一个元素到队列\n";
44      cout<<"2.从队列删除一个元素\n";
45      cout<<"3.退出\n";
46      cin>>Select;
47      switch(Select)
48      {
49        case 1:
50          cout<<"请输入一个元素:";
```

```
51            cin>>temp;
52            AddQueue(temp);
53            break;
54          case 2:
55            temp=DelQueue();
56            if(temp==-1)                          // 如果队列为空
57              cout<<"错误：队列为空！\n";
58            else
59              cout<<"出列元素为："<<temp<<endl;
60            break;
61          case 3:
62            return 0;
63        }
64        system("pause");                          //DOS 下的暂停命令，竞赛时勿用
65        system("cls");                            //DOS 下的清屏命令，竞赛时勿用
66      }
67      return 0;
68    }
```

3.3 数组循环队列

如果数组仿真队列进行插入一次删除一次的操作，只要 2*n* 次操作，数组就会用完，当数组仿真队列的元素出队后，队列的首部会空出许多位置，而队尾指针指向队列中最后一个元素位置，空出的位置将无法再被利用，导致队列空间浪费，并且在新的数据元素入队时，会造成"假溢出"，如图 3.2 所示。

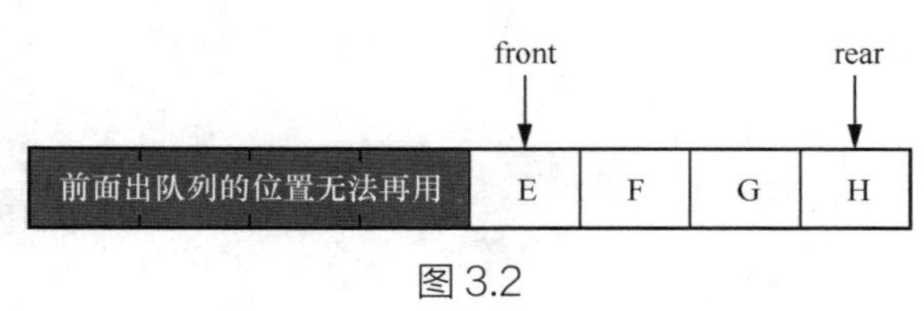

图 3.2

解决的方法是将线形数组模拟成环状数组。例如，一个有 4 个元素的环状数组 a[4] 的入队、出队操作如图 3.3 所示。

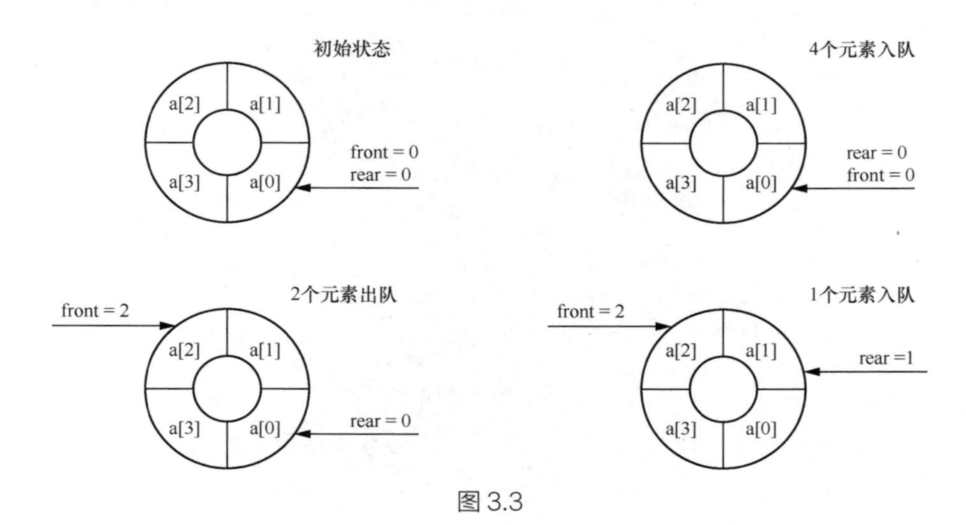

图 3.3

可以看出：队满条件是 rear = front，队空条件也是 rear = front，所以无法判断究竟是队满还是队空。

解决方法是在入队时少用一个数据元素空间。

此时队满可用（rear + 1) %MaxSize = front 来判断，其中 MaxSize 为队列空间大小。

队空条件仍为 rear = front。

数组循环队列示例如下。

```
1   // 数组循环队列示例
2   #include <bits/stdc++.h>
3   using namespace std;
4   const int MAXN=5;                               // 队列的最多元素个数
5
6   int Queue[MAXN];
7   int front=0;                                    // 头指针
8   int rear=0;                                     // 尾指针
9
10  void AddQueue(int value)                        //value 入队
11  {
12    if((rear+1)%MAXN==front)
13      cout<<" 队满 "<<endl;
14    else
15    {
16      Queue[rear]=value;
17      rear=(rear+1)%MAXN;
18    }
19  }
20
21  int DelQueue()                                  // 删除队列数据
22  {
23    if(front==fear)
24      cout<<" 队列为空 "<<endl;
25    else
26    {
27      int temp=Queue[front];
28      Queue[front]=-1;                            // 取出后该位置元素值设置为 -1
29      front=(front+1)%MAXN;                       // 指向下一位置
30      return temp;                                // 输出元素值
31    }
32  }
33
34  void Display()                                  // 显示队列里所有的元素
35  {
36    for(int i=0 ; i<MAXN; ++i)
37      cout<<Queue[i]<<" ";
38    cout<<endl;
39  }
40
41  void Init()                                     // 初始化队列，设定未插入元素的空格值为 -1
42  {
```

```
43      for(int i=0 ; i<MAXN; ++i)
44        Queue[i]=-1;
45    }
46
47    int main()
48    {
49      int Select,temp;
50      Init();
51      while(1)
52      {
53        cout<<"1. 输入一个元素到队列 \n";
54        cout<<"2. 从队列删除一个元素 \n";
55        cout<<"3. 退出 \n";
56        cin>>Select;
57        switch(Select)
58        {
59          case 1:
60            cout<<" 请输入一个元素: ";
61            cin>>temp;
62            AddQueue(temp);
63            break;
64          case 2:
65            DelQueue();
66            break;
67          case 3:
68            return 0;
69        }
70        system("pause");                          // 暂停命令，竞赛时勿用
71        system("cls");                            // 清屏命令，竞赛时勿用
72        Display();
73      }
74      return 0;
75    }
```

■ 403001 舞林大会

【题目描述】舞林大会（party）

舞林大会吸引了很多人，参加比赛的女选手和男选手进入赛场时各自排成一队。比赛开始时，从男队和女队的队头上各出一人配成舞伴。规定每场比赛只能有一对跳舞者，若两队初始人数不相同，则较长的那一队中未配对者等待下一轮，现要求输出第 k 轮的匹配情况。

【输入格式】

第一行输入 3 个正整数，即男选手数 m、女选手数 n 和 k 值（$1 \leqslant m, n \leqslant 1000$，$1 \leqslant k \leqslant 1000$）。

【输出格式】

输出第 k 轮的匹配情况。每一行为一个匹配。

【输入样例】

2 4 6

【输出样例】

2 2

【算法分析】

设男选手组成一个队列，女选手组成一个队列，根据比赛规则，模拟队列的操作过程即可，参考程序如下。

```
1  //舞林大会
2  #include <bits/stdc++.h>
3  using namespace std;
4  const int MAX=1005;
5  
6  int a[MAX],b[MAX];                                    //男选手队列及女选手队列
7  
8  int main()
9  {
10   int n,m,k;
11   cin>>m>>n>>k;
12   int front1=0,real1=m-1,front2=0,real2=n-1;
13   for(int i=0; i<m; ++i)                             //初始化编号
14     a[i]=i+1;
15   for(int i=0; i<n; ++i)
16     b[i]=i+1;
17   for(int i=1; i<k; ++i)
18   {
19     a[++real1%MAX]=a[front1++%MAX];                  //队首元素出列后排到队尾去
20     b[++real2%MAX]=b[front2++%MAX];
21   }
22   cout<<a[front1%MAX]<<" "<<b[front2%MAX]<<endl;
23   return 0;
24 }
```

■ 403002 Blah 数集

【题目描述】Blah 数集（blah）

Blah 数集定义如下。

（1）a 是数集的基，且 a 是数集的第一个元素。

（2）如果 x 在数集中，则 $2x+1$ 和 $3x+1$ 也都在数集中。

（3）没有其他元素在数集中了。

请问：如果把数集中的元素按升序排列，第 n 个元素是多少?

【输入格式】

输入包括很多行，每行输入包括两个元素，即数集的基 a（$1 \leqslant a \leqslant 50$）和所求元素序号 n（$1 \leqslant n \leqslant 1000000$）。

【输出格式】

对于每一组输入，输出数集中的第 n 个元素。

【输入样例】

1 100

28 5437

【输出样例】

418

900585

【算法分析】

除第一个元素 a 以外，数集中的所有元素都可被看作两个子集，即一个是用 $2x + 1$ 来表示的集合 A，一个是用 $3x + 1$ 来表示的集合 B。假设集合 A 中的某个元素是 $2x + 1$，那么下一个元素为 $2(2x + 1) + 1$，它们显然能组成一个升序数列，集合 B 同理。

设两个指针分别指向集合 A 和 B（程序中用队列表示）的最小值（队首元素），依次取两队的队首元素即可求出答案。

参考程序如下。

```
1   //Blah 数集
2   #include <bits/stdc++.h>
3   using namespace std;
4
5   int q[1000005];
6
7   int main()
8   {
9     int a,n,num=1,p2=1,p3=1,t2,t3;
10    cin>>a>>n;
11    q[1]=a;
12    while(num<n)
13    {
14      t2=q[p2]*2+1;
15      t3=q[p3]*3+1;
16      if(t2>t3)
17      {
18        q[++num]=t3;
19        p3++;
20      }
21      if(t2==t3)                                    //如果相等的情况下
22      {
23        q[++num]=t2;                                //只能放一个
24        p2++;                                       //但 p2 指针要下移
25        p3++;                                       //p3 指针也要下移
26      }
27      if(t2<t3)
28      {
29        q[++num]=t2;
30        p2++;
31      }
32    }
33    cout<<q[n]<<endl;
```

```
34     return 0;
35 }
```

■ 403003 封闭面积问题

【题目描述】封闭面积问题（area）

```
0 0 0 0 0 0 0 0 0 0
0 0 0 0 * * * 0 0 0
0 0 0 0 * 0 0 * 0 0
0 0 0 0 0 * 0 0 * 0
0 0 * 0 0 0 * 0 * 0
0 * 0 * 0 * 0 0 * 0
0 * 0 0 * * 0 * * 0
0 0 * 0 0 0 0 * 0 0
0 0 0 * * * * * 0 0
0 0 0 0 0 0 0 0 0 0
```

图 3.4

一个由“*”围成的图形，其面积的计算方法是统计“*”所围成的闭合曲线中水平线和垂直线交点的数目。在 10×10 的二维数组中，由“*”围住 15 个点，如图 3.4 所示，因此相应图形的面积为 15。

【输入格式】

一个 10×10 的二维数组，里面的数为 0 和 1，1 代表“*”。

【输出格式】

一个整数，即围住的区域数。

【输入样例】

```
0 0 0 0 0 0 0 0 0 0
0 0 0 0 1 1 1 0 0 0
0 0 0 0 1 0 0 1 0 0
0 0 0 0 0 1 0 0 1 0
0 0 1 0 0 0 1 0 1 0
0 1 0 1 0 1 0 0 1 0
0 1 0 0 1 1 0 1 1 0
0 0 1 0 0 0 0 1 0 0
0 0 0 1 1 1 1 1 0 0
0 0 0 0 0 0 0 0 0 0
```

【输出样例】

15

【算法分析】

直接计算闭合区域的面积是很麻烦的，但是如果把这个闭合区域之外的数都转换成 1 的话，那么 0 的个数就是闭合区域的面积了。

参考程序如下，该程序使用队列实现了广度优先搜索（Breadth First Search，BFS）。

```
1  //封闭面积问题
2  #include <bits/stdc++.h>
3  using namespace std;
4
5  int Map[11][11];
6  int dx[4]= {1,0,-1,0};                        //建立方向偏移数组
7  int dy[4]= {0,-1,0,1};
8
9  void BFS(int x, int y)
10 {
```

```
11    queue <int> X,Y;                          // 此处使用 STL 里的 queue
12    Map[x][y]=1;
13    X.push(x);
14    Y.push(y);
15    while(!X.empty())
16    {
17      for(int i=0; i<=3; ++i)                 // 寻找相邻的区域
18      {
19        int xx=X.front()+dx[i];
20        int yy=Y.front()+dy[i];
21        if(!Map[xx][yy] && xx>0 && xx<=10 && yy>0 && yy<=10)
22        {
23          Map[xx][yy]=1;
24          X.push(xx);
25          Y.push(yy);
26        }
27      }
28      X.pop();
29      Y.pop();
30    }
31  }
32
33  int main()
34  {
35    for(int i=1; i<=10; ++i)
36      for(int j=1; j<=10; ++j)
37        scanf("%d", &Map[i][j]);
38    for(int i=1; i<=10; ++i)                 // 最外面一圈的每个点都要搜索
39    {
40      if(!Map[i][1])  BFS(i, 1);             // 虽然有多个 BFS，但因为标记过的不会重走
41      if(!Map[i][10]) BFS(i, 10);            // 所以时间复杂度和单个 BFS 是一样的
42      if(!Map[1][i])  BFS(1, i);
43      if(!Map[10][i]) BFS(10, i);
44    }
45    int ans=0;
46    for(int i=1; i<=10; ++i)
47      for(int j=1; j<=10; ++j)
48        if(!Map[i][j])
49          ans++;
50    printf("%d\n", ans);
51    return 0;
52  }
```

3.4 单调队列

■ 403004 密钥

【题目描述】密钥（key）

有一种密钥：给出一个长度为 n 的序列 A，A 中所有长度为 m 的连续子序列的最大值即密钥。

例如 $n = 7$，有数组 {8,7,1,5,9,3,6}，当 $m = 3$ 时，则密钥为 87999，获取密钥的过程如图 3.5 所示。

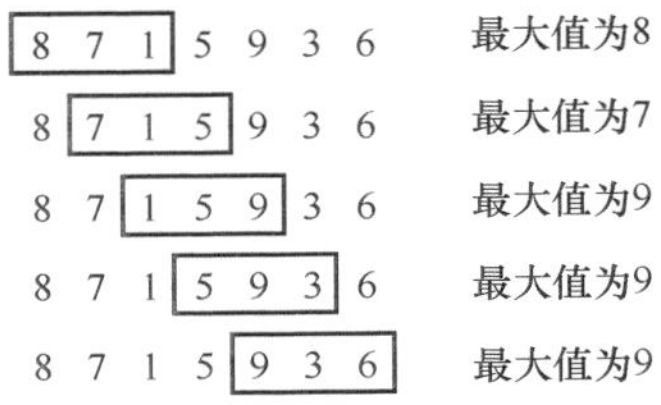

8 7 1 5 9 3 6　最大值为8
8 7 1 5 9 3 6　最大值为7
8 7 1 5 9 3 6　最大值为9
8 7 1 5 9 3 6　最大值为9
8 7 1 5 9 3 6　最大值为9

图 3.5

【输入格式】

第一行为两个整数，即 n 和 m（$1 < n < 90000$）。

第二行为 n 个整数。

【输出格式】

输出密钥值。

【输入样例】

```
7 3
8 7 1 5 9 3 6
```

【输出样例】

```
87999
```

【算法分析】

要高效率解决此题，一般会使用单调队列。顾名思义，单调队列是使队列中的元素保持单调递增（减），而保持的方式就是通过"插队"把队尾破坏了单调性的元素全部挤掉。可以这么想象：有一长串队伍排队买票，忽然来了一个人高马大的家伙，一看这么长的队伍，心情急躁，于是就从队尾开始，看到好欺负的就将其赶出队列……如此一路向前，直到遇到比他更强壮的家伙为止。

本题样例的运行过程如表 3.1 所示。

表 3.1

时刻	入队元素	单调队列	最大值
1	8	8	—
2	7	8,7	—
3	1	8,7,1	8
4	5	7,5	7
5	9	9	9
6	3	9,3	9
7	6	9,6	9

参考程序如下。

```
1  //密钥
2  #include <bits/stdc++.h>
3  using namespace std;
4  
5  struct man
6  {
7    int index,val;                          //数组元素索引和实际值
```

```
8    } t;
9    deque <man> dq;                                    //STL 的双端队列，速度比数组队列慢
10
11   int main()
12   {
13     int n,m;
14     cin>>n>>m;
15     for(int Time=1; Time<=n; Time++)
16     {
17       scanf("%d",&t.val);
18       t.index=Time;
19       while(!dq.empty() && t.val>=dq.back().val) // 维护单调队列
20         dq.pop_back();
21       dq.push_back(t);                            // 当前元素入队
22       if (Time-dq.front().index>=m)               // 保证队列的长度不超过 m
23         dq.pop_front();
24       if(Time>=m)
25         printf("%d",dq.front().val);
26     }
27     printf("\n");
28     return 0;
29   }
```

3.5 课后练习

1. 人际关系（网站题目编号：403005）
2. 密钥 2（网站题目编号：403006）
3. 滑动窗口（网站题目编号：403007）
4. 棋盘（网站题目编号：403008）

第 4 章　树

4.1　树的介绍

4.1.1　树的概念及表示

树是一种重要的非线性结构，它用于描述数据元素之间的层次关系。每一棵树必有一个特定的节点，称作根（root）节点。根节点之下可以有子节点，也可以没有。而各子节点也可为子树，拥有自己的子节点。

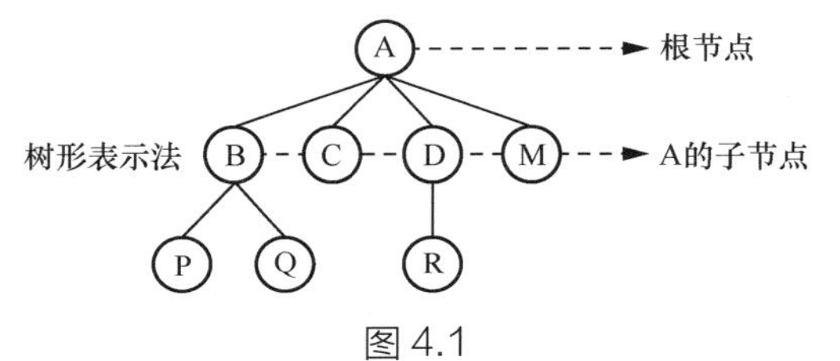

图 4.1

图 4.1 中，节点 A 为树 T 的根节点，B、C、D、M 则为节点 A 的子节点。若节点包含其下拥有的所有子节点，则节点和所有子节点均为 T 的子树。例如 B 是 A 的子节点，P、Q 皆是 B 的子节点，而 B、P、Q 为树 T 的子树。

若一棵树中的节点最多可以有 n 个子节点，则称这样的树为 n 元树。例如二叉树中的节点，最多只能有两个子节点。

树的表示方法除树形表示法外，还有文氏图表示法、括号表示法和凹入表示法等，如图 4.2 所示。

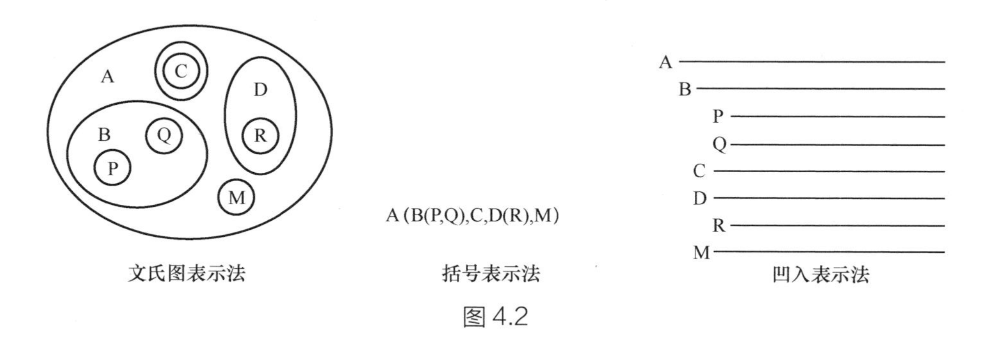

图 4.2

（1）树形表示法：这是树的最基本表示方法，用一棵倒置的树表示树结构，非常直观和形象。

（2）文氏图表示法：使用集合和集合的包含关系描述树结构。

（3）括号表示法：将树的根节点写在括号的左边，除根节点之外的节点写在括号中并用逗号隔开来描述树结构。

（4）凹入表示法：使用伸缩的线段描述树结构。

4.1.2　树的相关术语

接下来以图 4.3 所示的树为例，介绍树的相关术语。

（1）父节点和子节点：子节点是相对父节点来说的，它是父节点的下一层节点。在图 4.3 中，A 是 B 的父节点，B 是 A 的子节点。

（2）兄弟节点：拥有同一个父节点的节点，称为兄弟节点。在图 4.3 中，B、C、D、M 的父节点均为 A，故 B、C、D、M 互为兄弟节点。

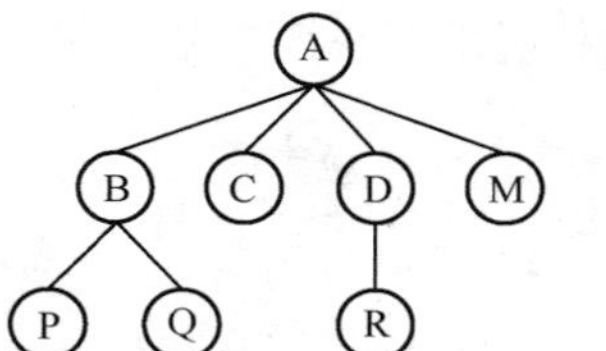

图 4.3

（3）根节点：一棵树中没有父节点的节点，称为根节点。

（4）叶节点：一棵树中没有子节点的节点，称为叶节点。

（5）非终端节点：除了叶节点以外的其他节点，称为非终端节点。

（6）分支度：每个节点所拥有的子节点个数。一棵树中的最大分支度值即该树的分支度。在图 4.3 中，A 的分支度为 4，B 的分支度为 2，D 的分支度为 1，故该树的分支度为 4。

（7）阶层：节点的特性值，将根节点的阶层设为 1，其子节点为 2，以此类推。在图 4.3 中，阶层为 1 的节点，为 A；阶层为 2 的节点，为 B,C,D,M；阶层为 3 的节点，为 P、Q、R。

（8）高度或深度：树的最大阶层。在图 4.3 中，最大阶层为 3，故树的深度为 3。

（9）祖先：某节点 x 到根节点的路径上的所有节点，均称为 x 的祖先。在图 4.3 中，P 的祖先为 A 和 B。

（10）树林：m 棵互不相交的树组成的集合。若将树的根节点移去，所剩的恰是“树林”，如图 4.4 所示。

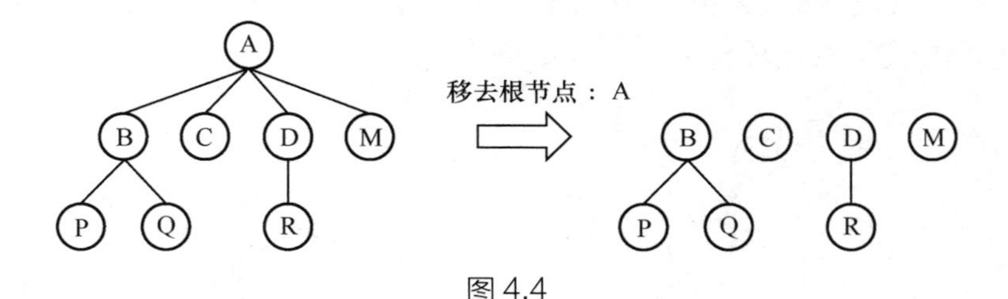

图 4.4

（11）有序树和无序树：如果一棵树中节点的各子树从左到右是有次序的（即不能交换），则称这棵树为有序树，反之则称其为无序树。

4.2 二叉树

4.2.1 二叉树的概念

二叉树（binary tree）是树的一种，二叉树中的节点至多只能有两个子节点。

二叉树的严格定义如下。

（1）由有限个节点所构成的集合，此集合可以为空。

（2）二叉树基于根节点可分成两个子树，称为左子树和右子树，如图 4.5 所示。

由于二叉树的子树有顺序关系，分为左子树和右子树，所以图 4.6 中的两棵树是相同的树，却是不同的二叉树。

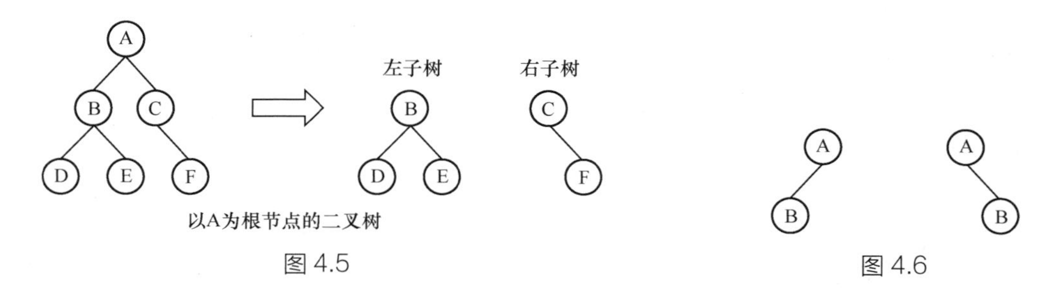

图 4.5

图 4.6

二叉树和树的特点比较如下。

（1）树的节点无左、右之分，而二叉树的节点有左、右之分。

（2）二叉树的分支度只能为 0、1 或 2，而树的分支度可大于 2。

有一些特殊的二叉树，介绍如下。

（1）歪斜树。一般二叉树可视为根节点、左子树和右子树的集合。若一棵树中，所有左侧节点均不存在，则此树为右歪斜树，反之，若所有右侧节点均不存在，则此树为左歪斜树，如图 4.7 所示。

（2）满二叉树。一棵树中所有叶节点均在同一阶层，而其他非终端节点的分支度均为 2，则此树为满二叉树。若该树的深度为 h，则此满二叉树的节点数为 2^h-1，如图 4.8 所示。图 4.8 所示的二叉树的深度为 3，节点数为 $2^3-1=7$，为满二叉树。

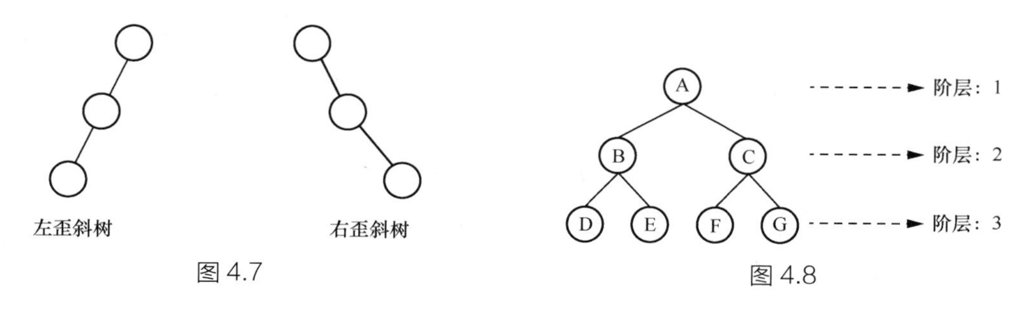

图 4.7

图 4.8

（3）完全二叉树：一棵树去除最大阶层后为满二叉树，且最大阶层的节点均向左靠齐，则该二叉树为完全二叉树。图 4.9 所示为完全二叉树，若去除阶层为 3 这一层后，A、B、C 构成满二叉树，且 D、E 在阶层为 3 这一层中均向左靠齐。

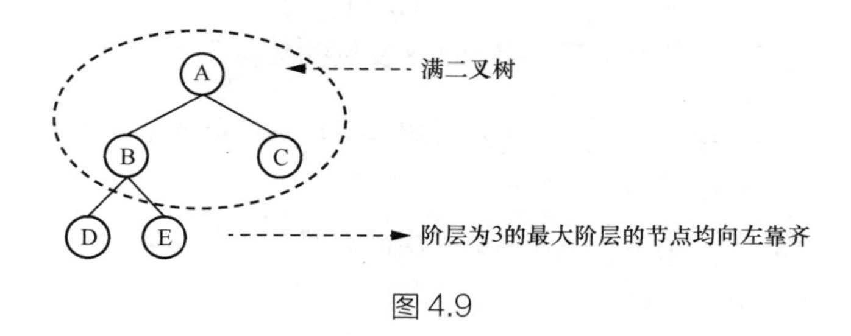

图 4.9

4.2.2　二叉树的性质

接下来介绍二叉树的一些重要性质。

性质 1：二叉树上叶节点数等于分支度为 2 的节点数加 1。

性质 2：二叉树的第 i 层上至多有 2^{i-1} 个节点（$i \geqslant 1$）。

性质 3：对于完全二叉树中编号为 i（$1 \leqslant i \leqslant n$）的节点，$n$（$n \geqslant 1$）为节点数，有

（1）若 $2i \leqslant n$，则编号为 i 的节点为分支节点（分支度不为 0 的节点），否则为叶节点。

（2）若 n 为奇数，则每个分支节点都既有左子节点，又有右子节点；若 n 为偶数，则编号最大的分支节点（编号为 $n/2$）只有左子节点，没有右子节点，其余分支节点左、右子节点都有。

具有 n（$n > 1$）个节点的不同形态的二叉树有多少棵？以 $n = 3$ 为例，图 4.10 所示为所有可能形态的二叉树。

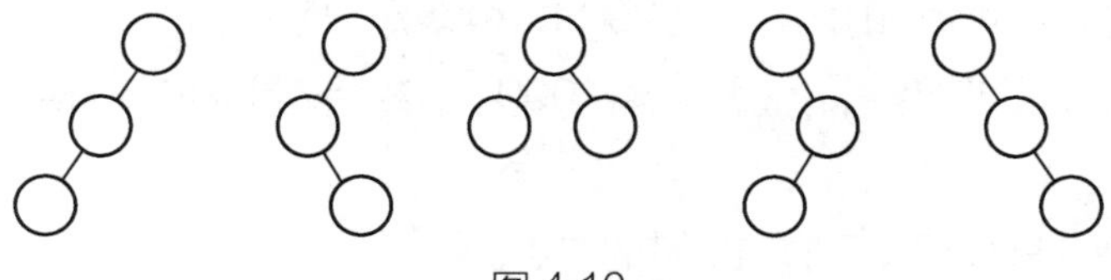

图 4.10

可以这么考虑：具有 n（$n > 1$）个节点的二叉树可以看作由一个根节点、一棵具有 i（$0 \leqslant i \leqslant n-1$）个节点的左子树和一棵具有 $n-i+1$ 个节点的右子树组成。

设 $f(i)$ 表示有 i 个节点的二叉树的所有形态数，则有：

（1）只有一个节点很明显有 $f(1) = 1$；

（2）有两个节点时，先固定好根节点，左、右子树的节点数分别为 (1,0) 或 (0,1)，故有 $f(2) = f(1) + f(1) = 2$；

（3）有 3 个节点时，先固定好根节点，左、右子树的节点数分别为 (0,2)、(1,1) 和 (2,0)，则根据排列组合里面的乘法原理可得 $f(3) = f(0) \times f(2) + f(1) \times f(1) + f(2) \times f(0)$。

由此可推出 n 个节点的递归表达式为 $f(n) = f(n-1) + f(n-2) \times f(1) + f(n-3) \times f(2) + \cdots + f(1) \times f(n-2) + f(n-1)$。

显然这是一个卡特兰（Catalan）数列，其递归关系解为：

$$f(n)=\frac{(2n)!}{n!(n+1)!}$$

对多叉树来说，具有 n 个节点且互不相似的多叉树的数目 $T(n) = f(n-1)$。

卡特兰数列经常出现在组合数学的计数问题中，以比利时数学家欧仁·查理·卡特兰(1814—1894)的名字命名。常见的经典问题如下。

（1）矩阵连乘问题：$P=A_1A_2A_3\cdots A_n$，依据乘法结合律，不改变其顺序，只用括号表示成对的乘积。试问：有几种括号化的方案？

（2）出栈次序问题：一个栈（无穷大）的入栈序列为 $1,2,3,\cdots,n$，有多少种不同的出栈序列？

（3）凸多边形三角划分问题：在一个凸多边形中，通过若干条互不相交的对角线，把这个多边形划分成若干个三角形有多少种方案？

（4）路径问题：在 $n\times n$ 的方格地图中，从一个角到另外一个角，求不跨越对角线的路径数有多少种？

（5）握手问题：$2n$ 个人等间隔坐在一个圆桌边上，某个时刻所有人同时与另一个人握手，要求手之间不能交叉，求共有多少种握手方法？

■ 404001 树根和宝藏

【题目描述】树根和宝藏（treasure）

有一棵有 n（$n \leqslant 100$）个节点的树，子节点最多的节点藏有“宝藏”。

试编程输出“树根”和子节点最多的节点。

【输入格式】

第一行为两个整数，即 n 和 m（$m \leqslant 200$），m 表示边数。

以下 m 行，每行两个节点 x、y（$x, y \leqslant 1000$），表示 y 是 x 的子节点。

【输出格式】

一行有两个整数，即树根和子节点最多的节点。

【输入样例】

```
8 7
4 1
4 2
1 3
1 5
2 6
2 7
2 8
```

【输出样例】

```
4 2
```

【算法分析】

时间复杂度为 $O(n^2)$ 的参考程序如下，试考虑将时间复杂度优化到 $O(n\log n)$ 或 $O(n)$。

```
// 树根和宝藏
#include <bits/stdc++.h>
using namespace std;

int father[105];

int main()
{
  int n,m,x,y,Root,sum,Max=0,MaxRoot;
  cin>>n>>m;
  for(int i=1; i<=m; ++i)
  {
    cin>>x>>y;
    father[y]=x;                    //y 的父节点是 x，节点的父节点是唯一的
  }
  for(int i=1; i<=n; i++)
  {
    if(father[i]==0)                // 如果节点 i 没有父节点，则其为树根
      Root=i;
    sum=0;
    for(int j=1; j<=n; ++j)         // 统计节点 i 有多少个子节点
      if(father[j]==i)
        sum++;
    if(sum>Max)
      MaxRoot=i,Max=sum;
  }
  cout<<Root<<" "<<MaxRoot<<endl;
  return 0;
}
```

■ 404002 单词查找树

【题目描述】单词查找树（tree）NOI 2000

在进行文法分析的时候，通常需要检测单词是否在我们的单词列表里。为了提高检测速度，通常都要画出与单词列表对应的单词查找树，其特点如下。

（1）根节点不包含字母，除根节点外每一个节点都仅包含一个大写英文字母。

（2）从根节点到某一节点，路径上经过的字母依次连起来所构成的字母序列，称为该节点对应的单词。单词列表中的每个词，都是单词查找树某个节点所对应的单词。

（3）在满足上述条件的情况下，单词查找树的节点数最少。

例如图 4.11 中左边的单词列表就对应于右边的单词查找树。注意，对一个确定的单词列表，请统计对应的单词查找树的节点数（包含根节点）。

【输入格式】

输入一个单词列表，每一行仅包含一个单词和一个换行 / 回车符。每个单词仅由大写的英文

字符组成，长度不超过 63 个字符。文件总大小不超过 32KB，至少有一行数据。

【输出格式】

输出一个整数和一个换行 / 回车符，该整数为单词列表对应的单词查找树的节点数。

【输入样例】

A
AN
ASP
AS
ASC
ASCII
BAS
BASIC

【输出样例】

13

【算法分析】

最容易想到的是构建一棵树，但题目只要求输出节点数，且文件最大不超过 32KB，所以有必要考虑是否可以不通过构建树就直接算出节点数。

以 BAS 和 BASIC 为例：其对应的树如图 4.12 所示。

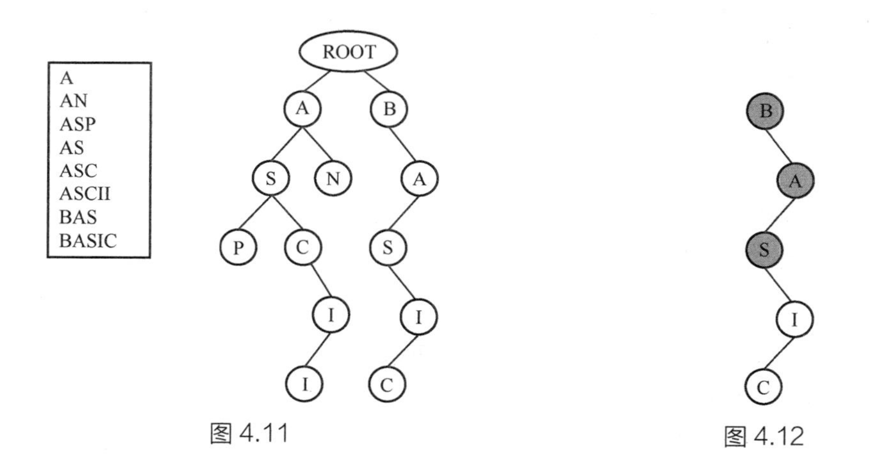

图 4.11　　　　图 4.12

可以看出，BASIC 对应的树是在 BAS 对应的树已有节点的基础上新扩展了两个节点构建而成的，这两个新节点就是两单词对应的树之间的差异节点。

那么，对所有的单词按 ASCII 值排序，依次累加相邻单词对应的树的差异节点数就可以得出答案。

参考程序如下。

```
1  // 单词查找树
```

```
2   #include <bits/stdc++.h>
3   using namespace std;
4
5   string a[10000];
6
7   int main()
8   {
9     int n=0;
10    while(cin>>a[++n]);
11    sort(a+1,a+1+n);
12    int t=a[1].length();                        // 先累加第一个单词的长度
13    for(int i=2; i<=n; i++)
14    {
15      int j=0;
16      while(a[i][j]==a[i-1][j] && j<a[i-1].length())
17        j++;                                     // 求两个单词相等部分的长度
18      t+=a[i].length()-j;                        // 累加
19    }
20    cout<<t+1<<endl;                             // 注意最后要加 1
21    return 0;
22  }
```

■ 404003 对称二叉树

【题目描述】对称二叉树（tree）

有点权的有根树如果满足以下条件，则被称为对称二叉树。

（1）二叉树。

（2）将这棵树所有节点的左右子树交换，新树和原树对应位置的结构相同且点权相等。

图 4.13 中节点内的数字为权值，节点外的 id 表示节点编号。

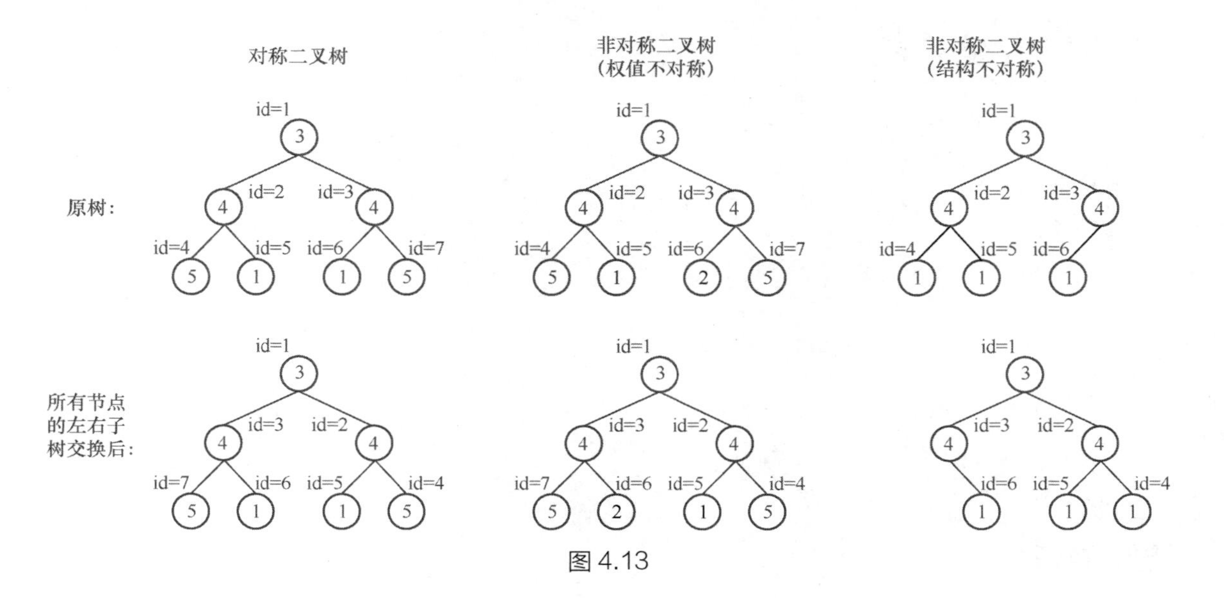

图 4.13

现在给出一棵二叉树，希望你找出它的一棵子树，该子树为对称二叉树，且节点数最多。

注意：只有树根的树也是对称二叉树。本题中约定，以节点 T 为树根的一棵子树指的是：节点 T 和它的全部后代节点构成的二叉树。

【输入格式】

第一行有一个正整数 n（$n \leqslant 10^6$），表示给定的树的节点数目，规定节点编号为 1 ~ n，其中节点 1 是树根。

第二行有 n 个正整数，用空格分隔，第 i 个正整数 v_i（$v_i \leqslant 1\,000$）代表节点 i 的权值。

接下来 n 行，每行有两个正整数 l_i、r_i，分别表示节点 i 的左、右子节点的编号。如果左、右子节点不存在，则相应编号以 −1 表示。两个数之间用一个空格隔开。

【输出格式】

输出共一行，包含一个整数，表示给定的树的最大对称二叉子树的节点数。

【输入样例 1】

```
2
1 3
2 -1
-1 -1
```

【输出样例 1】

```
1
```

【样例说明】

最大的对称二叉子树是以节点 2 为树根的子树，节点数为 1，如图 4.14 所示。

【输入样例 2】

```
10
2 2 5 5 5 5 4 4 2 3
9 10
-1 -1
-1 -1
-1 -1
-1 -1
-1 2
3 4
5 6
-1 -1
7 8
```

【输出样例 2】

```
3
```

【样例说明】

最大的对称二叉子树是以节点 7 为树根的子树，节点数为 3，如图 4.15 所示。

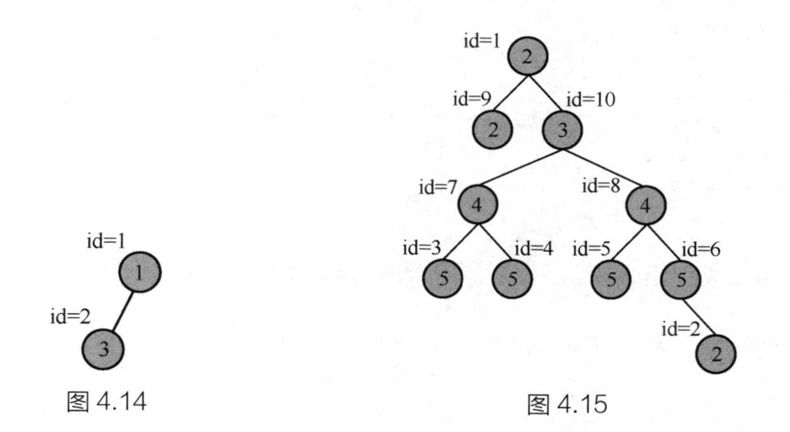

图 4.14　　图 4.15

【算法分析】

首先考虑树的结构如何保存，可以将树的节点的权值保存在数组 node[ ] 中，每个节点的左、右子节点索引保存在数组 lson[ ] 和 rson[ ] 中。例如第 *i* 个节点的左子节点是第 *x* 个节点，右子节点是第 *y* 个节点，则 lson[*i*] = *x*，rson[*i*] = *y*；若第 *i* 个节点无左、右子节点，则 lson[*i*] = −1，rson[*i*] = −1。

然后根据二叉树的特点，使用 DFS（Depth First Search，深度优先搜索）算法遍历所有节点，寻找对称二叉树。

判断根节点的左子节点 L 和右子节点 R 是否对称，如图 4.16 所示，如果不对称，则递归结束，答案为 1，否则当前找到的对称二叉树的节点数为 3。

向下递归，如图 4.17 所示，判断 L 的左子节点和 R 的右子节点是否对称；判断 L 的右子节点和 R 的左子节点是否对称。如果有一对节点对称，则对称二叉树的节点数 + 2；如果两对节点都对称，则对称二叉树的节点数 + 4。

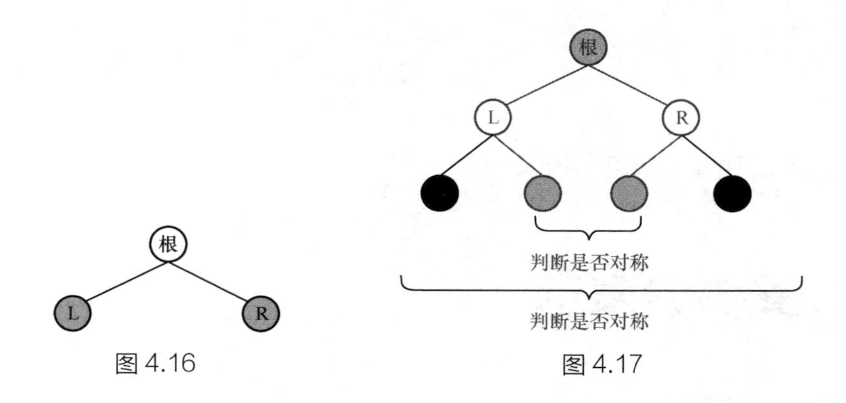

图 4.16　　图 4.17

可以想到，有对称的节点继续向下递归，无对称的节点则递归结束，依此类推即可得到最大对称二叉树的节点数。

参考代码如下。

```
// 对称二叉树（部分数据超时，请自行剪枝、优化）
#include <bits/stdc++.h>
using namespace std;
const int MAXN=1000001;

int node[MAXN],lson[MAXN],rson[MAXN],m, ans=1;
bool OK=1;                                                // 标记结构是否对称

int Dfs(int x,int y,int s)       //s 代表当前节点数，x、y 为正在访问的节点标号
{
  if(x==-1 && y==-1)              // 判断是否有节点，试考虑此处是否可以剪枝
    return 0;
  if((x==-1 || y==-1) || node[x]!=node[y])                // 如果不对称
  {
    OK=0;
    return 0;
  }
  return Dfs(lson[x],rson[y],2)+Dfs(rson[x],lson[y],2)+s; // 向下递归
}

int main()
{
  cin>>m;
  for(int i=1; i<=m; i++)
    cin>>node[i];
  for(int i=1; i<=m; i++)
    cin>>lson[i]>>rson[i];
  for(int i=1; i<=m; i++)                                 // 枚举每个节点
  {
    int sum=Dfs(lson[i],rson[i],3);// 从 i 出发、DFS 左子节点、DFS 右子节点，所以节点数为 3
    if(sum>ans && OK)
      ans=sum;                     // 更新最优解
    OK=1;                          // 每次枚举默认 OK=1
  }
  cout<<ans<<endl;
  return 0;
}
```

■ **同步练习**

树的深度（网站题目编号：404004）

4.3 二叉树的表示

4.3.1 二叉树数组表示法

我们可将二叉树中的节点，按阶层从低到高、由左到右、从 1 开始依序编号，再根据编号

将值存入相对应索引的数组中。若二叉树不是满二叉树，也可将各节点编成在满二叉树中相同位置的节点编号，再以相同的方式将值存入数组中，若某一编号没有对应节点，则不存值于数组中。

从图 4.18 中可以看出以下两点。

（1）左子节点的存储索引为父节点的存储索引乘 2，即 $2n$。

（2）右子节点的存储索引为父节点的存储索引乘 2 加 1，即 $2n+1$。

图 4.18 左图中 A 节点的编号为 1，则左子节点 B 的编号为 $2\times1=2$，右子节点 C 的编号为 $2\times1+1=3$。故若要用 1 个一维数组来代表一棵满二叉树，所需的数组长度为 2^h-1，h 为最大阶层数。

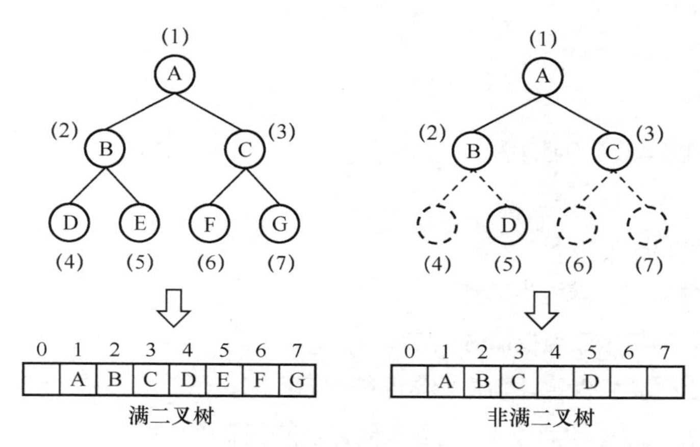

图 4.18

二叉树数组表示法的优点是：对于任意一个节点都能很容易地找到其父节点、子节点及兄弟节点，而且每个节点的存储空间不大，只占用数组的一个内存空间。但当二叉树的深度和节点数的比例偏高时（二叉树分布不平均，如歪斜树），内存的利用率会偏低，容易造成空间的浪费。另外，由于数组表示法是用顺序的方式进行处理，故在插入或删除节点时，需要移动其他元素。

例如图 4.19 所示的二叉树中的节点在数组中的分布如图 4.20 所示。

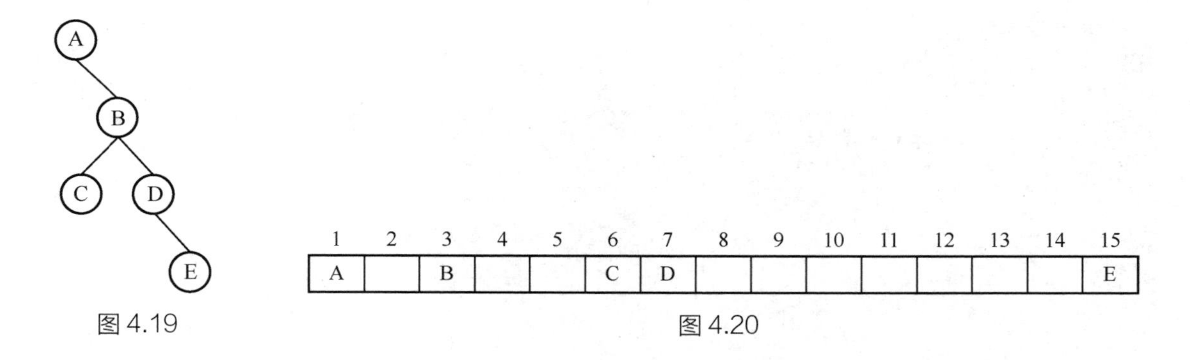

图 4.19

图 4.20

■ 404005 构造数组查找树

【题目描述】构造数组查找树（arraytree）

有一棵深度为 N（$N \leqslant 15$）的树，请用数组建立二叉查找树（Binary Search Tree，BST）。

【输入格式】

第一行为一个整数 N，表示有多少个元素，第二行为 N 个元素。

【输出格式】

按数组顺序输出即可。

【输入样例】

9

6 3 8 5 2 9 4 7 10

【输出样例】

6 3 8 2 5 7 9 0 0 4 0 0 0 0 10

【算法分析】

建立二叉查找树的规则如下。

（1）以第 1 个建立的元素为根节点。

（2）依序将元素值与根节点权值做比较。

①若元素值大于根节点权值，则将元素值往根节点的右子节点移动，若右子节点为空，则将元素值存入；否则就按此法继续比较，直到找到适当的空节点为止。

②若元素值小于根节点权值，则将元素值往根节点的左子节点移动，若左子节点为空，则将元素值存入；否则就按此法继续比较，直到找到适当的空节点为止。

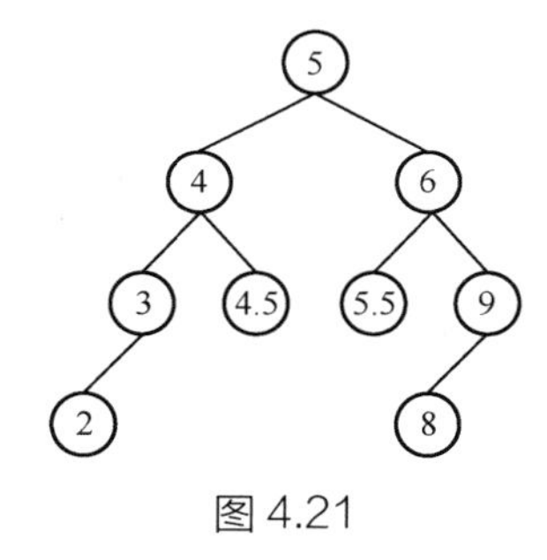

图 4.21

上述的二叉树建立规则满足了二叉查找树的条件。

例如：输入数据的顺序为 5,4,6,3,9,8,2,4.5,5.5（读入时，会按照此顺序的比较方式建立树），则建立的二叉树结构如图 4.21 所示。可以看出，左子树上的节点权值均小于父节点权值，右子树上的节点权值均大于父节点权值，这样在查找某个节点时，可以迅速定位。

参考程序如下。

```
1   // 构造数组查找树
2   #include <bits/stdc++.h>
3   using namespace std;
4   const int MAXN=32768;                          //2^15
5
6   int tree[MAXN];                                // 数组索引从 1 开始
7
8   int Create(int *node,int len)
9   {
10    int MAX=1,idex;
```

```
11      tree[1]=node[1];
12      for(int i=2; i<=len; i++)
13      {
14        idex=1;                                   //索引从根开始
15        while(tree[idex]!=0)                      //判断当前位置是否有值
16        {
17          if(node[i]<tree[idex])
18            idex=idex*2;                          //左子树的索引
19          else
20            idex=idex*2+1;                        //右子树的索引
21          MAX=max(MAX,idex);                      //判断最后一个元素的索引
22        }
23        tree[idex]=node[i];                       //赋值
24      }
25      return MAX;                                 //返回最后一个节点的索引
26    }
27
28    int main()
29    {
30      int n;
31      cin>>n;
32      int node[n+1];
33      for(int i=1; i<=n; i++)
34        cin>>node[i];
35      int num=Create(node,n);
36      for(int i=1; i<=num; i++)
37        cout<<tree[i]<<(i^num?' ':'\n');  //用按位异或"^"替代"!="的操作
38      return 0;
39    }
```

4.3.2 二叉树结构体数组表示法

由于二叉树的节点最多只能有两个子节点，因此我们可以用结构体来声明节点的存储方式。此结构体包含 3 个字段，其中一个字段用来存放节点的数据内容，而另两个字段则是分别用来存放左子树和右子树在数组中的索引值，如图 4.22 所示。

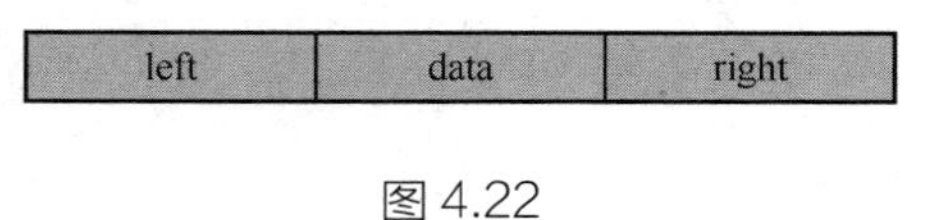

图 4.22

结构体数组的声明如下：

```
1    struct tree
2    {
3      int left;                       //left：用来存放左子树在数组中的索引值
4      int data;                       //data：用来存放节点的数据内容
5      int right;                      //right：用来存放右子树在数组中的索引值
6    }b_tree[15];
```

声明完成后，b_tree 即用来存放二叉树各节点的结构体数组。在结构体数组中，根节点置于数组结构中索引值为 1 的位置，将节点权值存放在 data 字段，而 left 和 right 字段则分别用来存放左、右子树在数组结构中的索引值，若子树不存在则相应字段值为 −1。例如，有一棵二叉

树的树形结构与结构体数组表示如图 4.23 所示。

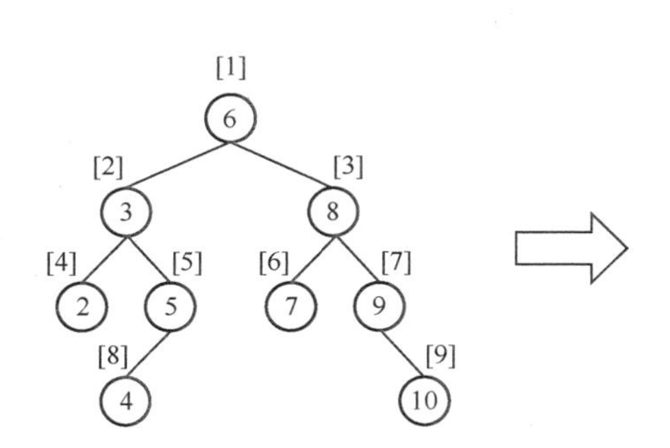

索引	left	data	right
1	2	6	3
2	5	3	4
3	8	8	6
4	7	5	–1
5	–1	2	–1
6	–1	9	9
7	–1	4	–1
8	–1	7	–1
9	–1	10	–1

图 4.23

■ 404006 使用结构体数组建立二叉树

【题目描述】使用结构体数组建立二叉树（arraytree）

有一棵深度为 N（$N \leqslant 15$）的树，请用结构体数组建立二叉查找树。二叉查找树的建立规则是设第一个节点为根节点，且左子节点的权值小于父节点的权值，右子节点的权值大于或等于父节点的权值。

【输入格式】

第一行为一个整数 N，表示有多少个元素，第二行为 N 个元素。

【输出格式】

按数组顺序输出即可。

【输入样例】

```
9
6 3 8 5 2 9 4 7 10
```

【输出样例】

```
2 6 3
5 3 4
8 8 6
7 5 –1
–1 2 –1
–1 9 9
–1 4 –1
–1 7 –1
–1 10 –1
```

参考程序如下。

```
1  // 使用结构体数组建立二叉树
```

```
2    #include <bits/stdc++.h>
3    using namespace std;
4    const int MAXN=32768;                      //2^15
5
6    int n;
7    struct tree
8    {
9      int Left;
10     int Data;
11     int Right;
12   } b_tree[MAXN];
13
14   void Create(int *node,int len)
15   {
16     int idex;                               //idex 用于指向 node[] 的索引
17     int position;                           // 用于标记，1 表示左子树，-1 表示右子树
18     for(int i=1; i<=len; i++)               // 依次建立节点
19     {
20       b_tree[i].Data=node[i];               // 元素值依次存入节点
21       idex=0;                               // 索引从 0 开始
22       position=0;
23       while(position==0)                    // 如果还没确定节点的位置
24       {
25         if(node[i]>b_tree[idex].Data)       // 判断是否为右子树
26           if(b_tree[idex].Right!=-1)        // 如果该位置已被占用，继续往下找
27             idex=b_tree[idex].Right;        // 继续顺着右子树方向找
28           else
29             position=-1;                    // 有空位，设为右子树
30         else
31           if(b_tree[idex].Left!=-1)         // 如果该位置已被占用，继续往下找
32             idex=b_tree[idex].Left;         // 继续顺着左子树方向找
33           else
34             position=1;                     // 有空位，设为左子树
35       }
36       if(position==1)
37         b_tree[idex].Left=i;                // 连接左子树
38       else
39         b_tree[idex].Right=i;               // 连接右子树
40     }
41   }
42
43   void Print()
44   {
45     for(int i=1; i<=n; i++)
46       cout<<b_tree[i].Left<<' '<<b_tree[i].Data<<' '<<b_tree[i].Right<<'\n';
47   }
48
49   int main()
50   {
51     cin>>n;
52     int node[n+1];
53     for(int i=1; i<=n; i++)
54       cin>>node[i];
55     for(int i=0; i<MAXN; i++)               // 初始化
```

```
56        {
57          b_tree[i].Left=-1;
58          b_tree[i].Data=0;
59          b_tree[i].Right=-1;
60        }
61        Create(node,n);
62        Print();
63        return 0;
64    }
```

4.3.3　二叉树链表表示法

■ 404007 构造链表二叉树

【题目描述】构造链表二叉树（linktree）

有一棵深度为 N（$N \leqslant 15$）的树，请用链表建立二叉查找树。二叉查找树的建立规则是设第一个节点为根节点，且左子节点的权值小于父节点的权值，右子节点的权值大于或等于父节点的权值。

【输入格式】

第一行为一个整数 N，表示有多少个元素，第二行为 N 个元素。

【输出格式】

按数组顺序输出即可。

【输入样例】

9
6 3 8 5 2 9 4 7 10

【输出样例】

6 3 2 5 4 8 7 9 10

【样例说明】

输出的最后一个元素后为一个空格加换行。

【算法分析】

二叉树的链表表示法与结构体数组表示法很相似，都是用 3 个字段来存储节点信息。两者之间的不同在于结构体数组以循序静态的方式处理，而链表运用动态内存配置的方法来建立二叉树，其中 letf、right 字段是用来连接左、右子树的指针。链表的节点结构如图 4.24 所示。

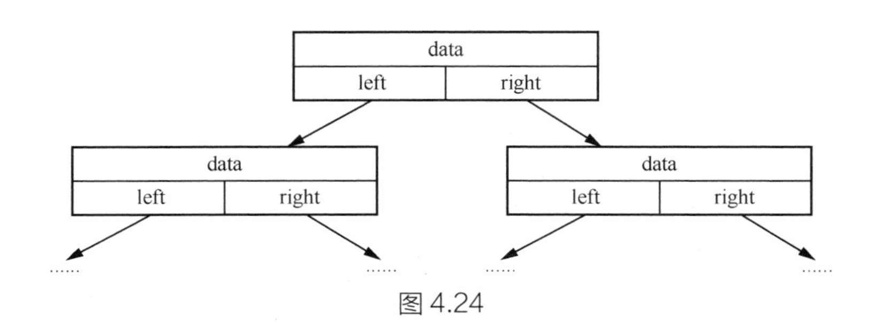

图 4.24

二叉树链表结构的声明如下。

```
struct tree
{
  struct tree *left;                        //left：指向左子树的指针
  int data;                                 //data：用于存放节点的数据内容
  struct tree *right;                       //right：指向右子树的指针
};
typedef struct tree treenode;               // 声明 treenode 为链表二叉树的节点
typedef struct tree *b_tree;                // 声明 *b_tree 为链表二叉树的指针
```

参考程序如下。

```
// 构造链表二叉树
#include <bits/stdc++.h>
using namespace std;

struct tree
{
  struct tree *left;
  int data;
  struct tree *right;
};
typedef struct tree treenode;
typedef struct tree *b_tree;

b_tree Insert(b_tree root,int node)
{
  b_tree newnode=new treenode;                      // 开辟新节点
  newnode->data=node;                               // 为新节点赋值
  newnode->left=NULL;
  newnode->right=NULL;
  b_tree currentnode;
  b_tree parentnode;
  if(root==NULL)                                    // 第一个节点建立
    return newnode;
  else
  {
    currentnode=root;                               // 从根节点开始
    while(currentnode!=NULL)                        // 当没有找到空节点时
    {
      parentnode=currentnode;                       // 将当前节点作为父节点
      if(currentnode->data>node)
        currentnode=currentnode->left;              // 顺着左子树找下去
      else
        currentnode=currentnode->right;             // 顺着右子树找下去
    }
    if(parentnode->data>node)
      parentnode->left=newnode;
    else
      parentnode->right=newnode;
  }
  return root;
```

```
41  }
42
43  b_tree Create(int *data,int len)                    //建立二叉树
44  {
45    b_tree root=NULL;
46    for(int i=1; i<=len; i++)
47      root=Insert(root,data[i]);
48    return root;
49  }
50
51  void Print(b_tree root)                             //递归输出二叉树
52  {
53    if(root!=NULL)
54    {
55      printf("%d ",root->data);
56      Print(root->left);
57      Print(root->right);
58    }
59  }
60
61  int main()
62  {
63    int n;
64    b_tree root=NULL;
65    cin>>n;
66    int node[n+1];
67    for(int i=1; i<=n; i++)
68      cin>>node[i];
69    root=Create(node,n);
70    Print(root);
71    cout<<endl;
72    return 0;
73  }
```

使用链表表示二叉树，对树上的元素进行删除、插入、排序等操作非常方便，只需要改变节点指针的位置即可。但因为涉及指针的操作，初学者会感觉难以把控，所以很少在竞赛中使用链表表示。

4.4 二叉树的遍历

4.4.1 二叉树的前序遍历

■ 404008 前序遍历

【题目描述】前序遍历（preorder）

二叉树的深度不超过 15，有 N 个节点，你的任务是建立二叉查找树后输出前序遍历的结果。

二叉查找树的建立规则是设第一个节点为根节点，且左子节点的权值小于父节点的权值，右子节点的权值大于或等于父节点的权值。

【输入格式】

第一行为一个整数 N，表示有多少个元素，第二行为 N 个元素。

【输出格式】

依次输出数据，数据间以空格分隔。

【输入样例】

9

6 3 8 5 2 9 4 7 10

【输出样例】

6 3 2 5 4 8 7 9 10

【算法分析】

前序遍历先遍历根节点，再遍历左子树，最后遍历右子树，如图 4.25 所示。

从根节点 A 开始先往左子节点 B 再到 D，由于 D 没有左子树，故转向右子节点 G；然后回到 B，因为 B 没有右子树，所以此时 A 的左子树遍历完毕；接着转向 A 的右子节点 C，再往左边继续遍历。依此类推，可得到前序遍历的顺序为 ABDGCEHIF。

对于前序遍历，可以想象成一个人从树根开始绕着整棵树的外围转一圈，所经过的节点的顺序就是前序遍历的顺序（因为经过的每一个节点都是某个子树的根，而前序遍历先输出根）。例如图 4.26 所示的前序遍历结果为 ABDHIEJCFKG。

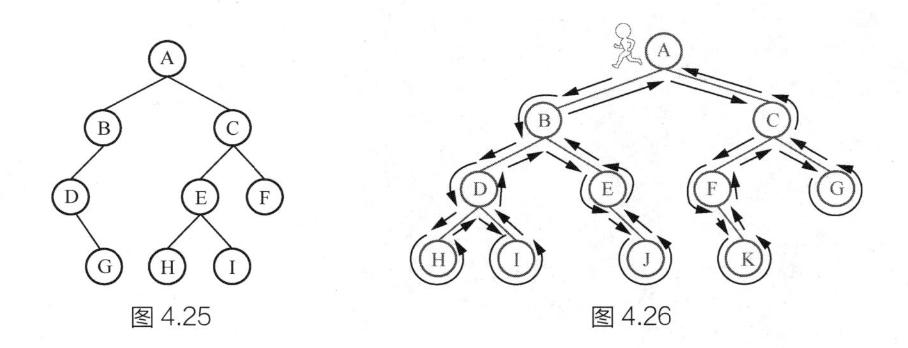

图 4.25　　　　图 4.26

参考代码如下。

```
1   // 前序遍历——结构体数组表示法实现
2   #include <bits/stdc++.h>
3   using namespace std;
4   const int MAXN=32768;                    //2^15
5
6   int n;
7   struct tree
8   {
9     int Left,Data,Right;
10  } tree[MAXN];
```

```
11
12  void Create(int *node,int len)
13  {
14    for(int i=1; i<=len; i++)                  // 遍历各节点
15    {
16      tree[i].Data=node[i];                    // 将元素值存入节点
17      int idex=0,dir=0;
18      while(dir==0)
19      {
20        if(node[i]<tree[idex].Data)            // 判断是否为左子树
21          if(tree[idex].Left!=-1)              // 如果左子树位置已被占用，继续往下找
22            idex=tree[idex].Left;
23          else
24            dir=1;                             // 左子树位置没被占用则将该节点设为左子节点
25        else                                   // 判断是否为右子树
26          if(tree[idex].Right!=-1)             // 如果右子树位置已被占用，继续往下找
27            idex=tree[idex].Right;
28          else
29            dir=-1;                            // 右子树位置没被占用则将该节点设为右子节点
30      }
31      dir==1? tree[idex].Left=i:tree[idex].Right=i;
32    }
33  }
34
35  void PreOrder(int root)                      // 前序遍历
36  {
37    if(root^-1)                                // 用按位异或“^”替代“!=”的操作
38    {
39      cout<<tree[root].Data<<' ';
40      PreOrder(tree[root].Left);
41      PreOrder(tree[root].Right);
42    }
43  }
44
45  int main()
46  {
47    cin>>n;
48    int node[n+1];
49    for(int i=1; i<=n; i++)
50      cin>>node[i];
51    for(int i=0; i<MAXN; i++)                  // 初始化
52    {
53      tree[i].Left=-1;
54      tree[i].Data=0;
55      tree[i].Right=-1;
56    }
57    Create(node,n);
58    PreOrder(1);
59    cout<<endl;
60    return 0;
61  }
```

■ **同步练习**

新二叉树（网站题目编号：404009）

4.4.2　二叉树的中序遍历

■ **404010 中序遍历**

【题目描述】中序遍历（inorder）

二叉树的深度不超过 15，有 N 个节点，你的任务是建立二叉查找树后输出中序遍历的结果。二叉查找树的建立规则是设第一个节点为根节点，且左子节点的权值小于父节点的权值，右子节点的权值大于或等于父节点的权值。

【输入格式】

第一行为一个整数 N，表示有多少个元素，第二行为 N 个元素。

【输出格式】

依次输出数据，数据间以空格分隔。

【输入样例】

9
6 3 8 5 2 9 4 7 10

【输出样例】

2 3 4 5 6 7 8 9 10

【算法分析】

中序遍历先遍历左子树，再遍历根节点，最后遍历右子树。例如图 4.27 所示的二叉树的中序遍历顺序为从节点 A 开始，一直往左走到 D，无法再前进，则处理 D，再往 D 的右方走到 G。此时已遍历完 B 的左子树，接着处理 B，再往 B 的右方前进。由于 B 没有右子树，故 A 的左子树遍历完毕，可处理节点 A，再往 A 的右子树前进。依此类推，可得到中序遍历顺序为 DGBAHEICF。

对于中序遍历顺序，可以想象成按树画好的左、右位置投影下来的顺序，例如图 4.28 所示二叉树的中序遍历结果为 HDIBEJAFKCG。

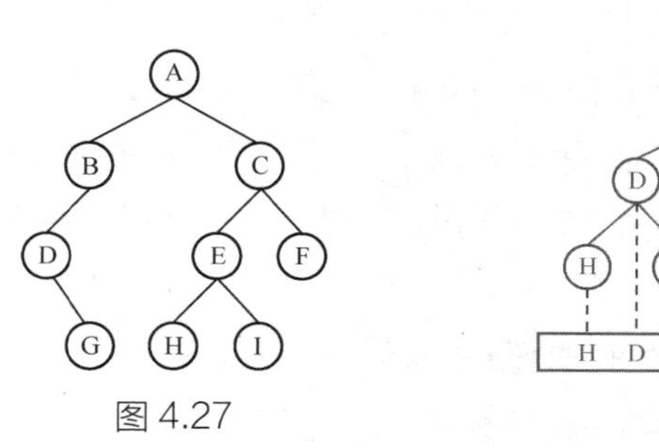

图 4.27

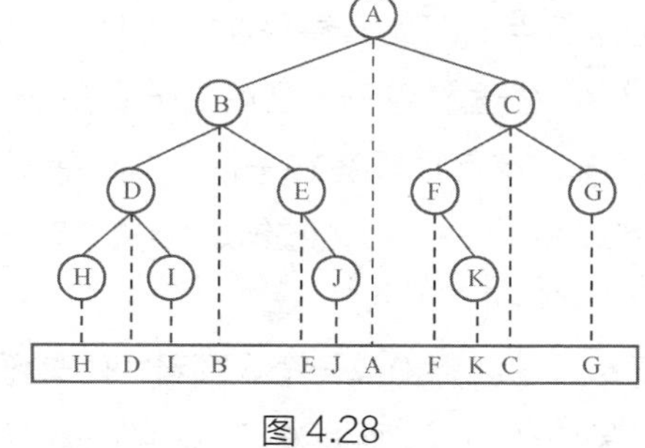

图 4.28

其程序除遍历输出部分外，其他与前序遍历程序完全相同，如下所示。

```
1  void InOrder(int root)                              // 中序遍历
2  {
3    if(root^-1)
4    {
5      InOrder(tree[root].Left);
6      cout<<tree[root].Data<<' ';
7      InOrder(tree[root].Right);
8    }
9  }
```

■ **同步练习**

中序遍历 2（网站题目编号：404011）

4.4.3　二叉树的后序遍历

■ **404012 后序遍历**

【题目描述】后序遍历（postorder）

二叉树的深度不超过 15，有 *N* 个节点，你的任务是建立二叉查找树后输出后序遍历的结果。二叉查找树的建立规则是设第一个节点为根节点，且左子节点的权值小于父节点的权值，右子节点的权值大于或等于父节点的权值。

【输入格式】

第一行为一个整数 *N*，表示有多少个元素，第二行为 *N* 个元素。

【输出格式】

依次输出数据，数据间以空格分隔。

【输入样例】

9

6 3 8 5 2 9 4 7 10

【输出样例】

2 4 5 3 7 10 9 8 6

【算法分析】

后序遍历先遍历左子树，再遍历右子树，最后遍历根节点。例如图 4.29 所示的二叉树，其后序遍历顺序为从节点 A 开始一直往左走到 D，无法再前进，则往 D 的右方前进到 G，由于 G 没有左、右子树，故处理节点 G。之后由于 D 的右子树遍历完毕，故返回处理 D，而 B 的左子树也相应完成遍历。节点 B 没有右子树，故可接着处理 B。此时节点 A 的左子树已遍历完毕，可往 A 的右子节点 C 前进，依此类推。当 A 的右子树遍历完毕后，方可处理根节点 A。得到的后序遍历顺序为 GDBHIEFCA。

对于后序遍历，可以想象成一个人围着树的外围绕一圈，如果发现能一剪刀“剪”下一个单独的节点（必须是单独的，说明其左子树和右子树要么没有，要么已经被“剪”下，所以只剩下根了），就把它“剪”下来，节点“剪”下来的顺序就是后序遍历顺序。图 4.30 所示二叉树的后序遍历结果为 HIDJEBKFGCA。

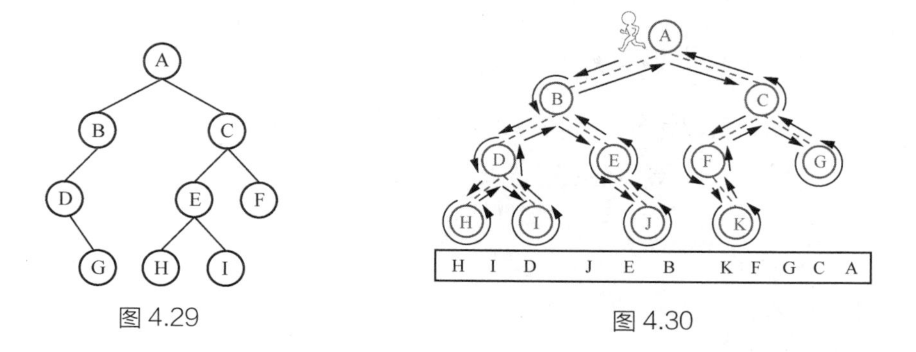

图 4.29　　　　图 4.30

其程序除遍历输出部分外，其他与前序遍历程序完全相同，如下所示。

```
1  void PostOrder(int root)                                    // 后序遍历
2  {
3    if(root!^-1)
4    {
5      PostOrder(tree[root].Left);
6      PostOrder(tree[root].Right);
7      cout<<tree[root].Data<<' ';
8    }
9  }
```

4.4.4　二叉树的图形化显示

类似于树这样的数据结构，虽然通过前面的程序可以输出遍历顺序，但这毕竟过于抽象，如果能直观地在屏幕上显示出树的结构，那么对初学者来说，程序的调试就会更加轻松、方便。网上有很多关于图形化显示二叉树的讨论，例如调用绘图模式等技术，但这些技术过于复杂和专业，此处提供一种简单的“图形化”显示方法以方便程序的调试。

关键代码如下。

```
1  // 形参 x、y 用于输出节点坐标，k 的取值 0、1、2 分别代表节点为根节点、左子节点、右子节点，space 用于控制树宽
2  void GraphiShow(int root,int x,int y,int k,int space)// 树的图形化输出函数
3  {
4    if(root!=-1)                          // 此段代码非竞赛内容，无须记忆，直接使用即可
5    {
6      HANDLE hOutput;                                      // 定义句柄
7      COORD location;                                      // 字符在屏幕上的坐标类型
8      location.X=x;                                        // 定位光标 x 轴值
9      location.Y=y;                                        // 定位光标 y 轴值
10     hOutput=GetStdHandle(STD_OUTPUT_HANDLE);             // 获得屏幕句柄
11     SetConsoleCursorPosition(hOutput,location);          // 定位光标到坐标 (x,y) 处
12     if(k==1)
13       cout<<tree[root].Data<<"/";                        // 输出表示左子树
14     else if(k==2)
15       cout<<"\\"<<tree[root].Data;                       // 输出表示右子树
16     else
17       cout<<tree[root].Data;                             // 输出根节点
```

```
18        GraphiShow(tree[root].Left,x-space,y+1,1,space/2); // 递归左子树
19        GraphiShow(tree[root].Right,x+space,y+1,2,space/2);// 递归右子树
20      }
21    }
```

调用实例：GraphiShow (root,40,3,0,20);。

说明：由于输出的一行数据有80个字符，所以将x的起始位置设为40，即根节点在中间显示。

该程序由于调用了 windows.h 头文件，因此仅能在 Windows 平台上运行，但对于初学者调试程序已经足够了。

完整的参考程序如下。

```
1   // 树的图形化显示
2   #include <bits/stdc++.h>
3   #include <windows.h>
4   using namespace std;
5   const int MAXN=32768;                       //2^15
6
7   int n;
8   struct tree
9   {
10    int Left,Data,Right;
11  } tree[MAXN];
12
13  void Create(int *node,int len)
14  {
15    for(int i=1; i<=len; i++)                 // 遍历各节点
16    {
17      tree[i].Data=node[i];                   // 将元素值存入节点
18      int pos=0,dir=0;
19      while(dir==0)
20      {
21        if(node[i]<tree[pos].Data)            // 判断是否为左子树
22          if(tree[pos].Left!=-1)              // 如果该位置已被占用，继续往下找
23            pos=tree[pos].Left;
24          else
25            dir=1;                            // 设为左子树
26        else                                  // 判断是否为右子树
27          if(tree[pos].Right!=-1)
28            pos=tree[pos].Right;
29          else
30            dir=-1;                           // 设为右子树
31      }
32      dir==1? tree[pos].Left=i:tree[pos].Right=i;
33    }
34  }
35
36  void GraphiShow(int root,int x,int y,int k,int space)// 树的图形化显示
37  {
38    if(root!=-1)
39    {
40      HANDLE hOutput;
41      COORD location;
```

```
      location.X=x;
      location.Y=y;
      hOutput=GetStdHandle(STD_OUTPUT_HANDLE);       // 获得屏幕句柄
      SetConsoleCursorPosition(hOutput,location);  // 定位光标到坐标 (x,y) 处
      if(k==1)
        cout<<tree[root].Data<<"/";                  // 输出表示左子树
      else if(k==2)
        cout<<"\\"<<tree[root].Data;                 // 输出表示右子树
      else
        cout<<tree[root].Data;                       // 输出根节点
      GraphiShow (tree[root].Left,x-space,y+1,1,space/2);
      GraphiShow (tree[root].Right,x+space,y+1,2,space/2);
    }
  }

  int main()
  {
    cin>>n;
    int node[n+1];
    for(int i=1; i<=n; i++)
      cin>>node[i];
    for(int i=0; i<MAXN; i++)
    {
      tree[i].Left=-1;
      tree[i].Data=0;
      tree[i].Right=-1;
    }
    Create(node,n);
    GraphiShow (1,40,3,0,20);
    return 0;
  }
```

程序在屏幕上显示的结果类似图 4.31。

■ 404013 扩展二叉树

【题目描述】扩展二叉树（extree）

因为前序、中序和后序遍历序列中的任何一个都不能唯一确定一棵二叉树，所以对二叉树做如下处理：将二叉树的空节点用“.”补齐，如图 4.32 所示。我们把这样处理后的二叉树称为原二叉树的扩展二叉树，通过扩展二叉树的前序遍历序列和后序遍历序列能唯一确定其二叉树。

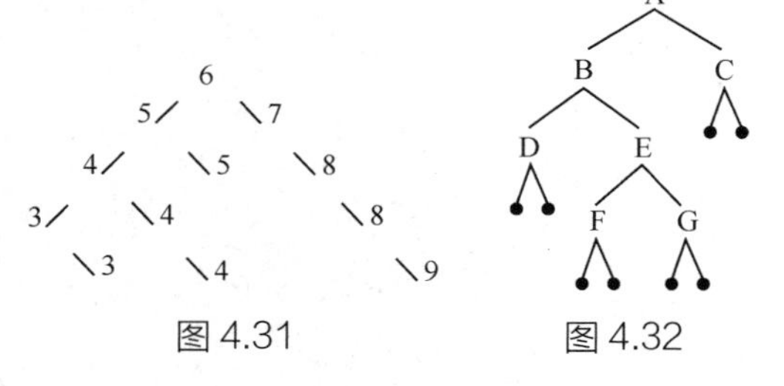

图 4.31　　图 4.32

现给出扩展二叉树的前序遍历序列，要求输出其中序遍历序列和后序遍历序列。

【输入格式】

输入有多组数据，每组数据一行，为扩展二叉树序列（序列长度不超过 50）。

【输出格式】

对应每组输入输出两行，分别是二叉树的中序遍历序列和后序遍历序列。

【输入样例】

ABD..EF..G..C..

【输出样例】

DBFEGAC

DFGEBCA

【算法分析】

前序遍历先遍历根节点，再遍历左子树，最后遍历右子树，在输入样例中，第一个节点A是树的根节点，第二个节点B是A的左子节点，第三个节点D是A的左子节点的左子节点……通过递归，可以将A的左子树的12个节点全部遍历出来，接下来的第13个节点C恰好就是A的右子节点，同理可知，第14个节点是C的左子节点（如果有的话）……继续递归遍历即可。

显然在递归实现过程中，需要累加遍历到的节点数，一个方法是使用全局变量，另一个方法是在递归函数中，在形参i的前面加一个取地址符“&”，即将i设为引用变量。我们知道，引用变量，实际上是给另一个变量取别名，通过将引用变量用作参数，函数将使用原始数据而不是其复制的值。

参考程序如下。

```
1   //扩展二叉树
2   #include <bits/stdc++.h>
3   using namespace std;
4
5   int Left[110],Right[110];                    //保存左、右子节点索引
6   char Node[110];
7
8   char CreateTree(int& i)                      //建树，i为引用变量
9   {
10    int cur=i;                                 //当前位置cur确定为i
11    if(Node[cur]!='.')
12    {
13      i++;
14      Left[cur]=CreateTree(i);
15      i++;
16      Right[cur]=CreateTree(i);
17    }
18    return cur;                                //返回当前节点的编号
19  }
20
21  void Inorder(int i)                          //中序输出
22  {
23    if(Node[i]=='.')
24      return;
25    Inorder(Left[i]);
26    printf("%c",Node[i]);
27    Inorder(Right[i]);
28  }
```

```
29
30  void Postorder(int i)                          //后序输出
31  {
32    if(Node[i]=='.')
33      return;
34    Postorder(Left[i]);
35    Postorder(Right[i]);
36    printf("%c",Node[i]);
37  }
38
39  int main()
40  {
41    cin.getline(Node+1,110);                    //索引从1开始
42    int n=1;
43    CreateTree(n);                              //将变量n作为参数传递
44    Inorder(1);
45    printf("\n");
46    Postorder(1);
47    printf("\n");
48    return 0;
49  }
```

■ 404014 FBI 树

【题目描述】FBI 树（fbi）NOIP 2004

我们可以把由“0”和“1”组成的字符串分为 3 类：全“0”字符串称为 B 串，全“1”字符串称为 I 串，既含“0”又含“1”的字符串则称为 F 串。FBI 树是一种二叉树，它的节点也包括 F 节点、B 节点和 I 节点 3 种。由一个长度为 2^N 的“01”串 S 可以构造出一棵 FBI 树 T，递归的构造方法如下。

（1）T 的根节点为 R，其类型与串 S 的类型相同。

（2）若串 S 的长度大于 1，将串 S 从中间分开，分为等长的左、右子串 S_1 和 S_2；由左子串 S_1 构造 R 的左子树 T_1，由右子串 S_2 构造 R 的右子树 T_2。

现在给定一个长度为 2^N 的“01”串，请用上述构造方法构造出一棵 FBI 树，并输出它的后序遍历序列。

【输入格式】

输入的第一行数据是一个整数 N（$0 \leqslant N \leqslant 10$），第二行数据是一个长度为 2^N 的“01”串。

【输出格式】

输出包括一行，这一行只包含一个字符串，即 FBI 树的后序遍历序列。

【输入样例】

3

10001011

【输出样例】

IBFBBBFIBFIIIFF

【样例说明】

FBI 树如图 4.33 所示。

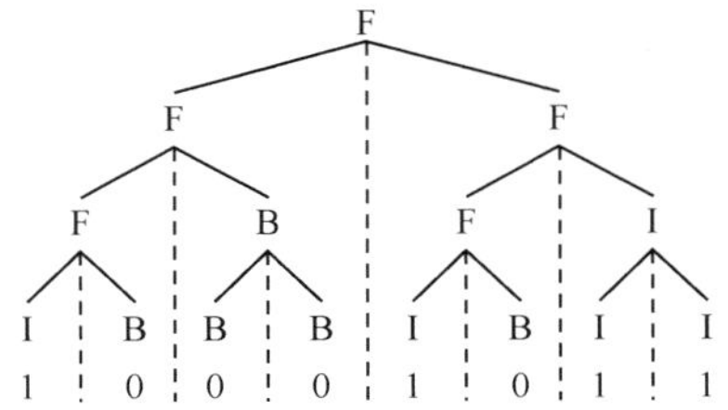

图 4.33

【数据规模】

对于 40% 的数据，$N \leqslant 2$；

对于全部的数据，$N \leqslant 10$。

【算法分析】

主串的长度为 2^N，逐层递减，是一种二分结构。由于要保存节点以便后序遍历，使用二叉树结构，共需要使用 $2^{(N+1)}$ 个节点，树的深度为 lg$N$。

可以使用最后一层的节点来保存 2^N 个值，则最后一层节点的父节点的字符值就已经由左、右子节点的“B”“I”决定了，故不用保存字符串，只需要记录字符值。

参考程序如下。

```
1   //FBI 树
2   #include <bits/stdc++.h>
3   using namespace std;
4
5   struct node
6   {
7     char c;
8     int value;
9     int leftson,rightson;
10  }tree[2500];
11
12  char FBI(int left, int right)                    // 确定节点类型
13  {
14    if(tree[left].c=='B' && tree[right].c=='B')
15      return 'B';
16    else if(tree[left].c=='I' && tree[right].c=='I')
17      return 'I';
18    else
19      return 'F';
20  }
21
22  void PostOrder(int root)                         // 后序遍历
23  {
24    if(root!= -1)
25    {
26      PostOrder(tree[root].leftson);
27      PostOrder(tree[root].rightson);
28      printf("%c",tree[root].c);
29    }
30  }
31
32  int main()
33  {
34    int N;
35    scanf("%d",&N);
36    for(int i=(1<<N); i<(1<<(N+1)); i++)          // 子节点在 2^N ~ 2^(N+1)
```

```
37      {
38        scanf("%1d",&tree[i].value);                    //注意是“%1d”，该方式效率较低
39        tree[i].leftson = -1;
40        tree[i].rightson = -1;
41        tree[i].value?tree[i].c='I':tree[i].c = 'B';
42      }
43      int temp=N-1;
44      while(temp>=0)
45      {
46        for(int i=1<<temp; i<1<<(temp+1); i++)      //从倒数第二层上推
47        {
48          tree[i].leftson=2*i;
49          tree[i].rightson=2*i+1;
50          tree[i].c=FBI(2*i,2*i+1);                  //由左、右子节点确定父节点类型
51        }
52        temp--;
53      }
54      PostOrder(1);
55      printf( "\n" );
56      return 0;
57    }
```

实际上，这道题更简单的解决方法是递归求解而无须建树，试考虑代码应如何实现。

4.4.5 已知前序、中序遍历序列求后序遍历序列

■ 404015 根据前序、中序遍历序列求后序遍历序列

【题目描述】根据前序、中序遍历序列求后序遍历序列（tree）

输入一棵二叉树的前序遍历序列和中序遍历序列，输出其后序遍历序列。

【输入格式】

第一行数据为一个字符串（长度不超过 50 个字符），表示树的前序遍历序列；第二行数据为一个字符串，表示树的中序遍历序列。

【输出格式】

输出一行字符串，即树的后序遍历序列。

【输入样例】

GDAFEMHZ

ADEFGHMZ

【输出样例】

AEFDHZMG

【算法分析】

例如一棵树的前序遍历序列为 ABDEFGCH，中序遍历序列为 DFEGBAHC。

可以看出，A 一定是该树的根节点，因为 A 在前序遍历中是最先访问到的。我们再从中序遍历序列中找到 A，因为中序遍历先遍历左子树才访问根节点，所以 DFEGB 是 A 的左子树的中

序遍历序列，HC 是 A 的右子树的中序遍历序列，如图 4.34 所示。

由于前序遍历也是先遍历左子树后遍历右子树，因此前序遍历序列中 A 之后的 BDEFG 是 A 节点左子树的前序遍历序列。同样，CH、HC 也分别是 A 节点右子树的前序遍历序列、中序遍历序列。于是问题转换为已知 A 节点左子树的前序、中序遍历序列求后序遍历序列和已知 A 节点右子树的前序、中序遍历序列求后序遍历序列，如图 4.35 所示。

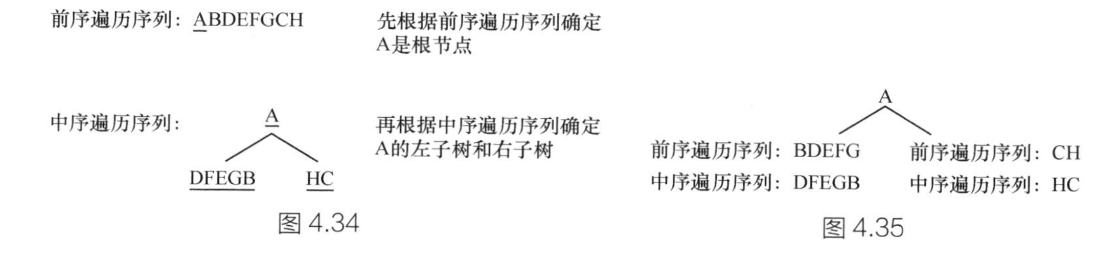

图 4.34

图 4.35

显然可以依此法递归求解左子树和右子树，并在这两个递归过程结束后输出根节点 A（符合后序遍历序列）。

参考程序如下。

```
//已知前序、中序遍历序列求后序遍历序列
#include <bits/stdc++.h>
using namespace std;

string s1,s2;

void Trans(int L1,int R1,int L2,int R2)
{
  int k=s2.find(s1[L1]);                        //查找根在 s2 的位置
  if(k>L2)                                      //k>L2 说明有左子树，需递归
    Trans(L1+1,L1+k-L2,L2,k-1); //k-L2 为长度，左子树右界在 s1 中的索引即 L1+k-L2
  if(k<R2)                                      //k<R2 说明有右子树
    Trans(L1+k-L2+1,R1,k+1,R2);                 //递归 k 的右子树部分
  cout<<s1[L1];                                 //递归结束输出根
}

int main()
{
  cin>>s1>>s2;
  Trans(0,s1.size()-1,0,s2.size()-1);           //s1、s2 的左、右边界下标
  cout<<endl;
  return 0;
}
```

4.4.6 已知后序、中序遍历序列求前序遍历序列

■ 404016 根据后序、中序遍历序列求前序遍历序列

【题目描述】根据后序、中序遍历序列求前序遍历序列（tree）

输入一棵二叉树的后序遍历序列和中序遍历序列，输出其前序遍历序列。

【输入格式】

第一行数据为一个字符串（长度不超过 50 个字符），表示树的后序遍历序列；第二行数据为一个字符串，表示树的中序遍历序列。

【输出格式】

输出一行字符串，即树的前序遍历序列。

【输入样例】

AEFDHZMG

ADEFGHMZ

【输出样例】

GDAFEMHZ

【算法分析】

“已知后序、中序遍历序列求前序遍历序列”的方法与“已知前序、中序遍历序列求后序遍历序列”的类似，无须多说，唯一需要注意的是根据前序遍历序列，程序必须先输出根节点再访问其左、右子树。

4.4.7 已知前序、后序遍历序列求中序遍历序列

常见的已知两种遍历序列求第三种遍历序列的问题一般是在已知中序遍历序列和另一种遍历序列的情况下求第三种遍历序列，已知前序遍历序列和后序遍历序列是无法确定一棵二叉树的，因为会有多种可能情况出现。

例如已知有二叉树的前序遍历序列为 ABDEFGCH，后序遍历序列为 FGEDBHCA。

显然，A 是根节点。可以看到，前序遍历序列中 B 在 A 后，后序遍历序列中 C 在 A 前。那 A 的左、右子树肯定都有，且子树的根节点分别为 B 和 C，如图 4.36 所示。

先来看 A 的左子树：前序遍历序列为 BDEFG，后序遍历序列为 FGEDB。

用同样的方法分析，却发现前序遍历序列中 B 之后是 D，后序遍历序列中 B 之前也是 D。左、右子树的节点不可能相同，唯一的解释是，B 只有一棵子树，且其子节点为 D。然而我们无法判定这棵树究竟是左子树还是右子树，事实上，这是都有可能的。这也是仅知道前序、后序遍历序列无法确定二叉树的唯一原因。不过可以分两种可能情况来讨论，如图 4.37 所示。

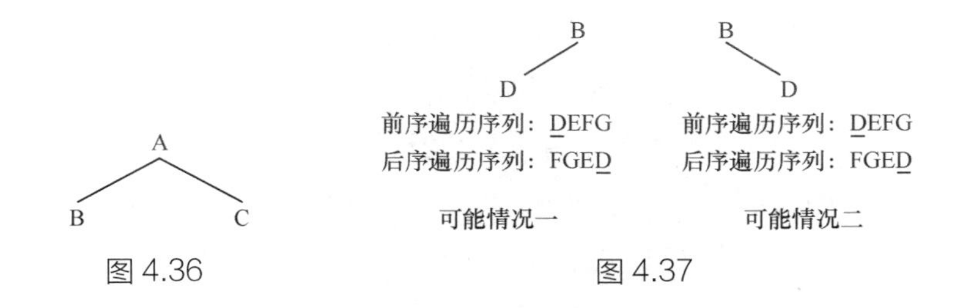

图 4.36　　图 4.37

在这两种可能情况的分类讨论中，B 的子树的前序遍历序列为 DEFG，后序遍历序列为

FGED。同理，可以发现 D 也只有一棵子树，其根节点为 E，而 E 可能是左子节点，也可能是右子节点，这又需要分类讨论，如图 4.38 所示。

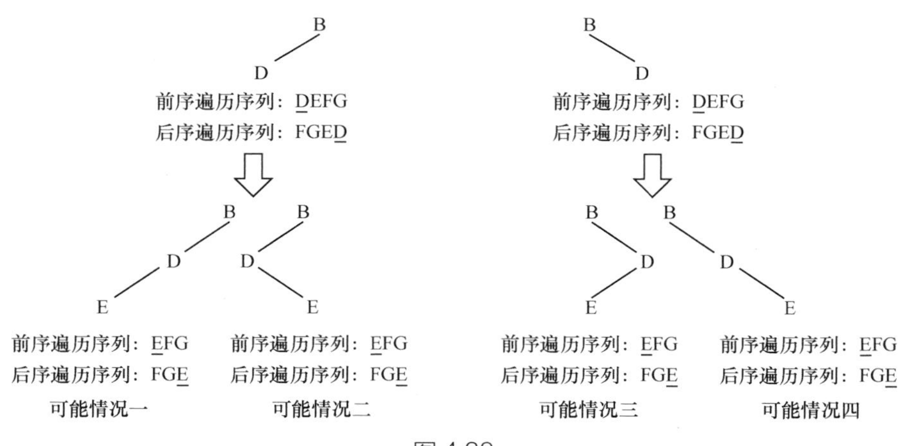

图 4.38

依次按照这种方式处理完毕，我们就可以输出所有可能的中序遍历序列。

具体的代码实现有一定的难度，部分学有余力的读者可以尝试实现，普通读者只需要理解其算法思路并能够根据前序、后序遍历序列计算出可能的中序遍历序列的数量即可。

如果仅需要计算可能的中序遍历的数量而非输出所有的答案，则要简单许多。前面我们已经知道：只有前序、后序遍历序列分别出现 ABXXXXX、XXXXXBA 的情况时，才需要分两种情况讨论。所以可以先定义可能的情况数 $s = 1$，枚举前序遍历序列中的每一个节点，看看它在前序遍历序列中之后的一个点和在后序遍历序列中之前的一个点是否相同，如果相同，$s = s \times 2$。在之前的例子里，我们看到 B、D、C 这 3 个节点符合条件，所以可能的情况数是 2 的 3 次方，即 8。

■ 404017 前序后序难题

【题目描述】前序后序难题（PrePost）POJ 1240

通常来说，不能通过前序、后序遍历序列确定二叉树的中序遍历序列，例如图 4.39 所示的这 4 棵二叉树。

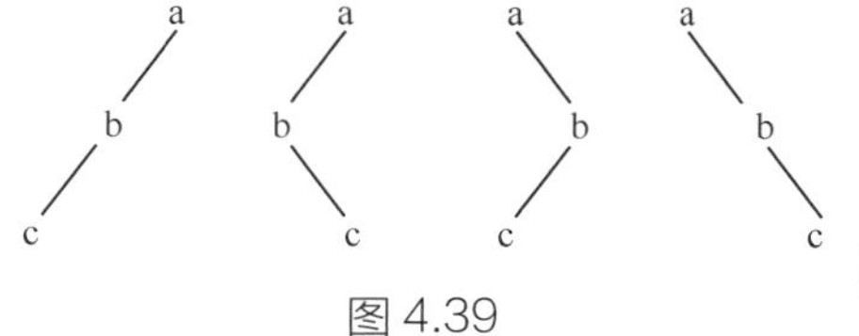

图 4.39

这 4 棵二叉树有着相同的前序和后序遍历序列，这个现象不仅在二叉树中存在，在 m 叉树中也普遍存在。

【输入格式】

输入包含多组测试数据。每组占一行，遵循 $m\ s_1\ s_2$ 的形式，表示这是一棵 m 叉树，s_1 是这棵树的前序遍历序列，s_2 是后序遍历序列，两个序列只包含小写字母。对于所有的测试数据，$1 \leqslant m \leqslant 20$，$1 \leqslant s_1[i] \leqslant 26$，$1 \leqslant s_2[i] \leqslant 26$。如果 s_1 的长度为 k（当然 s_2 的长度也为 k），那么序列中一定出现且只会出现 k 个小写字母。当输入的一行数据中只有一个数字 0 时，表示输入结束。

【输出格式】

对于每组测试数据，需要输出一行，表示所给出的前序、后序遍历序列所表示的树一共有多少种可能。保证答案不会超过 32 位整型数据的范围。对于每种测试数据，保证至少存在一棵树满足所给出的前序和后序遍历序列。

【输入样例】

2 abc cba

2 abc bca

10 abc bca

13 abejkcfghid jkebfghicda

0

【输出样例】

4

1

45

207352860

【算法分析】

前序遍历先遍历根节点，所以除开头的根节点外，其余部分均属于此根节点的子树。如图 4.40 所示，假设子树有 n 棵，如果用 $f(m,\text{tree})$ 来表示 m 叉树的前序和后序遍历序列能构造出多少种树，则有 $f(m,\text{tree}) = f(m,\text{subtree}(1)) \times f(m,\text{subtree}(2)) \times \cdots \times f(m,\text{subtree}(n)) \times C(m,n)$，最后乘 $C(m,n)$ 是因为从 m 叉树中选择 n 个子树的位置有 $C(m,n)$ 种方案。

m 叉树的前序遍历序列：根 , 子树 1, 子树 2,⋯, 子树 k（$k \leqslant m$）。

m 叉树的后序遍历序列：子树 1, 子树 2,⋯, 子树 k（$k \leqslant m$）, 根。

根据输入样例 13 abejkcfghid jkebfghicda，可知 a 为树根，bejkcfghid 为树根 a 以下的节点，如图 4.41 所示。

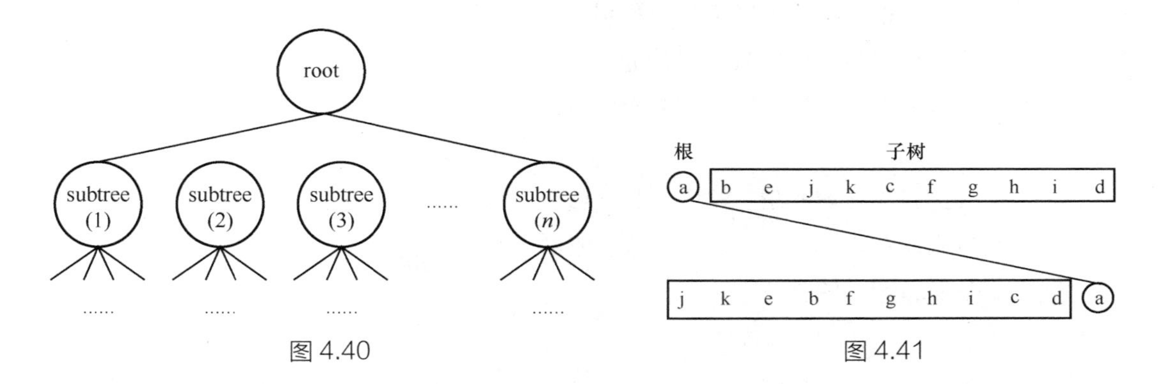

图 4.40　　　　图 4.41

在前序遍历序列中，a 节点后面的 b 节点是子树 1 的根，那么子树 1 的根下面有多少个节点呢？找到后序遍历序列中的节点 b，则后序遍历序列中 b 节点之前的节点都在子树 1 的根下，其他子树同理，如图 4.42 所示。

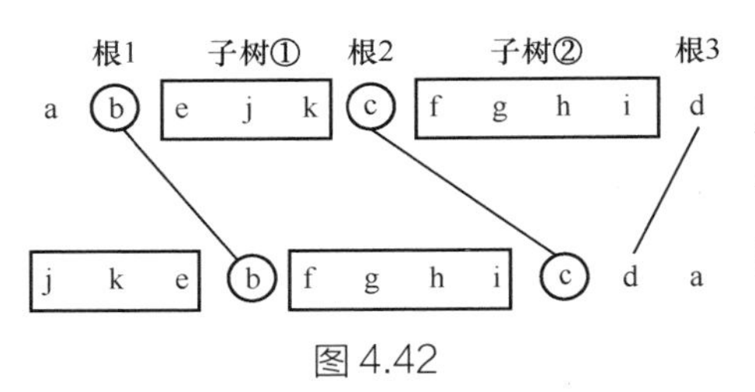

图 4.42

这显然可以用分治 + 递归算法来确定每棵子树在前序遍历序列和后序遍历序列中对应的范围，统计出子树个数，再通过组合数（事先算好）求解即可。

■ **同步练习**

最小叶节点（网站题目编号 404018）

4.4.8 表达式处理

■ 404019 简单表达式处理

【题目描述】简单表达式处理（calc）

输入中序表达式，运算符包含“+”“-”“*”“/”，简单起见，为保证输入的表达式正确，数字均为一位的正整数。

【输入格式】

输入一个中序表达式（长度不超过 100 个字符）。

【输出格式】

输出对应的前序表达式、中序表达式和后序表达式（答案可能不唯一）。

【输入样例】

4*8+6/2

【输出样例】

+*48/62

4*8+6/2

48*62/+

【算法分析】

在二叉树的应用当中，最常见的就是表达式处理。由于表达式的处理需考虑运算符的优先级，而二叉树的左、右子树也有顺序之分，故若能将表达式中的元素整理成二叉查找树，则可方便地处理表达式。

例如中序表达式为 4*8+6/2，将操作数当作叶节点，将运算符当作非终端节点，并考虑到运算符的优先级，其步骤如图 4.43 所示。

1.考虑运算符“*”可得

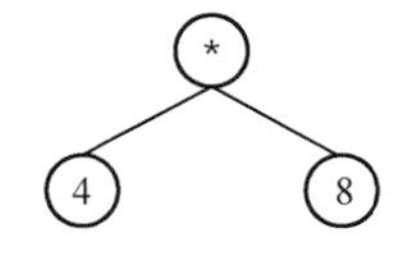

2.考虑运算符“/”可得

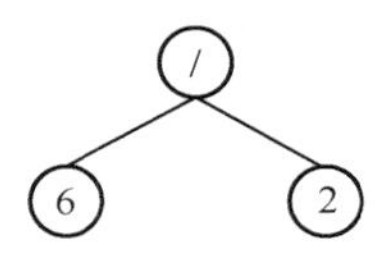

3.考虑运算符“+”可得

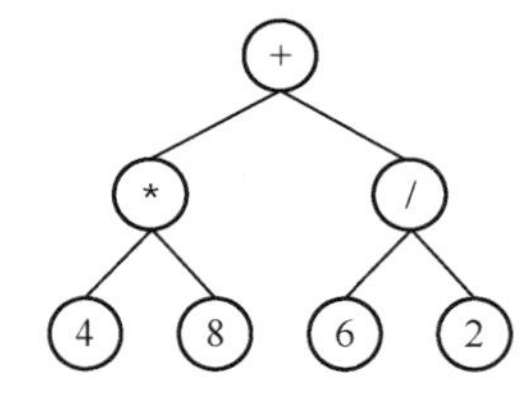

图 4.43

对于图 4.43 中的二叉树，当对其进行前序、中序、后序遍历时，结果正好是前序表达式、中序表达式、后序表达式。

参考程序如下（不含括号，输入的每个数字均为一位的正整数）。

```
//简单表达式处理
#include <bits/stdc++.h>
using namespace std;

char str[200];                                  //保存表达式
int l[200],r[200];                              //保存左、右子节点的索引

int BuildTree(int i,int j)                      //根据索引从 i 到 j 的表达式部分建树
{
  int k,posi;
  if(i==j)                                      //当只有一个字符时
  {
    l[i]=-1;                                    //没有左子节点
    r[i]=-1;                                    //没有右子节点
    return i;
  }
  for(k=i; k<=j; k++)
    if(str[k]=='+' || str[k]=='-')              //查找“+”和“-”
    {
      posi=k;                                   //确定运算符位置
      break;
    }
  if(k>j)                                       //如没有“+”和“-”,就查找“*”和“/”
    for(int p=i; p<=j; p++)
      if(str[p]=='*' || str[p]=='/')            //查找
      {
        posi=p;                                 //确定运算符位置
        break;
      }
  l[posi]=BuildTree(i,posi-1);                  //运算符前一半递归
  r[posi]=BuildTree(posi+1,j);                  //运算符后一半递归
  return posi;
}

void DispPre(int T)                             //输出前序表达式
{
  if(T!=-1)
  {
    printf("%c",str[T]);
    DispPre(l[T]);
    DispPre(r[T]);
  }
}

void DispIn(int T)                              //输出中序表达式
{
  if(T!=-1)
  {
    DispIn(l[T]);
    printf("%c",str[T]);
    DispIn(r[T]);
  }
}

```

```
55  void DispPost(int T)                          //输出后序表达式
56  {
57    if(T!=-1)
58    {
59      DispPost(l[T]);
60      DispPost(r[T]);
61      printf("%c",str[T]);
62    }
63  }
64
65  int main()
66  {
67    cin.getline(str,200);
68    int root=BuildTree(0,strlen(str)-1);
69    DispPre(root);                              //输出前序表达式
70    cout<<endl;
71    DispIn(root);                               //输出中序表达式
72    cout<<endl;
73    DispPost(root);                             //输出后序表达式
74    cout<<endl;
75    return 0;
76  }
```

■ 404020 复杂表达式处理

【题目描述】复杂表达式处理（cal）

求出在整型范围内的表达式的值，运算符包含“+”“−”“*”“/”“(”“)”，简单起见，为保证输入的表达式正确，数字均为正数。

【输入格式】

有多组数据，每组数据占一行，为一个合法的表达式（长度不超过 300 个字符）。

【输出格式】

每组数据输出一行，即表达式结果（保留两位小数）。

【输入样例 1】

((3+5)*7−9)*2−8−(7−4)*6

【输出样例 1】

68.00

【输入样例 2】

100−100

【输出样例 2】

0.00

【算法分析】

形成表达式树的过程如图 4.44 所示。

（1）找出表达式中运算优先级最低、最右边的运算符，以此运算符为表达式的根节点；以此运算符为界，将表达式分成两部分，左边部分放入左子树中，右边部分放入右子树中。

（2）对左、右子树按上述方式继续进行操作，但遇下面的情况区别对待。

①若表达式两端为括号，则去括号。

②若括号不在表达式两端，则括号及其内部字符为一个整体。

③若表达式仅剩一个数字，则该数字为表达式树的叶节点。

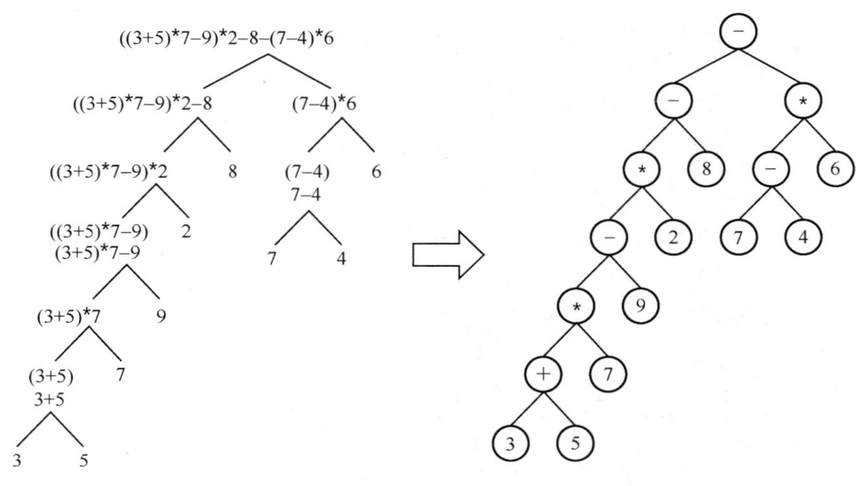

图4.44

参考程序如下。

```
1   //复杂表达式处理
2   #include <bits/stdc++.h>
3   using namespace std;
4
5   char str[1000];
6   char op[1000];                          //保存运算符
7   int Num[1000],lch[1000], rch[1000];
8   int Index=0;                            //若写成 index 在 Linux 下无法通过
9
10  int BuildTree(char *st, int L, int R)   //建立二叉树
11  {
12    int flag=1;
13    for(int i=L; i<R; i++)
14    {
15      if(!(st[i]>='0' && st[i]<='9'))     //判断是否有运算符
16      {
17        flag=0;
18        break;
19      }
20    }
21    if(flag)                              //如果全是数字，处理后返回
22    {
23      int sum=0;
24      int j=1;
25      for(int i=R-1; i>=L; i--)
26      {
27        sum+=(st[i]-'0')*j;
```

```
28          j*=10;
29        }
30        int u=++Index;                        //索引从1开始
31        lch[u]=0;
32        rch[u]=0;
33        Num[u]=sum;
34        return u;
35      }
36      int c1=-1;                              //标记加、减运算符
37      int c2=-1;                              //标记乘、除运算符
38      int p=0;                                //标记括号的匹配数
39      for(int i=L; i<R; i++)
40      {
41        if(st[i]=='(')
42          p++;
43        if(st[i]==')')
44          p--;
45        if(st[i]=='+' || st[i]=='-')
46          if(p==0)                            //不在括号内
47            c1=i;
48        if(st[i]=='*' || st[i]=='/')
49          if(p==0)
50            c2=i;
51      }
52      if(c1<0)                                //如果没有加、减
53        c1=c2;                                //就准备判断乘、除运算符
54      if(c1<0)                                //如果仍然没有
55        return BuildTree(str,L+1, R-1);       //去两端的括号后递归
56      int u=++Index;
57      lch[u]=BuildTree(st, L, c1);            //考虑为什么不是c1-1而是c1
58      rch[u]=BuildTree(st, c1+1, R);
59      op[u]=st[c1];
60      return u;                               //递归不能返回Index，否则值会乱
61    }
62
63    double Cal(int i)                         //计算二叉树形式的表达式值
64    {
65      if(lch[i]==0 && rch[i]== 0)
66        return Num[i];
67      else  if(op[i]=='+')
68        return Cal(lch[i]) + Cal(rch[i]);
69      else if(op[i]=='-')
70        return Cal(lch[i]) - Cal(rch[i]);
71      else if(op[i]=='*')
72        return Cal(lch[i]) * Cal(rch[i]);
73      else if(op[i]=='/')
74        return Cal(lch[i]) / Cal(rch[i]);
75      return 0;
76    }
77
78    int main()
79    {
80      while(cin>>str)
81      {
```

```
82          Index=0;                                    // 节点索引初始为 0
83          BuildTree(str, 0, strlen(str));
84          printf("%.2f\n", Cal(1));
85      }
86      return 0;
87  }
```

4.5 最优二叉树及应用

4.5.1 最优二叉树

最优二叉树又叫哈夫曼树，这种树的所有叶节点都带有权值，从中构造出带权路径长度最短的二叉树。

设二叉树具有 n 个带权值的叶节点，那么从根节点到各个叶节点的路径长度与相应节点权值的乘积之和，叫作二叉树的带权路径长度。例如图 4.45 所示的二叉树，它的带权路径长度为 1×3 + 3×3 + 2×2 + 4×1 = 20。

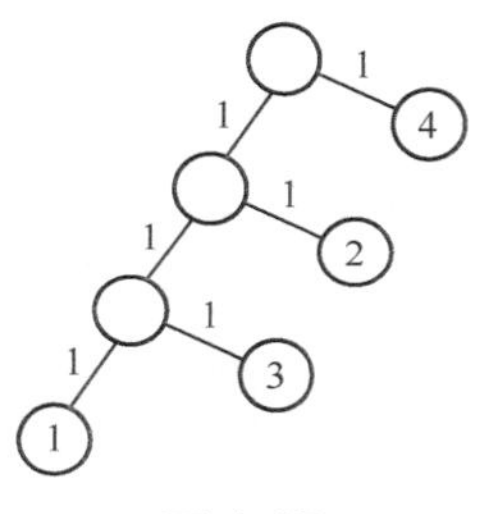

图 4.45

如果给定一组具有确定权值的叶节点，那么可以构造出不同的带权二叉树，它们的带权路径长度并不相同，我们把其中具有最短带权路径长度的二叉树称为哈夫曼树。

图 4.46 所示的 4 棵二叉树具有相同的叶节点，它们的带权路径长度各不一样。可以证明，图 4.46 中的 D 树是一棵哈夫曼树。

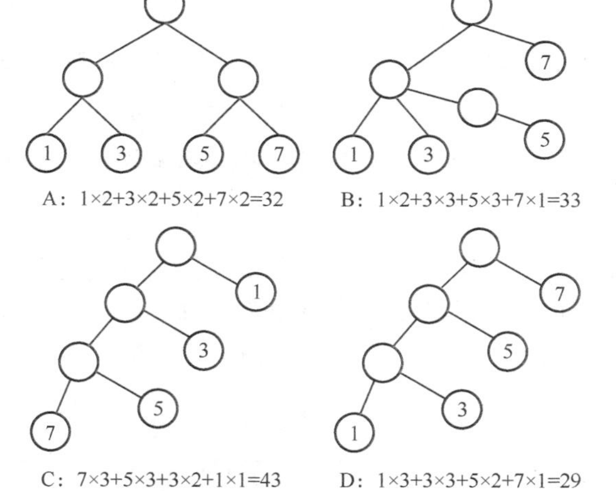

图 4.46

根据哈夫曼树的定义，显然对于一棵二叉树，要想使其带权路径长度最短，就必须使权值越大的叶节点越靠近根节点，而使权值越小的叶节点越远离根节点。

构造哈夫曼树的方法如下，过程示意如图 4.47 所示。

（1）由给定的 n 个权值构造 n 棵只有一个叶节点的二叉树，从而得到一个二叉树的集合。

（2）在二叉树集合中选择根节点权值最小和次小的两棵二叉树作为左、右子树构造一棵新的二叉树，这棵新二叉树的根节点的权值为其左、右子树根节点权值之和。

（3）在二叉树集合中删除作为左、右子树的两棵二叉树，并将新建立的二叉树加入集合中。

（4）重复步骤（2）和步骤（3），直到只剩下一棵二叉树。

第一步，生成树的集合

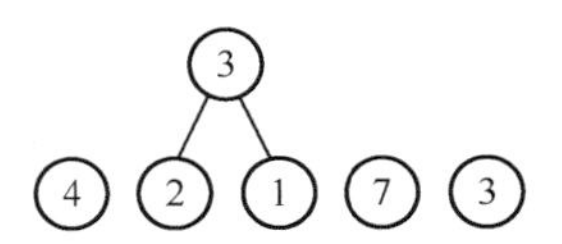

第二步，选择根节点权值最小和次小的两棵二叉树作为左、右子树构造一棵新的二叉树

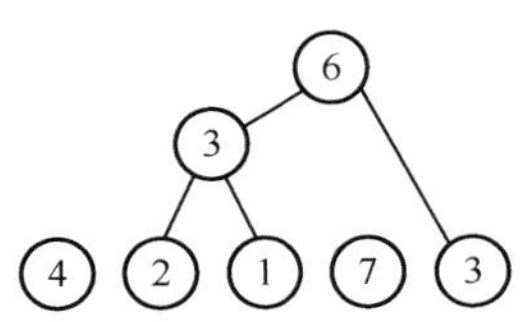

第三步，再选择根节点权值最小和次小的两棵二叉树作为左、右子树构造一棵新的二叉树

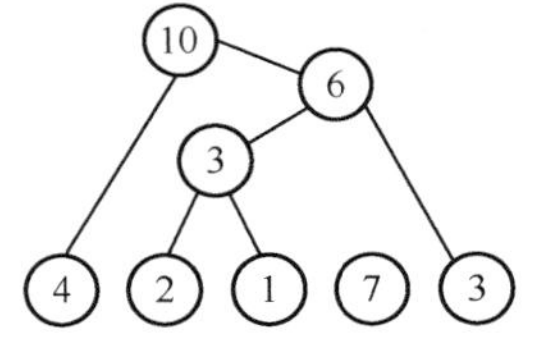

第四步，再选择根节点权值最小和次小的两棵二叉树作为左、右子树构造一棵新的二叉树

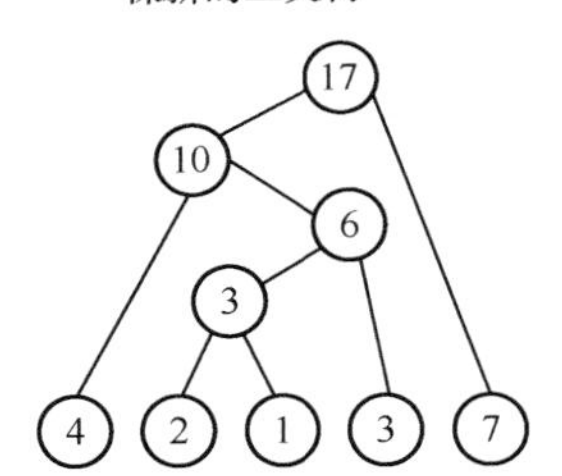

第五步，再选择根节点权值最小和次小的树作为左、右子树构造一棵新的二叉树

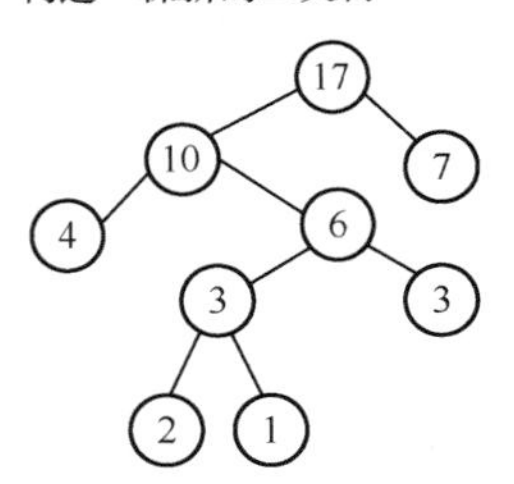

生成的哈夫曼树

图 4.47

4.5.2 哈夫曼编码

所谓哈夫曼编码，是利用哈夫曼树构造的用于通信的二进制编码，它不再使用 8 位二进制数表示每一个字符，而是用较短的二进制编码表示出现频率高的字符，用较长的二进制编码表示出现频率低的字符。哈夫曼编码技术是一种能够大幅度压缩自然语言文件空间的数据压缩技术。

例如：有 A、B、C、D、E 这 5 个字符，出现的频率（即权值）分别为 5、4、3、2、1，显然出现频率高的字符用较短的二进制编码表示更为合理，出现频率低的字符用较长的二进制编码表示更为合理。其构造方法如下。

（1）取两个权值最小的节点作为左、右子树构造一棵新树，即取权值为 1、2 的节点构成新树，虚线节点为新生成的节点，其权值为 1 + 2 = 3。对路径上的各分支约定指向左子树的分支用“0”码表示，指向右子树的分支用“1”码表示，如图 4.48 所示。

（2）把新生成的权值为 3 的节点放到剩下的集合中，集合变成 {5,4,3,3}，再取权值最小的两个节点构成新树，产生虚线节点，其权值为 6，如图 4.49 所示。

（3）把新生成的权值为 6 的节点放到剩下的集合中，集合变成 {5,4,6}，取权值最小的两个节点构成新树，产生虚线节点，其权值为 9，如图 4.50 所示。

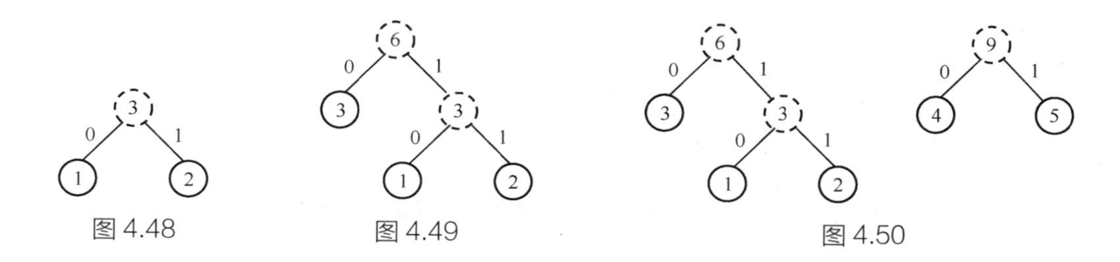

图 4.48　　图 4.49　　图 4.50

（4）把新生成的权值为 9 的节点放到剩下的集合中，集合变成 {9,6}，取剩下的两个权值的节点构成新树，产生虚线节点，其权值为 15，如图 4.51 所示。

（5）将相应权值替换为对应的字符，如图 4.52 所示。

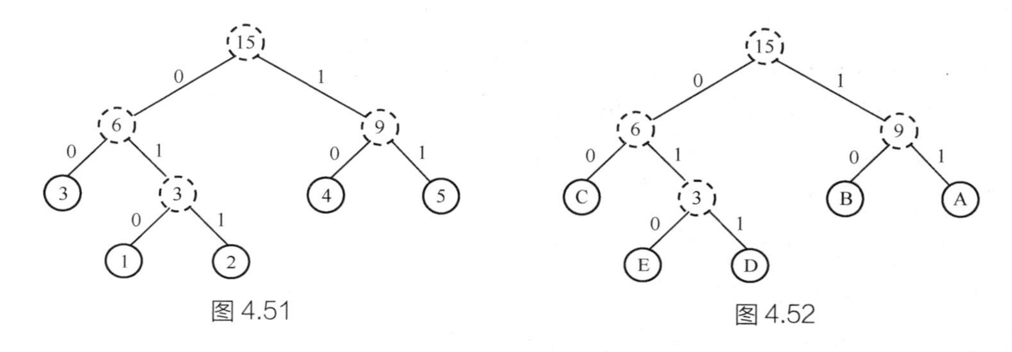

图 4.51　　图 4.52

则各字符对应的编码为：A → 11、B → 10、C → 00、D → 011、E → 010。

哈夫曼编码是一种无前缀编码，解码时不会混淆。例如我们尝试解码短码：0110011。

（1）从根节点开始，遇到 0，向左下移动一次，遇到 1，向右下移动一次，遇到 1，向右下移动一次，得到字符“D”。

（2）开始解码下一个字符，从根节点开始，遇到两个 0，向左下移动两次，得到字符“C”。

（3）开始解码下一个字符，从根节点开始，遇到两个 1，向右下移动两次，得到字符“A”。

所以解码得到的字符串为“DCA”。

设置一个结构体数组 HuffNode 保存哈夫曼树中各节点的信息。根据二叉树的性质可知，具有 n 个叶节点的哈夫曼树共有 $2n-1$ 个节点，所以数组 HuffNode 的大小设置为 $2n-1$。结构体中的 weight 用于保存节点的权值，lchild、rchild 分别用于保存节点的左、右子节点在数组 HuffNode 中的序号，parent 用于判定节点是否已加入要建立的哈夫曼树中，初始时 parent 的值为 -1。当节点加入树中时，节点 parent 的值为其父节点在数组 HuffNode 中的序号。

设置一个结构体数组 HCode 保存各字符的哈夫曼编码，其声明如下。

```
1  typedef struct                              // 编码结构体
2  {
3    int bit[100];                             // 保存哈夫曼编码
4    int start;                                // 编码的开始位置
5  } HCode;
```

例如“E”的编码为 011，则其保存形式如图 4.53 所示。

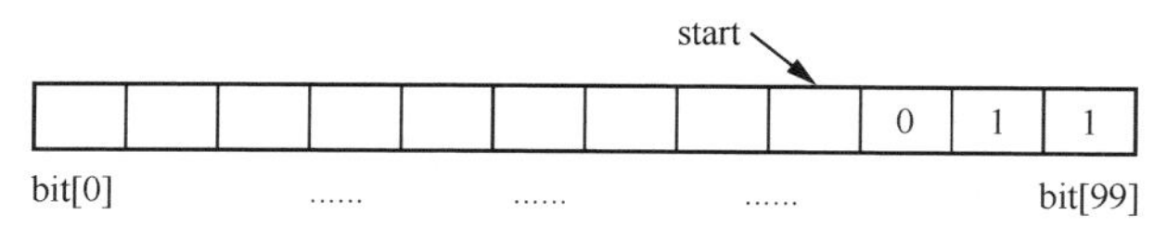

图 4.53

参考程序可在下载资源中查看，文件保存在“第 4 章　树”文件夹中，文件名为“哈夫曼编码示例”。

■ **同步练习**

哈夫曼编码（网站题目编号：404021）

4.6 一般树转换成二叉树

如果将一般树转换成二叉树，应该如何操作呢？主要有以下 4 个步骤。

（1）保留所有节点与其左子节点的连接。

（2）连接所有兄弟节点（拥有同一个父节点的子节点）。

（3）打断所有节点原本与右子节点的连接。

（4）将兄弟节点顺时针旋转 45°　。

例如，将图 4.54 所示一般树转换成二叉树。

转换方法如图 4.55 所示。

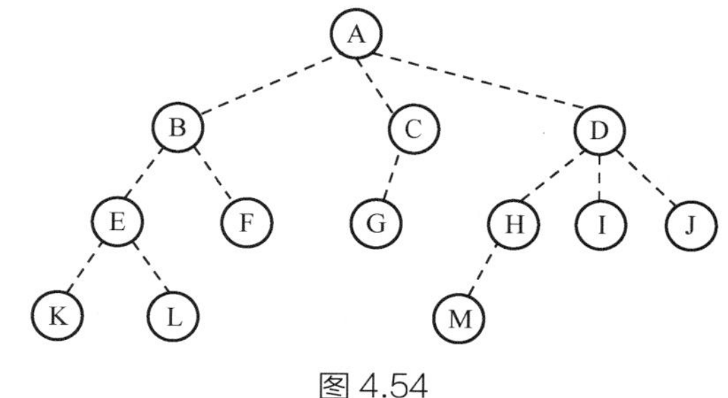

图 4.54

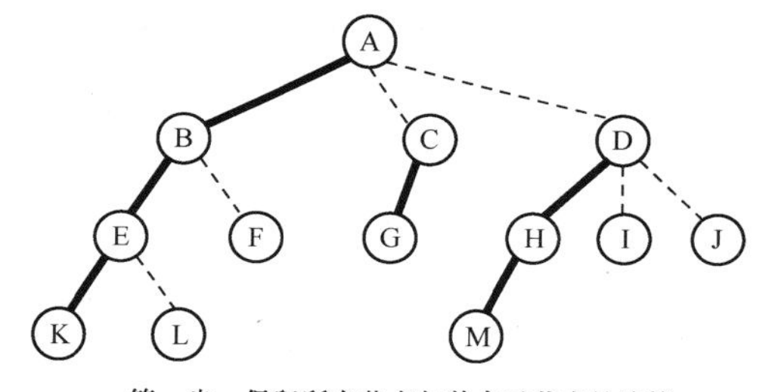

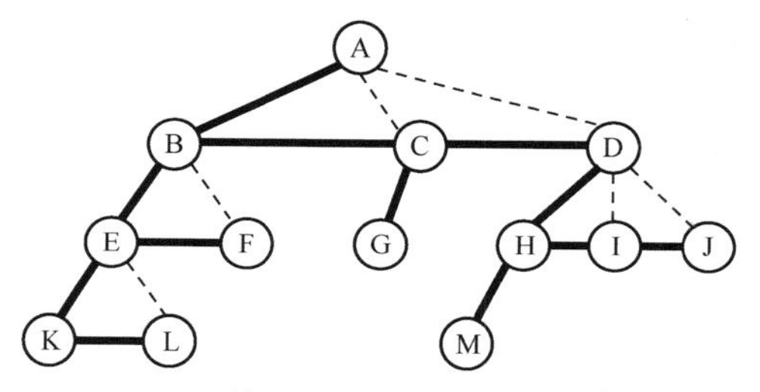

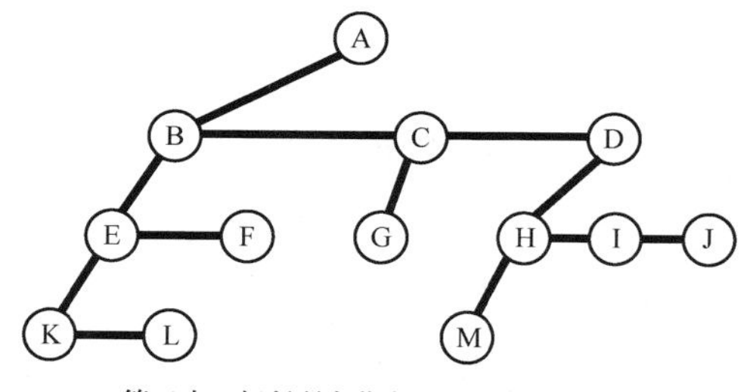

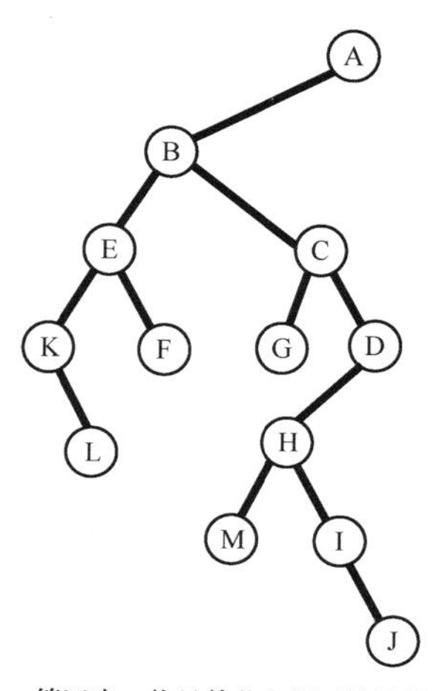

第四步，将兄弟节点顺时针旋转45°

图 4.55

■ 404022 树的转换

【题目描述】树的转换（Grafting）POJ 3437

我们都知道用“左儿子右兄弟”的方法可以将一棵一般树转换为二叉树，如图 4.56 所示。

现在请你将一些一般树用这种方法转换为二叉树，并输出转换前和转换后树的深度。

0
1 2 3
4 5
0
1
2
4 3
5

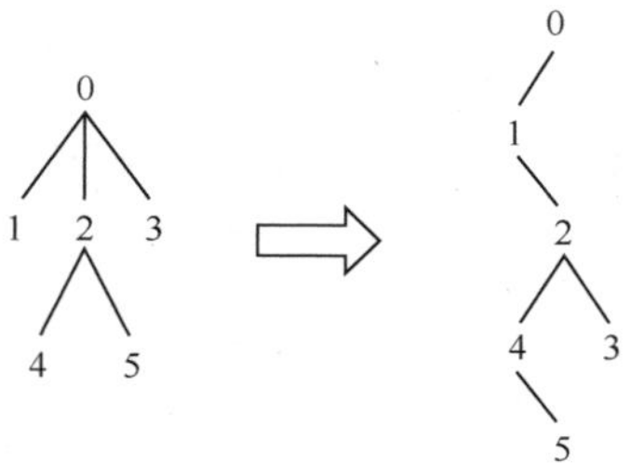

图 4.56

【输入格式】

输入包括多行，最后一行以一个“#”表示结束。

每行数据都是一个由“u”和“d”组成的字符串，表示一棵树的深度优先搜索信息。比如，dudduduudu 可以用来表示上文中的左子树，因为搜索过程为：0 Down to 1 Up to 0 Down to 2 Down to 4 Up to 2 Down to 5 Up to 2 Up to 0 Down to 3 Up to 0。

你可以认为每棵树的节点数至少为 2，并且不超过 10000。

【输出格式】

对于每棵树，按如下格式输出转换前和转换后树的深度：

Tree t: h1 => h2

其中 t 是树的编号（从 1 开始），h1 是转换前树的深度，h2 是转换后树的深度。

【输入样例】

```
dudduduudu
ddddduuuuu
ddddduuuu
ddddduuduuu
#
```

【输出样例】

```
Tree 1: 2 => 4
Tree 2: 5 => 5
Tree 3: 4 => 5
Tree 4: 4 => 4
```

【算法分析】

由于一般树转换为二叉树的方法是“左儿子右兄弟”，因此二叉树中 x 节点的高 = x 在原树中的父节点在二叉树中的高 + x 是第几个儿子 −1。

参考代码如下。

```
1   //树的转换
2   #include <bits/stdc++.h>
3   using namespace std;
4   int h1,h2,num;
```

```
5	char s[200005];
6	
7	void Dfs(int tree1,int tree2)           //tree1 代表树 1 的深度，tree2 代表树 2 的深度
8	{
9	  int son=0;
10	  while (s[num]=='d')
11	  {
12	    num++;
13	    son++;
14	    Dfs(tree1+1,tree2+son);
15	  }
16	  num++;
17	  h1=max(h1,tree1);
18	  h2=max(h2,tree2);
19	}
20	
21	int main()
22	{
23	  int T=0;
24	  scanf("%s",s);
25	  while (s[0]!='#')
26	  {
27	    h1=h2=num=0;
28	    Dfs(0,0);
29	    printf("Tree %d: %d => %d\n",++T,h1,h2);
30	    scanf("%s",s);
31	  }
32	}
```

4.7 堆排序的实现

直接选择排序（straight select sorting）是一种简单的排序方法。它的基本思想是：对于一个由 R[1]~R[n] 组成的无序序列，第一次从 R[1]~R[n] 中选取最小值，与 R[1] 交换；第二次从 R[2]~R[n] 中选取最小值，与 R[2] 交换……总共通过 n−1 次交换，完成序列的从小到大排列。使用这种方法，每一次选取最小值时，都需要对剩下的无序序列重新进行扫描，但实际上，在上一次扫描的过程中，有许多比较可能已经做过。

堆排序（heapsort）是一种树形排序方法，是直接选择排序的一种改进，可以通过树形结构保存部分比较结果，以减少比较次数。堆排序是不稳定的排序方法，其时间复杂度为 $O(n\log n)$。

我们先来看堆的定义：n 个元素的序列 $\{K_1,K_2,\cdots,K_n\}$，当且仅当满足以下两个条件之中的一个。

（1）$k_i \leqslant k_{2i}$ 且 $k_i \leqslant k_{2i+1}$，（$i = 1,2,\cdots,n/2$）。

（2）$k_i \geqslant k_{2i}$ 且 $k_i \geqslant k_{2i+1}$，（$i = 1,2,\cdots,n/2$）。

堆又分为小根堆和大根堆，满足条件（1）的为小根堆，满足条件（2）的为大根堆。堆可以被看作一种完全二叉树，树中每个节点与数组中存放该节点权值的那个元素对应。由于树的每一层都是填满的，最后一层可能除外（最后一层从一个节点的左子树开始填），因此存储时我们可以用一维数组（例如 a[ ]）连续存储。图 4.57 所示是小根堆与大根堆的示例。

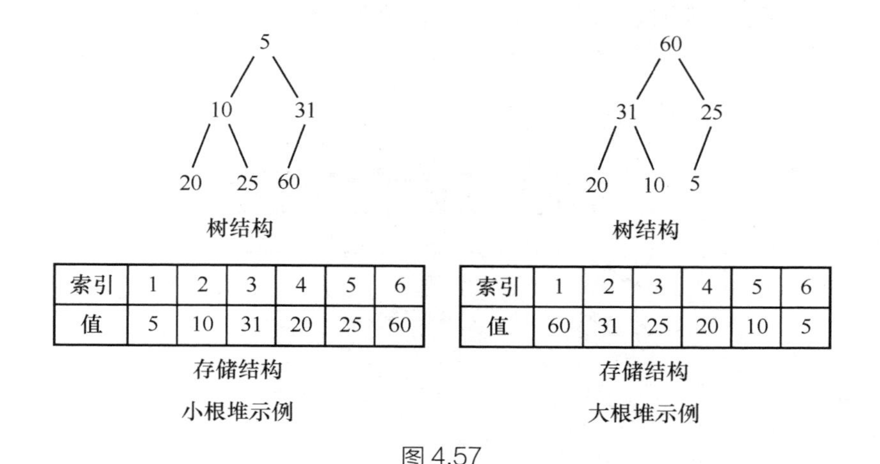

索引	1	2	3	4	5	6
值	5	10	31	20	25	60

存储结构

小根堆示例

索引	1	2	3	4	5	6
值	60	31	25	20	10	5

存储结构

大根堆示例

图 4.57

在这样的结构下，给定某节点的索引 i，a[i] 即该节点数据，其父节点的下标 p[i]、左子节点的下标 Left[i] 和右子节点的下标 Right[i] 都可以简单地计算出来：

p[i] = i / 2

Left[i] = $i\times2$

Right[i] = $i\times2+1$

堆所对应的完全二叉树中，树中任意非叶节点的权值均不大于（或不小于）其左、右子节点（若存在）的权值。

堆顶（根节点）的权值必为堆里所有节点权值的最小值（或最大值）。

堆中任意一棵子树亦是堆。

这里讨论的堆实际上是二叉堆（binary heap），类似地可定义 K 叉堆。

堆排序有两个关键步骤，一个是构造堆，另一个是调整堆，我们先来讨论如何构造（大根）堆。

（1）读入无序的 n 个元素，例如 4、6、2、8、10、12 共 6 个元素。我们将之顺序存入一维数组 a[ ] 中，如图 4.58 所示。

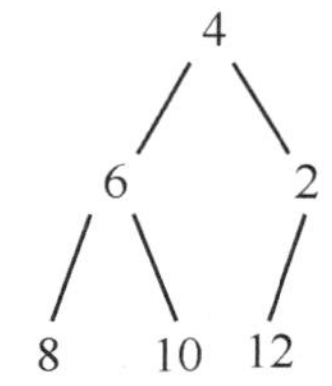

a[0]	a[1]	a[2]	a[3]	a[4]	a[5]	a[6]
空	4	6	2	8	10	12

图 4.58

（2）调整堆，直接从 $n/2$ 处即 a[3] 处开始调整，因为后面的节点都为叶节点。调整规则如下：如果当前节点没有子节点，则调整结束，否则，将左、右子节点的权值与当前节点的权值进行比较，若当前节点的权值小于左、右子节点的权值，则将权值最大的子节点与当前节点互换。重复执行该过程，直到当前节点的权值大于其左、右子节点的权值为止。调整结果为 a[3] 与 a[6] 互换，互换后 a[6] 无子节点，调整结束，如图 4.59 所示（箭头指向处的结果表示已经互换过了）。

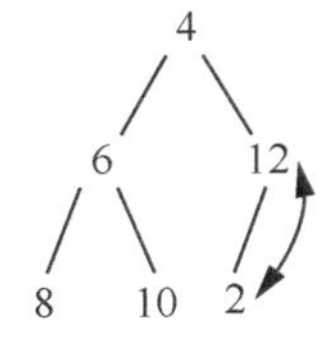

a[0]	a[1]	a[2]	a[3]	a[4]	a[5]	a[6]
空	4	6	12	8	10	2

图 4.59

（3）再调整 a[2]。按规则，将 a[2] 与 a[5] 互换，互换后 a[5] 无子节点，调整结束，如图 4.60 所示。

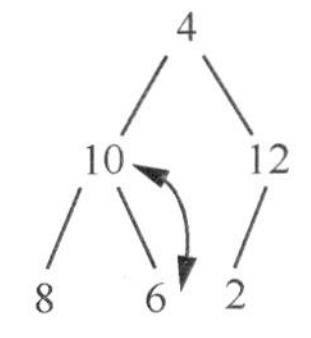

a[0]	a[1]	a[2]	a[3]	a[4]	a[5]	a[6]
空	4	10	12	8	6	2

图 4.60

（4）调整 a[1]。由于 a[1] < a[2] < a[3]，因此将最大的 a[3] 与 a[1] 互换。互换后，a[3] 还有子节点 a[6]，但 a[6] < a[3]，所以调整结束，如图 4.61 所示。

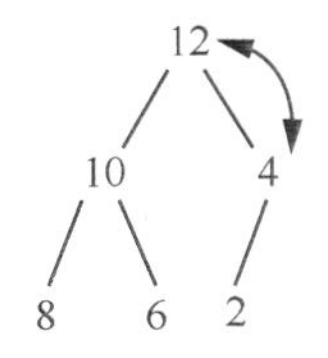

a[0]	a[1]	a[2]	a[3]	a[4]	a[5]	a[6]
空	12	10	4	8	6	2

图 4.61

以上是构造大根堆的过程，构造小根堆的过程是类似的。

堆（大根堆）排序的过程如下。

（1）将 a[1] 与 a[n] 互换。

（2）排除元素 a[n] 后，调整剩余堆为大根堆。

（3）回到第 1 步，依次反复，直至堆内仅有两个元素。

根据样例我们模拟其过程，如图 4.62 所示。

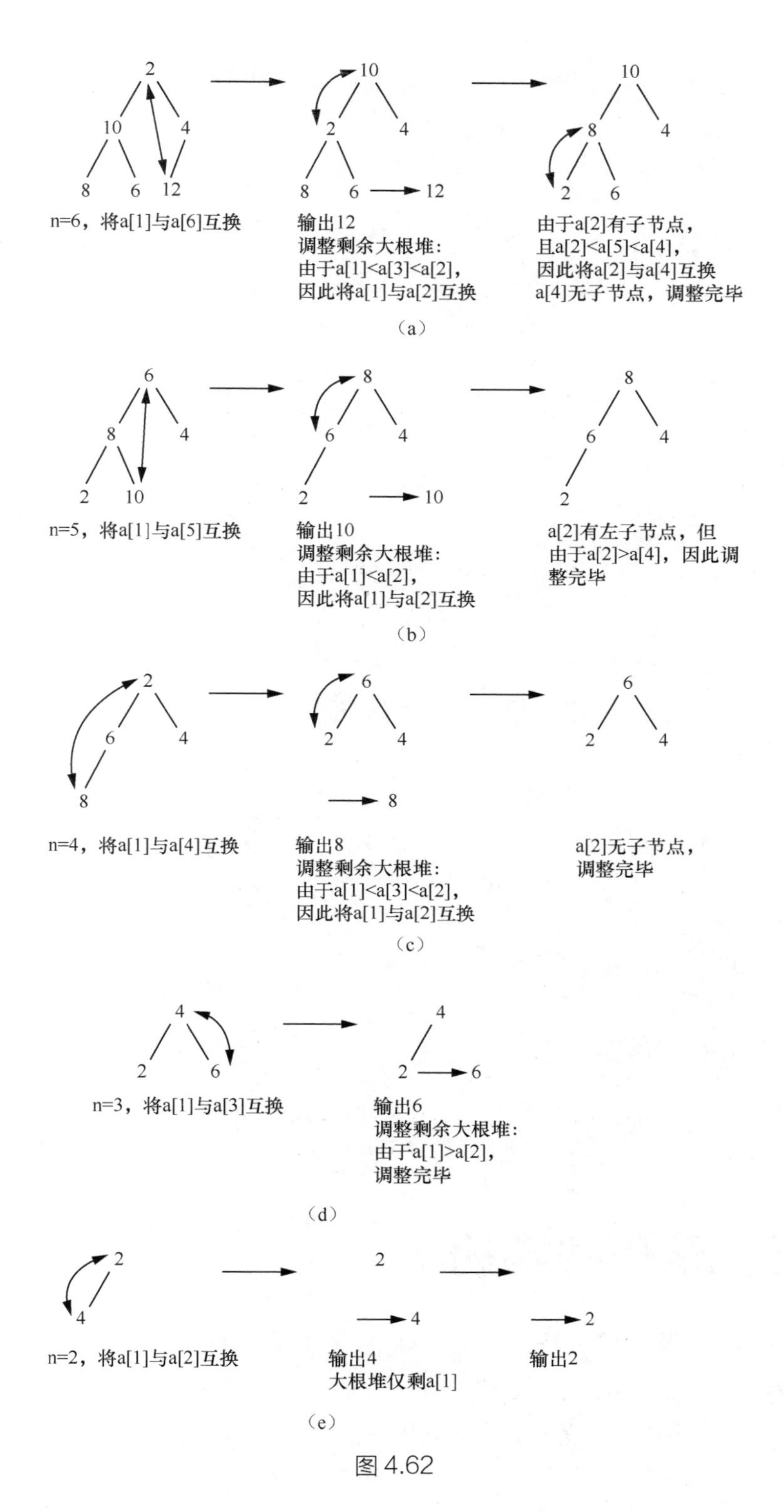

图 4.62

该过程从小到大依次输出各元素，小根堆的排序过程与此类似。

下面的参考程序实现的是大根堆排序，使用数组模拟堆，时间复杂度为 $O(n\log_2^n)$。

```
1  // 大根堆排序（sort.cpp）
```

```
2   #include <bits/stdc++.h>
3   using namespace std;
4   const int N=100000;
5
6   int a[N+1];
7
8   void Adjust_down(int i,int m)                //调整
9   {
10    while(i*2<=m)                            //当还有子节点时
11    {
12      i<<=1;                                 //即i=i*2，找到左子节点索引
13      if(i<m && a[i+1]>a[i])                 //如果右子节点的权值比左子节点的权值更大
14        i++;                                 //则i指向右子节点
15      if(a[i]>a[i/2])                        //子节点的权值比父节点的权值更大
16        swap(a[i/2],a[i]);                   //最大权值的子节点与父节点交换
17      else                                   //父子节点无交换则结束调整
18        break;                               //因为是逐步由下至上调整的
19    }
20  }
21
22  int main()
23  {
24    int n;
25    cin>>n;
26    for(int i=1; i<=n; i++)                  //按顺序读入节点
27      cin>>a[i];
28    for(int i=n/2; i>=1; i--)                //从n/2开始调整
29      Adjust_down(i,n);                      //构造堆
30    for(int i=n; i>=2; i--)                  //排序
31    {
32      swap(a[i],a[1]);                       //每次交换最大值到最后
33      Adjust_down(1,i-1);
34    }
35    for(int i=1; i<=n; i++)                  //从小到大输出
36      cout<<a[i]<<' ';
37    return 0;
38  }
```

4.8 优先队列的实现

虽然堆排序是一个很优美的算法，但在实际中，容易实现的快速排序往往优于堆排序，所以像二叉堆这种数据结构通常被用来实现优先队列（priority queue）。优先队列不同于先进先出的一般队列，它每次从队列中取出的是具有最高优先权的元素。对优先队列进行的操作一般有查找元素、插入新元素、删除元素等。

■ 404023 贪心的老板

【题目描述】贪心的老板（game）

游戏厅里每天玩游戏的玩家都要排长长的队，贪心的老板为了挣到更多的钱，他定了如下规定。

（1）任何一个玩家玩的时间均为 Tmin。

（2）排队根据玩家玩一次愿意付出的费用高低排序，即玩家愿意付出的费用越高，就排在队列越前面。

（3）排队的玩家随时可以增加费用以获得更高的优先权。

（4）队列中随时可以插入新的玩家，按玩家愿意付出的费用排序。

请你为游戏厅老板编程实现上述规定。

【输入格式】

第一行为一个整数 n（$n<1000$），表示初始时有 n 个玩家排队。第二行为 n 个整数，表示这 n 个玩家愿意付出的费用。

随后的每一行为一个操作，分别如下。

（1）输入 1，则输出当前排在队列最前面的玩家愿意付出的费用。

（2）输入 2，输出当前排在队列最前面的玩家付出的费用后，该玩家出列。

（3）输入 3 i v，其中 i 和 v 为整数，表示将排在队列中第 $i+1$ 个玩家的费用改为 v，如果 v 不超过该玩家原先愿意付出的费用，就输出 −1。

（4）输入 4 v，表示插入新的玩家，新的玩家愿意付出的费用为 v。

（5）输入 0，程序结束。

【输出格式】

按操作的要求输出相应的值。

【输入样例】

```
5
1 2 3 4 5
1
2
3 2 10
1
4 6
3 3 1
2
2
2
2
0
```

【输出样例】

```
5
5
```

10
-1
10
6
4
3

实现基于堆的优先队列的参考代码如下。

```
1	//游戏厅
2	#include <bits/stdc++.h>
3	using namespace std;
4	const int MAXH=100000;
5	const int INF=0xffffff;
6	
7	int n,heapsize;                              //堆的大小
8	int a[MAXH];                                 //堆中元素的值
9	
10	void Maxheapify(int i)                       //维护大根堆
11	{
12	  int largest;
13	  int l=i<<1;                                //左子节点索引
14	  int r=(i<<1)+1;                            //右子节点索引
15	  if(l<=heapsize && a[i]<a[l])
16	    largest=l;
17	  else
18	    largest=i;
19	  if(r<=heapsize && a[r]>a[largest])
20	    largest=r;
21	  if(largest != i)
22	  {
23	    swap(a[i],a[largest]);
24	    Maxheapify(largest);
25	  }
26	}
27	
28	void BuildMaxHeap()                          //构造大根堆
29	{
30	  heapsize=n;
31	  for(int i=n/2; i>=1; i--)
32	    Maxheapify(i);
33	}
34	
35	int ExtractMax(int a[])                      //弹出并返回堆中最大元素
36	{
37	  int Max=a[1];
38	  a[1]=a[heapsize];
39	  a[heapsize]=-1;
40	  heapsize--;
41	  Maxheapify(1);                             //维护大根堆的性质
```

```
42      return Max;
43    }
44
45    void HeapIncreaseKey(int i,int key)          // 改变节点当前的权值
46    {
47      if(a[i]>key)                               // 更改的权值必须要大于当前的权值
48      {
49        cout<<"-1\n";
50        return;
51      }
52      a[i]=key;
53      while(i>1 && a[i>>1]<a[i])                 // 旋转并保持堆的性质
54      {
55        swap(a[i],a[i>>1]);
56        i=i>>1;
57      }
58    }
59
60    void MaxHeapInsert(int key)                  // 往堆中插入一个元素
61    {
62      heapsize++;
63      a[heapsize]=-INF;                          // 初始化插入元素为极小值
64      HeapIncreaseKey(heapsize,key);             // 插入元素
65    }
66
67    int main()                                   // 演示操作
68    {
69      int i,key,v;
70      cin>>n;
71      for(i=1; i<=n; i++)
72        cin>>a[i];
73      BuildMaxHeap();                            // 构造堆
74      while(1)
75      {
76        cin>>i;
77        if(i==1)                                 // 显示最大优先值
78          cout<<a[1]<<"\n";
79        else if(i==2)                            // 最大优先值出队
80          cout<<ExtractMax(a)<<"\n";
81        else if(i==3)                            // 改变某元素的优先值
82        {
83          cin>>v>>key;
84          HeapIncreaseKey(v,key);
85        }
86        else if(i==4)                            // 插入新的元素
87        {
88          cin>>key;
89          MaxHeapInsert(key);
90        }
91        else                                     // 退出
92          break;
```

```
93        getchar();
94      }
95      return 0;
96    }
```

可以看出，插入元素实际上就是先扩充一个节点，将该节点的权值初始化为负无穷，接着调用函数 HeapIncreaseKey() 改变这个节点的权值为真正的权值。

堆排序是不稳定的排序，无论原始记录的排序状态是最好、最坏还是平均，时间复杂度均为 $O(n\log n)$。

通常在对平均时间要求严格，数据量大，操作复杂，并且出现最坏情况的可能性大的场景，可以考虑使用堆排序。而 STL 中的 priority_queue 虽然实现简单，但功能单一，容器内的元素不能使用迭代器遍历访问（只允许访问最顶端元素）。

■ 404024 新生录取

【题目描述】新生录取（student）POJ 2010

学院今年准备招 N（N 为奇数且 $1 \leqslant N \leqslant 19999$）个新生，有 C 人报名，每人的分数（1~2000000000）和需要的学费补贴 M（$0 \leqslant M \leqslant 100000$）不同。因为学院的学费很贵，不是所有新生都能承担得起，而“基金会”能提供的经济补贴总额最多为 F（$0 \leqslant F \leqslant 2000000000$）。

请编程计算在招够 N 个新生且他们都能支付得起学费的情况下分数的最大中位数，如果没有足够的补贴招够 N 个新生，输出 −1，否则输出中位数。

奇数个整数的中位数是排序后的中间值，例如集合 {3,8,9,7,5} 的中位数是 7，因为正好两个值小于 7，两个值大于 7。

【输入格式】

第一行为 3 个整数：N、C、F。随后 C 行，每行的两个整数表示每个人的分数和需要的学费补贴。

【输出格式】

如果满足条件输出最大的中位数，否则输出 −1。

【输入样例】

```
3 5 70
30 25
50 21
20 20
5 18
35 30
```

【输出样例】

```
35
```

【算法分析】

二分法并不是本题正确的解法，应该是先将 C 个人按照分数从小到大进行排序，再利用大根堆（或利用优先队列）枚举出每个人左侧 $N/2$ 个人的最小学费和以及每个人右侧 $N/2$ 个人的最小学费和，遍历出满足条件的最佳答案。

参考代码如下。

```
1   // 新生录取
2   #include <bits/stdc++.h>
3   using namespace std;
4   const int MAXN=100010;
5   const int INF=0x3f3f3f3f;
6   
7   int lower[MAXN];    //lower[i] 表示以第 i 人的分数为中位数时小于中位数的人的补贴总和
8   int upper[MAXN];    //upper[i] 表示以第 i 人的分数为中位数时大于中位数的人的补贴总和
9   pair<int, int>people[MAXN];                        // 保存每个人的分数和需要的学费补贴
10  
11  int main()
12  {
13    int n,c,f;
14    scanf("%d%d%d",&n,&c,&f);
15    for(int i=0; i<c; i++)
16      scanf("%d%d",&people[i].first, &people[i].second);
17    sort(people, people+c);                          // 按分数从小到大排序
18  
19    int total=0;
20    int half=n/2;
21    priority_queue<int>q;                            // 使用 STL 里的优先队列
22    for(int i=0; i<c; i++)                           // 计算每个人左边 n/2 个人所需的学费补贴和
23    {
24      lower[i]=(q.size() == half? total:INF);// 如左边人数不是 n/2 就赋最大值
25      q.push(people[i].second);
26      total+=people[i].second;                       // 统计总学费补贴
27      if(q.size()>half)                              // 如果人数超过了 n/2
28      {
29        total-=q.top();
30        q.pop();                                     // 弹出需要学费补贴最多的人
31      }
32    }
33  
34    total=0;
35    priority_queue<int>q1;
36    for(int i=c-1; i>=0; i--)                        // 计算每个人右边 n/2 个人所需的学费补贴和
37    {
38      upper[i]=(q1.size() == half? total:INF);
39      q1.push(people[i].second);
40      total+=people[i].second;
41      if(q1.size()>half)
42      {
43        total-=q1.top();
44        q1.pop();
```

```
45          }
46      }
47      int ans=-1;
48      for(int i=c-1; i>=0; i--)                          //从右到左遍历所有可能
49        if(lower[i]+people[i].second+upper[i]<=f)   //如果没有超过补贴总额
50        {
51          ans=people[i].first;
52          break;
53        }
54      printf("%d\n",ans);
55      return 0;
56    }
```

■ **同步练习**

- 剑与魔法（网站题目编号：404025）
- 修补栅栏（网站题目编号：404026）
- 烽火传递（网站题目编号：404027）

4.9 树的一些应用

4.9.1 树的最小支配集

■ 404028 通信服务

【题目描述】通信服务（comm）POJ 3659

通信公司需要在 N 个地区建立通信网络，已知每在一个地区建立一个信号塔，就可以为该地区自身及周围相邻的地区提供通信服务。恰好 $N-1$ 个地区是相邻的，试问如何建最少数量的信号塔来保证所有地区的通信畅通？

【输入格式】

第一行为一个整数 N（$1 \leqslant N \leqslant 10000$）。

随后 $N-1$ 行，每行指定了一对相邻的地区的编号 A 和 B（$1 \leqslant A \leqslant N$；$1 \leqslant B \leqslant N$；$A \neq B$）。

【输出格式】

输出一个数字，即最少信号塔数量。

【输入样例】

```
5
1 3
5 2
4 3
3 5
```

【输出样例】

2

【算法分析】

本题可以使用树形 DP（Dynamic Programming，动态规划），也可以使用贪心法（即选择父节点建立信号塔比选择子节点建立信号塔更划算）求树的最小支配集来求解。所谓树的最小支配集，是指从所有节点中取最少的节点组成一个集合，使得剩下的所有节点都与取出来的节点有边相连。求解过程如下。

（1）以任意节点例如 1 号节点 DFS 整棵树，求出每个节点在 DFS 中的编号（存入代码中的 DfsNode[ ]）和每个节点的父节点编号（存入代码中的 father[ ]）。

（2）按 DFS 的反向序列检查，如果当前节点既不属于支配集也不与支配集中的节点相连，且它的父节点也不属于支配集，则将其父节点加入支配集 Set[ ]（选择父节点肯定比选择当前节点更优），支配集中节点个数加 1。为什么要按照 DFS 的反向序列进行检查呢？因为这样可以保证每个节点都在其子树被处理过后才被处理，保证了贪心的正确性。在图 4.63 所示的正向 DFS 的示意，如果每次优先选父节点，这种方式选出的支配集中节点个数是 5，显然是错误的。

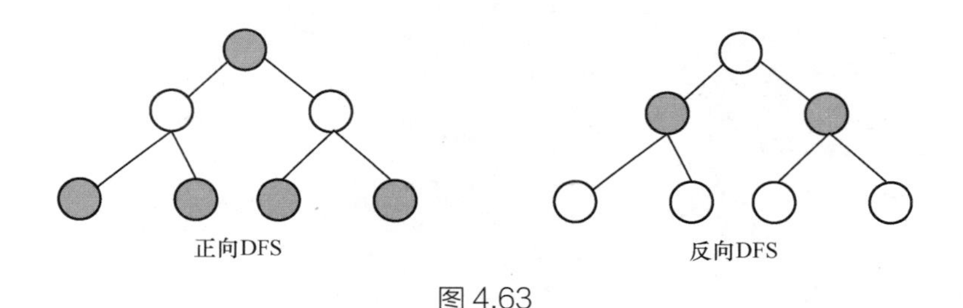

图 4.63

（3）用 s[ ] 标记当前节点、当前节点的父节点（加入支配集）、当前节点的父节点的父节点（与支配集中的点相连）被覆盖。

此题可以使用 STL 中的 vector 模拟链表的方式实现树的存储，即定义一个 vector 数组 edg[ ]，某个二叉树结构保存到 edg[ ] 的样例如图 4.64 所示。使用这种存储方式可以很方便地枚举出与某个节点相连的其他所有节点。

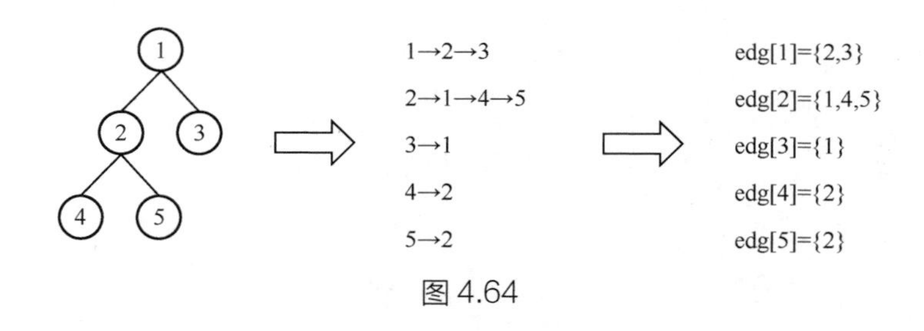

图 4.64

参考程序如下。

```
1    //通信服务
2    #include <bits/stdc++.h>
```

```
3   using namespace std;
4   const int N=2e4+10;             //2e4 即 20000
5   
6   int n,tim=0;
7   int DfsNode[N],Father[N];
8   vector<int>edg[N];
9   bool s[N],Set[N];              //s[] 为覆盖点，Set[] 为支配集，注意 Set 首字母不能小写
10  
11  void Dfs(int u,int father)
12  {
13    DfsNode[tim++]=u;                        //将 u 点编号为 tim 存入 DfsNode[]
14    for(int i=0; i<edg[u].size(); i++) //继续 DFS 节点 u 的子节点
15    {
16      int v=edg[u][i];                       //枚举到 u 的子节点 v
17      if(v!=father)
18      {
19        Father[v]=u;                         //标记节点 v 的父节点为 u
20        Dfs(v,u);                            //继续 DFS
21      }
22    }
23  }
24  
25  int Greedy()
26  {
27    int ans=0;
28    for(int i=n-1; i>=0; i--)         //反向 DFS
29    {
30      int t=DfsNode[i];
31      if(!s[t])                   //当前点未被覆盖，它既不属于支配集，也不与支配集中的节点相连
32      {
33        if(!Set[Father[t]])           //当前节点的父节点不属于支配集
34        {
35          Set[Father[t]]=true;        //将父节点加入支配集
36          ans++;                      //支配集中节点数目加 1
37        }
38        s[t]=true;                    //标记当前节点被覆盖
39        s[Father[t]]=true;            //标记当前节点的父节点被覆盖
40        s[Father[Father[t]]]=true;    //标记当前节点的父节点的父节点被覆盖
41      }
42    }
43    return ans;
44  }
45  
46  int main()
47  {
48    scanf("%d",&n);
49    for(int i=1,u,v; i<n; i++)
50    {
51      scanf("%d%d",&u,&v);
52      edg[u].push_back(v);
53      edg[v].push_back(u);
54    }
```

```
55	    Dfs(1,0);
56	    printf("%d\n",Greedy());
57	    return 0;
58	}
```

使用树形 DP 的做法是，随机把一个节点看作树的根节点，设想如下。

（1）dp[i][0] 表示选节点 i，并且覆盖了以 i 为根的子树所有节点的最小节点数。

（2）dp[i][1] 表示不选节点 i，但在选了 i 的子节点（至少 1 个）的情况下，覆盖了以 i 为根的子树所有节点的最小节点数。

（3）dp[i][2] 表示在不选节点 i，i 也没有被其子节点覆盖的情况下，覆盖了以 i 为根的子树所有节点的最小节点数。（注：i 将要被它的父节点覆盖。）

例如从节点 1 开始 DFS，则最终答案应为 min(dp[1][0],dp[1][1])，显然这是一个树上的 01 背包问题。

以图 4.65 为例来说明，节点 u 的父节点为节点 fa，其子节点 V_i 可能有多个。

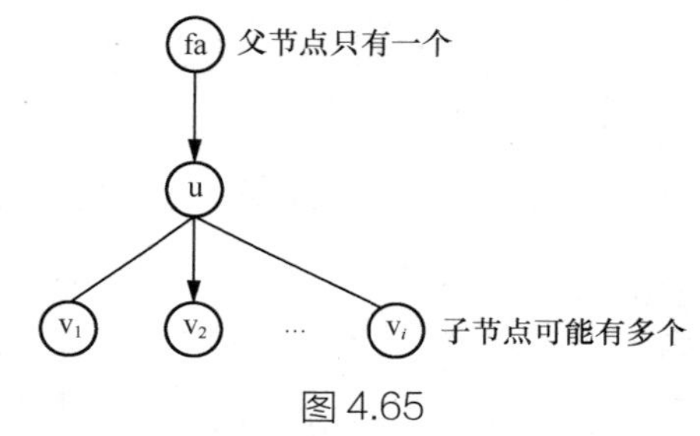

图 4.65

当选节点 u 自身时，得 $dp[u][0] = 1+ \sum min(dp[v_j][0],dp[v_j][1],dp[v_j][2])$，其中 $1 \leqslant j \leqslant i$。这是因为 u 节点已被选，所以它的子节点 v_j 可选可不选，故将选择每个子节点的 3 种状态的最小值累加即可。

当不选择节点 u 自身，但 u 节点被其父节点覆盖时，得 $dp[u][2] = \sum min(dp[v][0],dp[v][1])$。这是因为 u 节点已经被其父节点覆盖，所以它对子节点 v 的选择只需是 dp[v][0] 和 dp[v][1] 中的最小值。

当不选择节点 u 自身，而选择它的子节点时，由 dp[u][1] 的定义，必须选一个 u 的子节点，当然选择多个子节点也是可以的。分以下几种情况讨论。

（1）如果 u 没有子节点，则 $dp[u][1] = \infty$。

（2）如果选择了子节点，则 $dp[u][1] = \sum min(dp[v][0],dp[v][1])$。

（3）如果没有选择子节点（因为 dp[v][0] > dp[v][1]），就必须强制选择一个，即 $dp[u][1] = \sum min(dp[v][0],dp[v][1]) + min(dp[v][0]-dp[v][1])$。（注：+min(dp[v][0]−dp[v][1]) 为补差值。）

树形 DP 参考程序如下。

```
1	//通信服务 树形 DP
2	#include <bits/stdc++.h>
3	using namespace std;
4	const int MAXN=10010;
5	const int INF=0x3f3f3f3f;
6	
7	vector <int> Edg[MAXN];
8	int dp[MAXN][3];
9	int vis[MAXN];
10	
11	void Dfs(int u)
```

```
12  {
13    vis[u]=1;                                       //标记已访问
14    int flag=1,tmp=INF;
15    for(int i=0; i<Edg[u].size(); i++)              //枚举子节点
16    {
17      int v=Edg[u][i];
18      if(!vis[v])                                   //如果子节点没被标记已访问
29      {
20        Dfs(v);
21        dp[u][0]+=min(dp[v][0],min(dp[v][1],dp[v][2])); //(1)取u节点
22        dp[u][2]+=min(dp[v][0],dp[v][1]);//(3)不取u节点，也没被子节点覆盖
23        if(dp[v][0]<=dp[v][1])                      //(2)至少选一个子节点
24        {
25          dp[u][1]+=dp[v][0];
26          flag=0;                                   //选了一个子节点就要做标记
27        }
28        else                                        //如没选子节点，维护dp[v][0]-dp[v][1]
29        {
30          dp[u][1]+=dp[v][1];
31          tmp=min(tmp,dp[v][0]-dp[v][1]);//tmp用于存储最小的那个差值
32        }
33      }
34    }
35    if(flag)                                        //未选子节点，则必须强制换一个子节点加入
36      dp[u][1]+=tmp;                                //加上这个差值
37    return ;
38  }
39
40  int main()
41  {
42    int n;
43    scanf("%d",&n);
44    int u,v;
45    for(int i=1; i<n; i++)
46    {
47      scanf("%d%d",&u,&v);
48      Edg[u].push_back(v);
49      Edg[v].push_back(u);
50    }
51    for(int i=0; i<=n; i++)          //dp[i][0]中的i从0开始，因为存在索引为0的节点
52    {
53      dp[i][0]=1;
54      dp[i][1]=0;
55      dp[i][2]=0;
56    }
57    if(n==1)
58      printf("1\n");
59    else
60    {
61      Dfs(1);
```

```
62        printf("%d\n",min(dp[1][0],dp[1][1]));// 树上 01 背包的问题
63      }
64      return 0;
65    }
```

■ 404029 网络巡视 1

【题目描述】网络巡视 1（Net）BSOJ 1116

通信公司的网络各节点构成了一棵树，为了防止破坏，需要在一些节点安置巡视岗，在安置巡视岗的节点可以看到相邻节点的情况。但在不同的节点安置巡视岗的花费不同，问如何在保证全部节点安全的情况下花费最小。

【输入格式】

输入数据表示一棵树，描述如下。

第 1 行数据为一个整数 n（$0 < n \leqslant 1500$），表示树中节点的数目。

第 2 行至第 $n+1$ 行，每一行描述一个节点的信息，依次为：节点标号 i（$0 < i \leqslant n$），在该节点安置巡视岗所需的花费 k，节点的子节点数 m，接下来 m 个数分别是节点的 m 个子节点的标号 r_1、r_2……r_m。

对于一个有 n 个节点的树，节点标号在 1 到 n 之间，且标号不重复。

【输出格式】

输出仅包含一个数，为所求的最少的代价数。

【输入样例】

6
1 30 3 2 3 4
2 16 2 5 6
3 5 0
4 4 0
5 11 0
6 5 0

【输出样例】

25

【样例说明】

样例如图 4.66 所示，安置巡视岗的节点为 2、3、4。

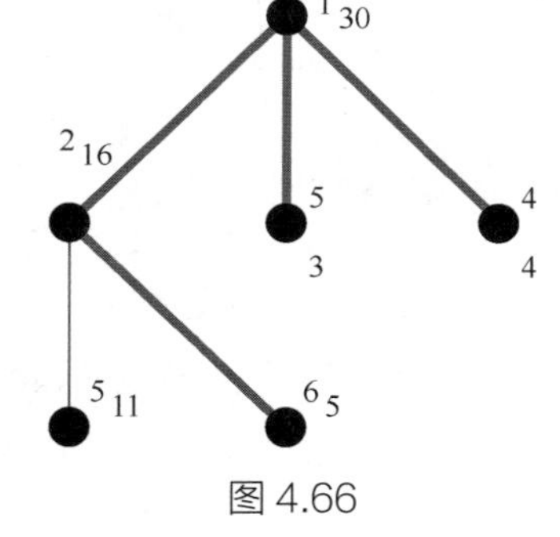

图 4.66

4.9.2　树的最小点覆盖

之前讲到的树的最小支配集是指对图 $G=(V,E)$ 来说，从 V 中选取最少的节点组成一个集合，让 V 中剩余的节点都与取出来的节点有边相连。

而树的最小点覆盖是指对图 $G=(V,E)$ 来说，从 V 中选取最少的节点组成一个集合 V_1，让

所有边 (u,v) 中要么 u 属于 V_1，要么 v 属于 V_1。

那么它们的区别在哪里呢？以图 4.67 中的树为例，其最小支配集的节点数为 1，最小点覆盖的节点数为 2。

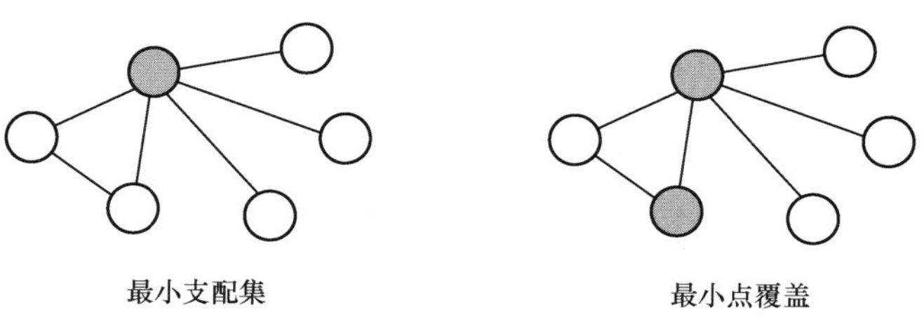

图 4.67

其算法和求树的最小支配集类似，同样需要按照反向 DFS 序列来执行贪心算法，即每检查一个节点。如果当前节点和当前节点的父节点都不属于节点覆盖集合，则将父节点加入点覆盖集合，并标记当前节点和其父节点都被覆盖。此贪心策略不适用于根节点，所以要把根节点排除在外。

其核心代码如下。

```
1  int Check()
2  {
3    bool s[N]={0};
4    bool Set[N]={0};
5    int ans=0;
6    for(int i=n-1; i>=1; i--)                //DFS 反向序列检查，不包含其根节点
7    {
8      int t=DfsNode[i];
9      if(!s[t] && !s[father[t]])             //如当前节点及其父节点都不在点覆盖集合
10     {
11       Set[father[t]]=true;                 //把其父节点加入节点覆盖集合
12       ans++;                               //集合内节点个数加 1
13       s[t]=true;                           //标记当前节点被覆盖
14       s[father[t]]=true;                   //标记其父节点被覆盖
15     }
16   }
17   return ans;
18 }
```

■ 404030 网络巡视 2

【题目描述】网络巡视 2（Net2）HDU 1054

通信公司的网络各节点构成了一棵树，为了防止破坏，需要在一些节点安置巡视岗，在安置巡视岗的节点不仅可以看到相邻节点的情况，还可以看到节点之间的道路情况。

请问最少需要安置多少个巡视岗。

【输入格式】

输入包括多组数据，每组数据的第一行数据为一个整数 n（$0 < n \leqslant 1500$），表示树的节点数。随后 n 行依次描述各节点之间的关系。

【输出格式】

每组数据输出一个整数，即最少安置数。

【输入样例】

4
0:(1) 1
1:(2) 2 3
2:(0)
3:(0)
5
3:(3) 1 4 2
1:(1) 0
2:(0)
0:(0)
4:(0)

【输出样例】

1
2

【样例说明】

第一组样例描述的树如图 4.68 所示。

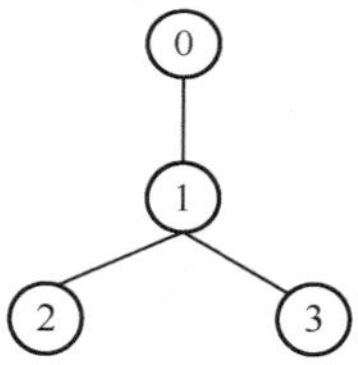

图 4.68

【算法分析】

该题实际就是求树的最小点覆盖，可以使用贪心法和树形 DP 等算法来解决。下面以树形 DP 算法为例进行介绍。

开辟数组 dp[MAXN][2]，其中 dp[u][0] 表示点 *u* 属于点覆盖集合，并且以 u 为根的子树中所有的边都被覆盖的情况下点覆盖集合中的最少点个数。dp[u][1] 表示点 u 不属于点覆盖集合，并且以 u 为根的子树中所有的边都被覆盖的情况下点覆盖集合中的最少点个数。

设 v 是 u 的子节点，其代码如下。

```
dp[u][0] += ∑(min(dp[v][0],dp[v][1]))//u 属于点覆盖集合，则子节点 v 不一定属于集合
dp[u][1] += ∑(dp[v][0])              //u 不属于点覆盖集合，则必有子节点 v 属于集合
```

另一种贪心算法的思想是统计节点的度数，度数越大的节点价值越高，度数为 1 的节点价值最小。从度数为 1 的节点 A 开始算起，因为删除这个节点肯定不如删除与它相连接的度数大的节点 B 更好，所以删除节点 B，并删除与 B 相连的边，直到没有度数为 1 的节点。

4.9.3 树的最大独立集

对于图 G = (*V*,*E*) 来说，最大独立集指的是从 *V* 中取最多的节点组成一个集合，使得这些节点之间没有边相连（父节点和子节点不能连接在一起）。

其贪心算法与求最小支配集和最小点覆盖的类似，需要反向遍历 DFS 序列，检查每一个节点。如果当前节点没有被覆盖，则将当前节点加入独立集，并标记当前节点和其父节点被覆盖。

其核心代码如下。

```
int Check()
{
  bool s[maxn]={0};
  bool Set[maxn]={0};
  int ans=0;
  for(int i=n-1; i>=0;i--)               //按照 DFS 序列的反方向进行贪心算法
  {
    int t=DfsNode[i];
    if(!s[t])                            //如果当前节点没有被覆盖
    {
      Set[t]=true;                       //把当前节点加入独立集
      ans++;                             //独立集中节点的个数加 1
      s[t]=true;                         //标记当前节点已经被覆盖
      s[father[t]]=true;                 //标记当前节点的父节点已经被覆盖
    }
  }
  return ans;
}
```

■ 404031 最大独立集

【题目描述】最大独立集（MIS）

对于一棵有 N 个节点的无根树，选出最多的节点，使得任何两个节点之间均不相连（这个集合称为最大独立集）。

【输入格式】

第 1 行为 1 个整数 N（$1 \leqslant N \leqslant 6000$），表示树的节点个数，树中节点的编号为 1 ~ N。

接下来 N-1 行，每行有 2 个整数 u、v，表示树中的一条边连接节点 u 和节点 v。

【输出格式】

输出 1 个整数，表示最大独立集的节点个数。

【输入样例】

11
1 2
1 3
3 4
3 5
3 6
4 7

4 8
5 9
5 10
6 11

【输出样例】

7

【算法分析】

考虑树形DP解法：定义Dp[MAXN][2]，其中Dp[i][1]为选择i节点的最大独立集的最优解，Dp[i][0]为不选择i节点的最大独立集的最优解。

所以答案即max(Dp[root][1],Dp[root][0])，其中root是根节点（随机选择）。

设v节点为i节点的子节点，则有动态转移方程如下。

```
Dp[i][1] + = Dp[v][0];                    //i节点被选，则子节点v肯定不能选
Dp[i][0] + = max(Dp[v][0],Dp[v][1])。     //i节点没被选，则子节点v可能被选也可能不被选
```

■ 同步练习

周年晚会（网站题目编号：404032）

4.9.4 树的直径

■ 404033 极北之地

【题目描述】极北之地（road）POJ 2631

在极北之地建设和维护道路是非常困难的事情，因此那里任意两个村庄之间只有一条道路（双向）连通且所有村庄（多达10000个，从1开始编号）之间都可以直接或间接到达。

你的工作是计算出两个最远村庄之间的道路长度。

【输入格式】

输入有多行，每行有3个整数，即两个村庄的编号及它们之间的道路长度。

【输出格式】

输出两个最远村庄之间的道路长度。

【输入样例】

5 1 6
1 4 5
6 3 9
2 6 8
6 1 7

【输出样例】

22

【算法分析】

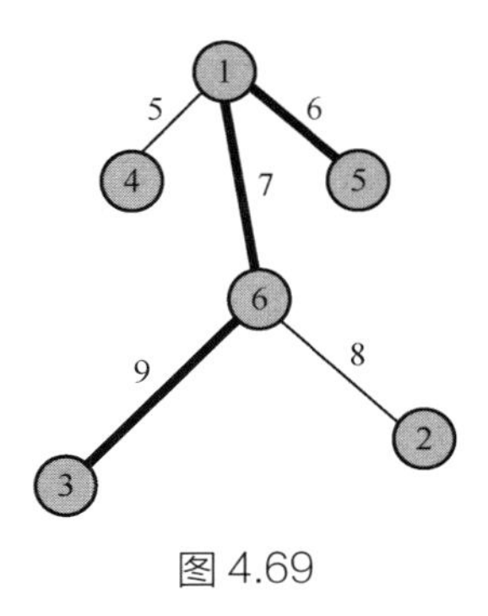

图 4.69

样例如图 4.69 所示，其中粗线即所求的最长道路。

显然题目是求树中最远的两个节点之间的距离，即树的直径（也可以称作树的最长链）。解决方法是第一次任意选一个节点进行 DFS（或 BFS），找到离它最远的节点，此节点就是最长链的一个端点，再以此节点进行 DFS（或 BFS），找到离它最远的节点，此节点就是最长链的另一个端点。

假设节点 s 和 t 是最长链的两个端点，任选一节点 u 进行 DFS 搜到的节点为 v，可能情况如下。

（1）v 节点在最长链上，那么 Dist[u,v] > Dist[u,v] + Dist[v,s]（即 Dist[x,y] 表示节点 x 到节点 y 的长度），与已知矛盾。

（2）v 节点不在最长链上，则在最长链上选择一个节点 x，则 Dist[u,v] > Dist[u,x] + Dist[x,t]，那么有 Dist[s,v] = Dist[s,x] + Dist[x,u] + Dist[u,v] > Dist[s,x] + Dist[x,t] = Dist[s,t]，即 Dist[s,v] > Dist[s,t]，与已知矛盾。

其他可能的情况均可以此反证法证明。

基于 DFS 的参考程序如下。

```
1   //极北之地　DFS 算法
2   #include <bits/stdc++.h>
3   using namespace std;
4   const int MAXN=100005;
5
6   int head[MAXN],visit[MAXN],dist[MAXN];
7   int node=1,ans,k;
8   struct Edge
9   {
10    int v,len,next;
11  } edge[MAXN<<2];
12
13  void AddEdge(int u,int v,int l)          //使用前向星表示法，请参见 5.2.1 节
14  {
15    edge[k]=Edge {v,l,head[u]};
16    head[u]=k++;
17  }
18
19  void Dfs(int u,int lenth)
20  {
21    visit[u]=1;
22    for(int i=head[u]; i!=-1; i=edge[i].next)
23    {
24      int v=edge[i].v;
25      if(!visit[v])
26      {
27        visit[v]=1;
```

```
28          dist[v]=lenth+edge[i].len;
29          if(dist[v]>ans)
30          {
31            ans=dist[v];
32            node=v;
33          }
34          Dfs(v,dist[v]);
35        }
36      }
37    }
38
39    int main()
40    {
41      int l,r,len;
42      memset(head,-1,sizeof(head));
43      while(~scanf("%d%d%d",&l,&r,&len))
44      {
45        AddEdge(l,r,len);
46        AddEdge(r,l,len);
47      }
48      for(int i=1; i<=2; i++)
49      {
50        memset(visit,0,sizeof(visit));
51        ans=0;
52        Dfs(node,0);                 //第一次 node 为 1，第二次 node 为最长链的一个端点
53      }
54      printf("%d\n",ans);
55      return 0;
56    }
```

基于 BFS 的参考程序如下。

```
1     //极北之地  BFS 算法
2     #include <bits/stdc++.h>
3     using namespace std;
4     const int MAXN=100005;
5
6     int head[MAXN],visit[MAXN],dist[MAXN];
7     int node=1,ans,k;
8     struct Edge
9     {
10      int v,len,next;
11    } edge[MAXN<<2];
12
13    void AddEdge(int u,int v,int l)          //使用前向星表示法，请参见 5.2.1 节
14    {
15      edge[k]=Edge {v,l,head[u]};
16      head[u]=k++;
17    }
18
19    void Bfs(int p)
20    {
```

```
21	    queue<int>q;
22	    visit[p]=1;
23	    q.push(p);
24	    while(!q.empty())
25	    {
26	      int u=q.front();
27	      q.pop();
28	      for(int i=head[u]; i!=-1; i=edge[i].next)
29	      {
30	        int v=edge[i].v;
31	        if(visit[v]==0)
32	        {
33	          dist[v]=dist[u]+edge[i].len;
34	          visit[v]=1;
35	          q.push(v);
36	          if(dist[v]>ans)
37	          {
38	            ans=dist[v];
39	            node=v;
40	          }
41	        }
42	      }
43	    }
44	  }
45	
46	  int main()
47	  {
48	    int l,r,len;
49	    memset(head,-1,sizeof(head));
50	    while(~scanf("%d%d%d",&l,&r,&len))
51	    {
52	      AddEdge(l,r,len);
53	      AddEdge(r,l,len);
54	    }
55	    for(int i=1; i<=2; i++)
56	    {
57	      memset(visit,0,sizeof(visit));
58	      memset(dist,0,sizeof(dist));
59	      ans=0;
60	      Bfs(node);
61	    }
62	    printf("%d\n",ans);
63	    return 0;
64	  }
```

BFS 算法及 DFS 算法的时间复杂度均为 $O(n)$，其优点是可以在第一次 BFS/DFS 时记录前驱，缺点是代码量稍大。

计算树的直径还可以使用树形 DP 算法，其时间复杂度为 $O(n)$，其优点是代码量小，缺点是记录路径比较困难。

设 first[i] 表示在以节点 i 为根的子树中，i 到叶节点距离的最大值，second[i] 表示在以节点 i

为根的子树中，i 到叶节点距离的次大值。

因为树的直径必然是树上某一个节点开始往下的最长链和次长链之和，所以树的直径为 max(first[i] + second[i])。

参考程序如下。

```
1   //极北之地  树形DP
2   #include <bits/stdc++.h>
3   using namespace std;
4   const int MAXN=10010;
5   
6   struct Edge
7   {
8     int v,len,next;
9   } edge[MAXN<<2];
10  int ans,k;
11  int head[MAXN],first[MAXN],second[MAXN];                    //前向星，最长链，次长链
12  
13  void AddEdge(int u,int v,int len)
14  {
15    edge[k]=Edge {v,len,head[u]};
16    head[u]=k;
17  }
18  
19  void Dp(int u,int father)                                   //树形DP
20  {
21    for(int i=head[u]; i; i=edge[i].next)
22    {
23      int v=edge[i].v;
24      if(v!=father)
25      {
26        Dp(v,u);
27        if(first[v]+edge[i].len>first[u])                     //更新最大值
28        {
29          second[u]=first[u];                                 //次大值为原先最大值
30          first[u]=first[v]+edge[i].len;
31        }
32        else                                                  //更新次大值
33          second[u]=max(second[u],first[v]+edge[i].len);
34      }
35    }
36    ans=max(ans,first[u]+second[u]);
37  }
38  
39  int main()
40  {
41    int u,v,len;
42    while(~scanf("%d%d%d",&u,&v,&len))
43    {
44      AddEdge(u,v,len);
45      AddEdge(v,u,len);
46    }
47    Dp(1,0);
```

```
48     cout<<ans<<endl;
49     return 0;
50 }
```

■ 同步练习

极北之雪（网站题目编号：404034）

4.9.5 树的重心

删去树上的一个节点后，生成的多棵树尽可能平衡，即以这个节点为根，那么所有的子树（不算整棵树自身）的节点数都不超过原树节点数的一半，该节点即树的重心（质心）。一般的树只有一个重心，有些有偶数个节点的树，有两个重心（最多有两个重心），例如图 4.70 所示的节点 2 和节点 4。

任选一个节点（例如节点 1）作为根，将树转换为有根树，转换后的树如图 4.71 所示。

假设现在删除节点 4，以节点 4 为根，原树分成了 3 棵子树，即下方被方框框起来的两棵子树以及“上方子树”，如图 4.72 所示。可以发现，3 棵子树的节点数均不超过原树节点数的 1/2，所以节点 4 为重心。同理，节点 2 也为重心。

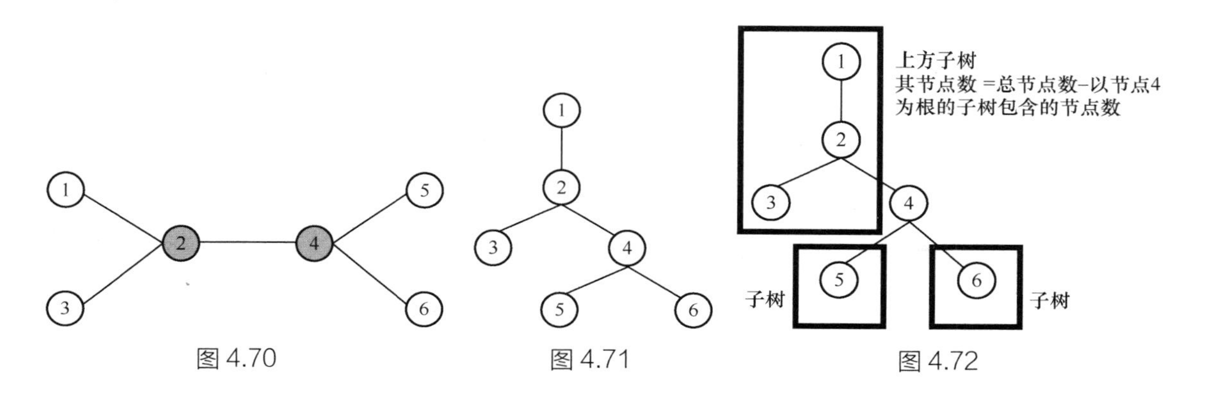

图 4.70 图 4.71 图 4.72

重心具有以下性质。

（1）相对于删去树上的其他节点而言，删去重心后形成的所有子树中最大的一棵子树的节点数最少。

（2）在某个节点到其他所有节点的距离中，该节点到重心的距离是最小的，如果有两个重心，则该节点到它们的距离一样。

（3）把两棵树通过某一节点相连得到一棵新的树，新的树的重心必然在连接原来两棵树重心的路径上。

（4）对树添加或者删除一个节点，树的重心最多只移动一条边的位置。

■ 404035 平衡

【题目描述】平衡（balance）POJ 1655

考虑一个具有 N（$1 \leqslant N \leqslant 20000$）个节点（编号为 1 ~ N）的树 T，从树 T 中删除任何

节点都会生成一个森林：一棵或多棵树的集合。从树中删除某个节点后，森林中最大树的节点个数即该节点的平衡值。

以图 4.73 所示的树为例，删除节点 4 后产生两棵树，分别为 {5} 和 {1,2,3,6,7}，这两棵树中最大树的节点有 5 个，所以节点 4 的平衡值为 5。又如删除节点 1 后产生 3 棵树，分别为 {2,6}、{3,7} 和 {4,5}，这 3 棵树的节点数均为 2，所以节点 1 的平衡值为 2。

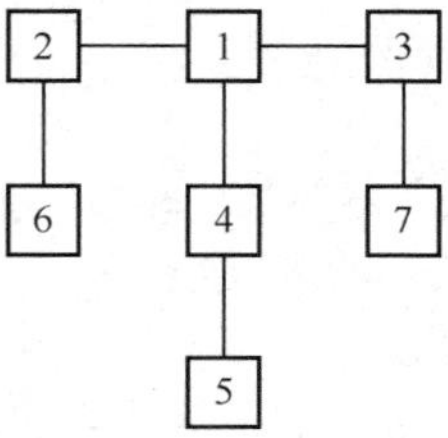

现在的任务是：对于每一个输入的树，输出平衡值最小的节点编号及其平衡值，如果有相同的平衡值，则输出最小编号和平衡值。

图 4.73

【输入格式】

输入的第一行数据是一个整数 t（$1 \leqslant t \leqslant 20$），表示有 t 组测试数据。每组测试数据的第一行为一个整数 N（$1 \leqslant N \leqslant 20000$），表示树的节点数，随后 N−1 行，每行有两个数 A 和 B，表示 A 和 B 对应节点之间有边相连。

【输出格式】

输出两个数，即平衡值最小的节点编号和平衡值。

【输入样例】

```
1
7
2 6
1 2
1 4
4 5
3 7
3 1
```

【输出样例】

```
1 2
```

【算法分析】

显然解题方法是求树的重心，其实现方法是先任选一个节点作为根节点，将无根树转换成有根树，使用 DFS 算法计算每个节点的连通块（子树）规模的最大值，再在所有最大值中找出最小值，对应的节点就是树的重心。

核心参考代码如下。

```
1  //平衡
2  int Dfs(int node,int father)
3  {
4    int sum=1,SonMax=0,SonNum;                          //sum 初始为 1
5    for(int i=head[node]; i!=-1; i=e[i].next)
6      if(e[i].v!=father)
```

```
7        {
8           SonNum=Dfs(e[i].v,node);
9           SonMax=max(SonMax,SonNum);                  //更新子树最大节点数
10          sum+=SonNum;                                //统计出 node 节点的规模值
11       }
12     SonMax=max(n-sum,SonMax);                        //上方子树节点数=n-sum
13     if((SonMax<AnsNum)||(SonMax==AnsNum && node<AnsNode)) //更新最优解
14     {
15       AnsNode=node;                                  //平衡值最小的节点编号
16       AnsNum=SonMax;                                 //最小平衡值
17     }
18     return sum;
19  }
```

4.10 二叉查找树

■ 404036 查找节点

【题目描述】查找节点（review）

有一棵二叉树，其中每个节点的权值均大于该节点左子节点的权值，且小于其右子节点的权值。请根据该二叉树的特征，查找出要找的关键节点。

【输入格式】

第一行为一个整数 n（$0 < n < 1000$），表示有 n 个整数。

第二行为 n 个整数，为用数组表示法表示的二叉查找树。

第三行数据为一个整数 k，表示要查找的节点的权值。

【输出格式】

如果查找到相应节点，则输出权值，否则输出“-1”。

【输入样例】

16

0 5 2 9 1 4 7 0 0 0 3 0 6 8 0 0

8

【输出样例】

8

【算法分析】

二叉查找树，或者是一棵空树，或者是具有下列性质的二叉树。

（1）若它的左子树不为空，则左子树上所有节点的权值均小于它的根节点的权值。

（2）若它的右子树不为空，则右子树上所有节点的权值均大于它的根节点的权值。

（3）它的左、右子树也分别为二叉查找树。

上述性质被称为 BST 性质，如图 4.74 所示。

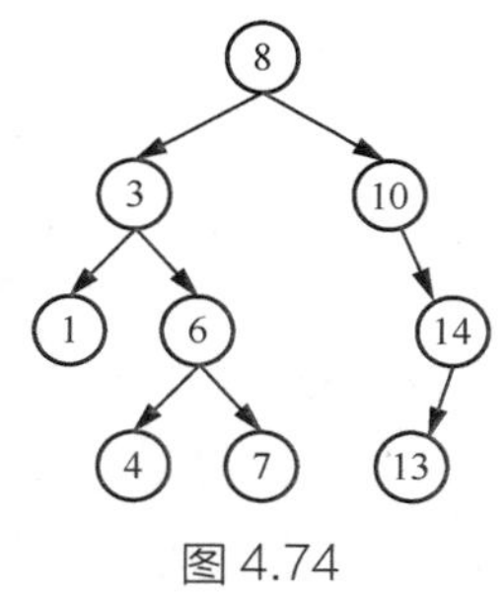

图 4.74

二叉查找树通常采取二叉链表作为存储结构，构造树的过程即对无序序列进行排序的过程。每次插入的新节点都是二叉查找树上新的叶节点，在进行插入操作时，不必移动其他节点，只需改动某个节点的指针，将其由空变为非空即可。搜索、插入和删除的时间复杂度等于树的深度，期望时间复杂度为 $O(\log n)$，最坏时间复杂度为 $O(n)$（数列有序，树退化成线性表）。

虽然二叉查找树的最坏效率为 $O(n)$，但它支持动态查询，且有很多改进版的二叉查找树可以使树的深度为 $O(\log n)$，如 SBT、AVL、红黑树等，故不失为一种好的动态排序方法。

在二叉查找树中查找一个节点时，首先从根节点出发，每次判断当前的节点的权值是否与要查找的节点的权值相等，在不相等的情况下，如果当前节点的权值小于要查找的节点权值，则查找其右子树，否则查找其左子树。

二叉查找树的节点插入和节点查找很相似，从根节点开始，每次将要插入的节点的权值与当前节点的权值做比较，如果要插入的节点权值小于当前节点的权值，则向当前节点的左子树走，否则向右子树走，再沿树下降直到叶节点。然后把要插入的节点连接到这个叶节点，使其成为这个叶节点的左子节点或者右子节点（比较两者的值进行判断）。

通常情况下，为了避免越界，减少边界情况的特殊判断，一般会在二叉查找树中额外插入一个权值为极大值的节点和一个权值为极小值的节点。

参考程序如下。

```
1   //查找节点
2   #include <bits/stdc++.h>
3   using namespace std;
4   const int INF=1<<30;
5
6   struct BST
7   {
8     int val,lson,rson;
9   } T[100];
10  int tot,root,n,locate;
11
12  int New(int val)                              //创建新节点
13  {
14    T[++tot].val=val;
15    return tot;
16  }
17
18  void Build()                                  //建树
19  {
20    New(-INF);
21    New(INF);
22    root=1;
```

```
23    T[1].rson=2;
24  }
25
26  void Insert(int &p,int val)                          //插入节点 val
27  {
28    if(p==0)
29    {
30      p=New(val);
31      return;
32    }
33    if(val<T[p].val)
34      Insert(T[p].lson,val);
35    else
36      Insert(T[p].rson,val);
37  }
38
39  int Search(int p,int val)                            //查找节点 val
40  {
41    if(p==0)
42      return -1;
43    if(val==T[p].val)
44      return T[p].val;
45    return val<T[p].val ? Search(T[p].lson,val) : Search(T[p].rson,val);
46  }
47
48  int main()
49  {
50    Build();
51    scanf("%d",&n);
52    for(int i=0,x; i<n; i++)
53    {
54      scanf("%d",&x);
55      Insert(root,x);
56    }
57    scanf("%d",&locate);
58    printf("%d\n",Search(root,locate));
59    return 0;
60  }
```

■ 404037 落叶

【题目描述】落叶（leaves）POJ 1577

字母二叉查找树如果不是空树，它的每个节点都以一个字母作为数据，并且根据字母表中的字母顺序，左子树上的任意节点字母都在根节点字母前面，而右子树上的任意节点字母都在根节点字母后面。

在字母二叉查找树上删除“树叶”，并将被删除的树叶列出，重复这一过程，直到树为空，如图 4.75 所示。

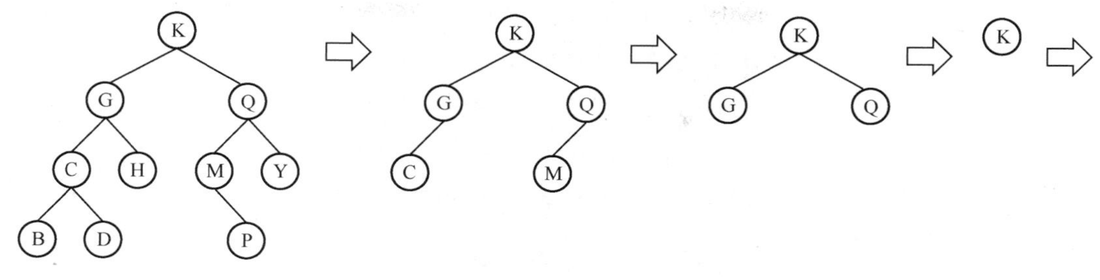

图 4.75

删除的树叶序列如下。

BDHPY

CM

GQ

K

给定字母二叉查找树的树叶删除序列，输出树的前序遍历结果。

【输入格式】

输入包含多组测试数据。每组测试数据都是一行或多行大写字母序列，每行都给出按上述描述步骤从二叉查找树中删除的树叶，每行给出的字母都按升序排列。在测试数据之间以一行分隔，该行仅包含一个“*”字符。全部测试数据结束以字符“$”表示。

【输出格式】

对于每组测试数据，都有唯一的二叉查找树，单行输出该树的前序遍历结果。

【输入样例】

```
BDHPY
CM
GQ
K
*
AC
B
$
```

【输出样例】

```
KGCBDHQMPY
BAC
```

【算法分析】

由题目可知，最后一个字母一定为树根字母，先输入的字母在树的深层，所以可以逆序建树。

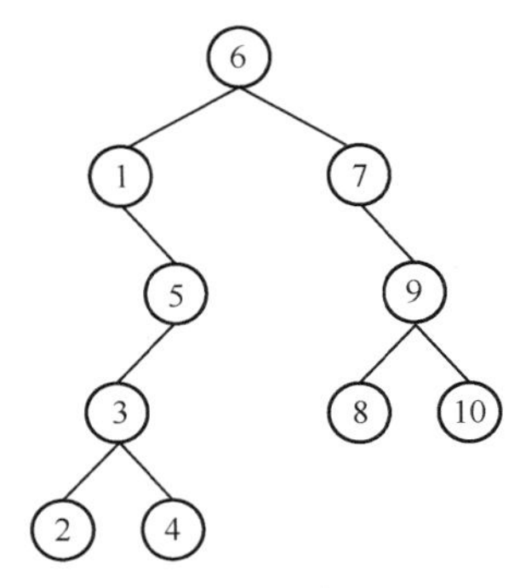

图 4.76

二叉查找树的删除过程有点复杂，在此之前，先了解如何在中序遍历序列中寻找树的前驱节点和后继节点。后面所谓树的前驱节点与后继节点，是基于中序遍历序列的。树上某个节点的前驱节点与后继节点就是中序遍历序列中该节点的前一个节点和后一个节点。图 4.76 所示的二叉树中，4 的前驱节点是 3，2 的前驱节点是 1，6 的前驱节点是 5，7 的后继节点是 8，5 的后继节点是 6，2 的后继节点是 3。

根据上述例子，可以得到查找前驱节点（默认有）的以下规则。

（1）若一个节点有左子树，那么该节点的前驱节点是其左子树中权值最大的节点。

（2）若一个节点没有左子树，那么判断该节点和其父节点的关系：若该节点是其父节点的右子节点，那么该节点的前驱节点即其父节点；若该节点是其父节点的左子节点，那么需要沿着其父节点一直向树的顶端寻找，直到找到一个节点 P，节点 P 是其父节点 Q 的右子节点，那么 Q 就是该节点的后继节点。

因为代码在查找过程中是从上往下找的，而规则是从下往上找的，所以在查找过程中需记录下父节点和最后一次在查找路径中出现右拐的节点，或者在初始创建二叉查找树时设置父节点数组。

参考代码如下。

```
1   int GetPre(int val)                                      //查找前驱节点
2   {
3     int ans=1;
4     int p=root;
5     while(p)
6     {
7       if(val==Tree[p].val)                                 //查找 val 成功
8       {
9         if(Tree[p].lson>0)                                 //有左子树
10        {
11          p=Tree[p].lson;
12          while(Tree[p].rson>0)                            //一直往右子树走
13            p=Tree[p].rson;
14          ans=p;
15        }
16        break;
17      }
18      if(Tree[p].val<val && Tree[p].val>Tree[ans].val)
19        ans=p;                                             //更新前驱节点
20      p=val<Tree[p].val ? Tree[p].lson : Tree[p].rson;     //在子树中查找
21    }
22    return ans;
23  }
```

查找后继节点的规则如下。

（1）若一个节点有右子树，那么该节点的后继节点一定就在它的右子树上，而且必然是右子树上的最左（权值最小）节点。

例如，查找权值为5的节点的后继节点（即权值为6的节点）如图4.77所示。

（2）如果这个节点的右子节点不存在，且这个节点存在一个后继节点，那么这个后继节点一定是这个节点作为左子树时的最低祖先。例如查找权值为2的节点的后继节点（即权值为5的节点）如图4.78所示。

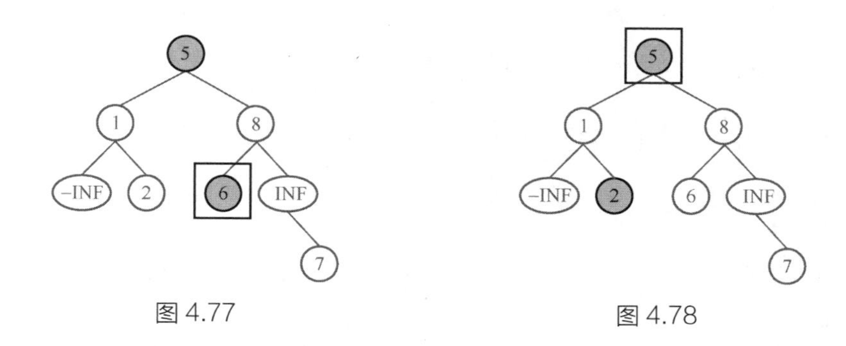

图4.77　　图4.78

参考代码如下。

```
1   int GetNext(int val)                                      //查找后继节点
2   {
3     int ans=2;                                              //包括有 INF 的节点
4     int p=root;
5     while(p)
6     {
7       if(val==Tree[p].val)                                  //查找 val 成功
8       {
9         if(Tree[p].rson>0)                                  //如果有右子树
10        {
11          p=Tree[p].rson;
12          while(Tree[p].lson>0)                             //一直往左子树走
13            p=Tree[p].lson;
14          ans=p;
15        }
16        break;
17      }
18      if(Tree[p].val>val && Tree[p].val<Tree[ans].val)
19        ans=p;                                              //更新后继节点
20      p=val<Tree[p].val ? Tree[p].lson : Tree[p].rson;      //向下查找
21    }
22    return ans;
23  }
```

假如现在要删除节点z，那么可能出现下列3种情况。

（1）如果这个节点没有子节点，那么则直接将z删除，然后清除其父节点指向它的指针就可以了。

（2）如果z只有一个子节点，那么就把z的父节点指向z的指针（z是其父节点的左子节点或者右子节点）指向z的子节点，然后将z删除。

（3）如果 z 有两个子节点，那么把这个节点的后继 next 从树上取下来（就是删除 next，因为 next 没有左子树，但是保留 next 的数据），让 next 的右子树代替 next 的位置，然后用 next 的数据替换掉 z 的数据就可以了。

```
1   void Delete(int val)                                  // 删除 val
2   {
3     int &p=root;                                        // 注意 p 为引用
4     while(p)
5     {
6       if(val==Tree[p].val)
7         break;
8       p=val<Tree[p].val ?Tree[p].lson:Tree[p].rson;// 向下查找
9     }
10    if(p==0)
11      return;
12    if(Tree[p].lson==0)                                 // 如果没有左子树
13      p=Tree[p].rson;                                   // 右子树代替 p
14    else if(Tree[p].rson==0)                            // 如果没有右子树
15      p=Tree[p].lson;                                   // 左子树代替 p
16    else                                                // 左、右子树均有
17    {
18      int next=Tree[p].rson;                            // 求后继节点
19      while(Tree[next].lson>0)
20        next=Tree[next].lson;
21      Delete(Tree[next].val);                           // 后继节点没有左子树，直接删除
22      Tree[next].lson=Tree[p].lson;
23      Tree[next].rson=Tree[p].rson;
24      p=next;
25    }
26  }
```

二叉查找树一次操作的平均期望时间复杂度为 $O(\log n)$，但在某些情况下，例如依次插入有序序列，二叉查找树就会退化成一条链。

■ **同步练习**

普通平衡树（网站题目编号：404038）

第 5 章　图

5.1 图的介绍

5.1.1　图的基本概念

图是一种非线性结构，它比树形结构更复杂。在图中，由于数据元素之间是多对多的关系，因此图用于表达数据元素之间存在着的复杂关系，我们称这种关系为网状结构关系。

著名的“欧拉七桥问题”就是最早的图问题：古时在 Koenigsberg（哥尼斯堡）有一条河，这条河将两岸和小岛分隔出 4 个区域（A、B、C、D），连接这 4 个区域的是 7 座桥（1、2、3、4、5、6、7），如图 5.1 所示。而“欧拉七桥问题”是“是否可以从某一个区域出发，经过每座桥一次，而回到原先出发的区域？”

该问题实际上就可以转换为图问题，大数学家欧拉发现：任意一个区域上所连接的桥数为偶数时，才有可能从任意一座桥出发，经过每一座桥。因此，“欧拉七桥问题”实际上是没有解的。

图的一些重要基本概念介绍如下。

（1）无向图：在图中任意一个顶点上的边都是没有方向的。例如图 5.2 所示就是一个无向图。如顶点 1 和顶点 2 之间的边表示可以从顶点 1 到顶点 2，也可以表示从顶点 2 到顶点 1。

（2）有向图：在图中任意一个顶点上的边都是有方向的。例如图 5.3 所示就是一个有向图，如顶点 1 和顶点 2 之间的边表示可从顶点 1 到顶点 2，但是不可以表示从顶点 2 到顶点 1。

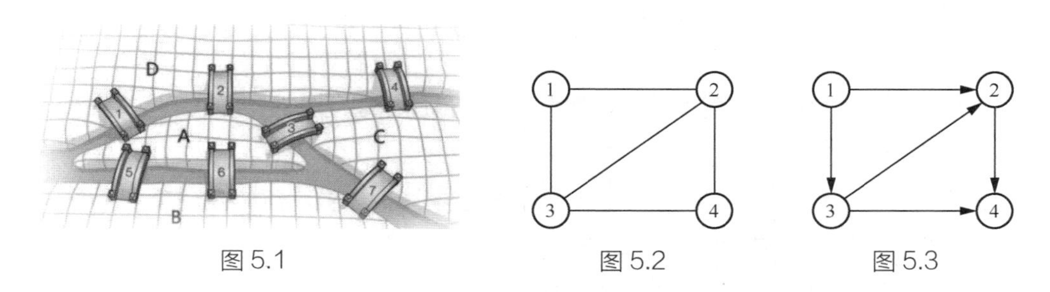

图 5.1　　图 5.2　　图 5.3

在有向图和无向图中，我们还必须加上一些限制。

（1）图中不允许顶点自身循环，图 5.4 中的顶点 3 是错误的。

（2）图中两顶点之间的边，不可以重复。边重复的图称为多边形图，图 5.5 中顶点 2 到顶点 3，有 3 条重复的边。

（3）完全图：无向图的任意两个顶点间都存在一条边，例如图 5.6 所示就是一个完全图，因为该图的任意两个顶点间都存在一个边。一个含 n 个顶点的完全无向图含有 $n(n-1)/2$ 条边，因为每个顶点可与其他 $n-1$ 个顶点相连，共有 $n(n-1)$ 条边，但是每条边均被计算了两次所以除 2。一个含 n 个顶点的完全有向图含有 $n(n-1)$ 条边。

（4）子图：从图中取出的部分顶点和边的集合，图 5.8 中的所有图皆为图 5.7 的子图。

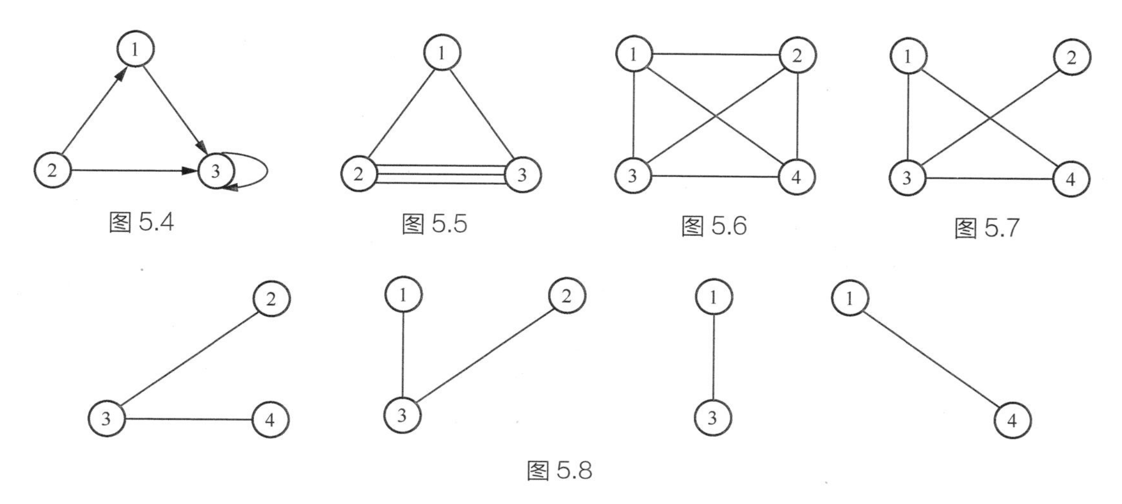

图 5.4　　图 5.5　　图 5.6　　图 5.7

图 5.8

（5）路径：在图中从顶点 A 到达顶点 B 所经过的所有的边。例如，在图 5.9 中，从顶点 V_1 到顶点 V_5 的路径为 $<V_1,V_2>,<V_2,V_4>,<V_4,V_5>$，而路径长度为经过的边数，在这个例子中，路径的长度为 3。

（6）简单路径：在图中，除了起点和终点可以重复（不重复亦可），其余的顶点皆不相同的路径，如图 5.9 中的 $<V_1,V_2>,<V_2,V_4>,<V_4,V_5>$。

（7）权值：可以形象地理解为经过某条边所需要付出的“代价”。

（8）回路：在图中，起点和终点相同的简单路径，如图 5.10 中的 $<V_1,V_2>,<V_2,V_4>,<V_4,V_1>$。除第一个和最后一个顶点外，其余各顶点均不重复出现的回路称为简单回路。

（9）连通顶点：在无向图中，顶点 A 和顶点 B 之间存在一条路径，则称顶点 A 和顶点 B 为连通顶点。

（10）连通图：如果在无向图中，任意两个顶点皆连通，即任意两个顶点间皆存在一条路径，则称该无向图为连通图。

（11）连通单元：将无向图分为多个分离的子图之后，原图的连通顶点仍在同一个子图中。

（12）强连通顶点：在有向图中，顶点 A 到顶点 B 存在一条路径，而顶点 B 到顶点 A 也存在一条路径，则称顶点 A 和顶点 B 为强连通顶点。

（13）强连通图：如果在有向图中，任意两个顶点间皆存在一条路径可到达对方，则称该有向图为强连通图。

（14）强连通分量：在有向图中任意两点都连通的最大子图。图 5.11 中，顶点 1、2、5 构成一个强连通分量。此外，单个点也算一个强连通分量，所以图 5.11 中还有顶点 4 和顶点 3 两个强连通分量。

（15）度：有向图中，因为边皆是有方向的，我们定义内分支度和外分支度。内分支度是指由其他顶点前往某顶点的边数，而外分支度是指由某顶点前往其他顶点的边数。图 5.12 所示的顶点 1 的内分支度为 2、外分支度为 1。在有向图中，各顶点的内分支度或外分支度的总和，即此图的边数。

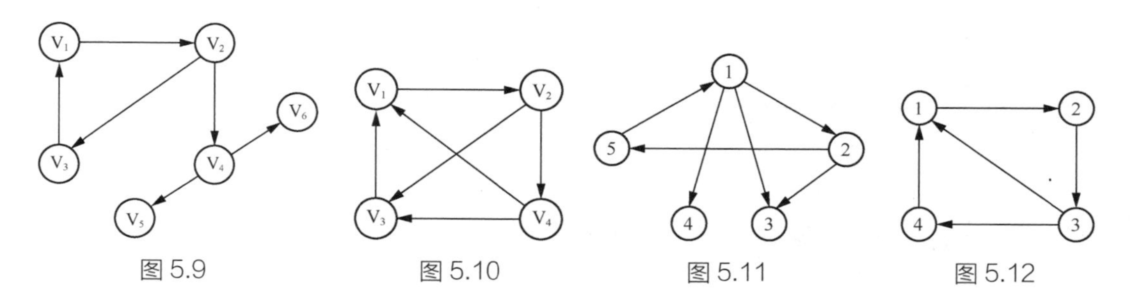

图 5.9　　图 5.10　　图 5.11　　图 5.12

5.1.2　邻接数组表示法

邻接数组表示法是指以 $n \times n$ 的数组来表示具有 n 个顶点的图形。我们以数组的索引值来表示顶点，以数组的内容值来表示顶点间的边是否存在（以 1 表示边存在，以 0 表示边不存在）。图 5.13 所示的无向图的邻接数组如表 5.1 所示。

表 5.1

顶点	顶点				
	0	**1**	**2**	**3**	**4**
0	0	1	1	1	0
1	1	0	0	1	1
2	1	0	0	1	0
3	1	1	1	0	0
4	0	1	0	0	0

可以看出，在无向图中，邻接数组中的内容值呈现出一种对称的关系，因为如果顶点 A 和顶点 B 之间存在公共边，即表示从顶点 A 可到达顶点 B，从顶点 B 也可到达顶点 A。

再来看看有向图，如图 5.14 所示。

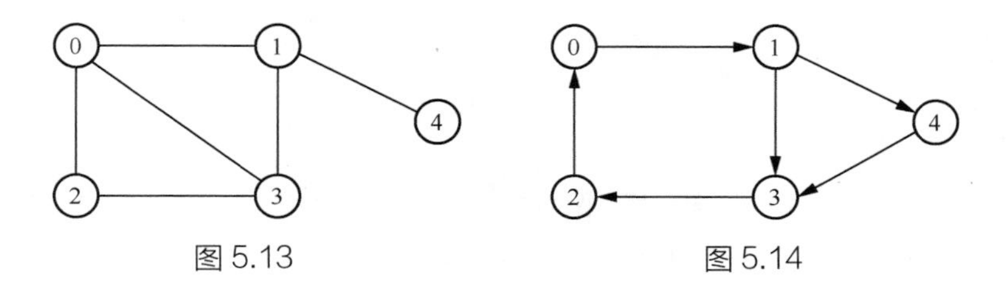

图 5.13　　图 5.14

其邻接数组如表 5.2 所示。

表 5.2

顶点	顶点				
	0	1	2	3	4
0	0	1	0	0	0
1	0	0	0	1	1
2	1	0	0	0	0
3	0	0	1	0	0
4	0	0	0	1	0

将图转成邻接数组的参考程序如下。

```
1   //邻接数组表示法
2   #include <bits/stdc++.h>
3   using namespace std;
4   const int MAX=6;
5
6   int graph[MAX][MAX];
7
8   void PrintGraph()
9   {
10    for(int i=0; i<MAX; i++)
11    {
12      for(int j=0; j<MAX; j++)
13        printf("%d  ",graph[i][j]);
14      printf( "\n" );
15    }
16  }
17
18  int main()
19  {
20    int node1,node2;
21    while(1)
22    {
23      scanf("%d %d",&node1,&node2);
24      if(node1==-1 || node2==-1)                          //退出输入
25        break;
26      if(node1==node2)
27        printf("错误，自身循环！ \n");
28      else if(node1>=MAX || node2>=MAX ||node1<0 || node2<0)
29        printf("错误，超出范围！ ");
30      else
31      {
32        graph[node1][node2]=1;
33        graph[node2][node1]=1;
34      }
35    }
36    PrintGraph();                                         //输出邻接数组
37    return 0;
38  }
```

采用邻接数组表示图，直观、方便，很容易知道图中任两个顶点 i 和 j 之间有无边或边上的权值，因为可以根据 i、j 的值直接查找，所以时间复杂度为 $O(1)$。利用邻接数组也很容易计算顶点的度和查找邻接顶点，其时间复杂度为 $O(n)$，但是空间复杂度为 $O(n^2)$，如果用来表示稀疏图，会造成巨大的空间浪费。

5.1.3　加权边的图

在“欧拉七桥问题”中，每个“桥”都是有长度的，为了表示这些信息，我们在图的边上加上一些数字，这样的图，我们称为“加权边的图”。例如图 5.15 所示就是一个加权边的图。

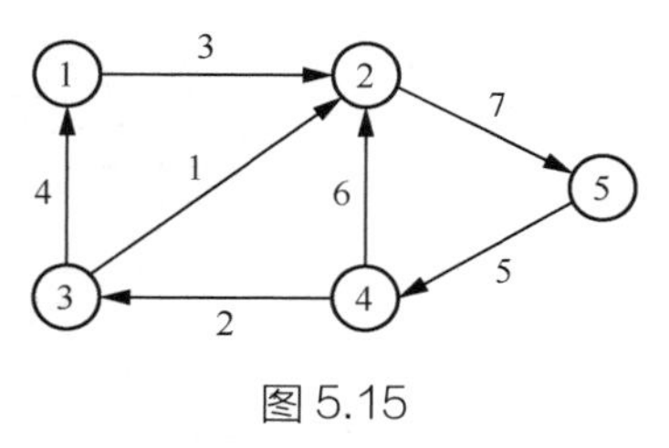

图 5.15

它的邻接数组如表 5.3 所示。

表 5.3

顶点	顶点				
	1	2	3	4	5
1	0	3	0	0	0
2	0	0	0	0	7
3	4	1	0	0	0
4	0	6	2	0	0
5	0	0	0	5	0

5.2　前向星

5.2.1　前向星表示法

在求解关于图的题目时，经常会遇到图很大、边很少的情况，如果用矩阵存图，空间复杂度就会过大，这时可以用前向星（通常是链式前向星）方式存储数据。

例如有一个图的顶点有 100000 个，普通的矩阵存图空间即 100000 × 100000。而链式前向星是保存边，比如第 i 条边 (u,v) = w，就分别把起点、终点、权值保存在 u[ ]、v[ ] 和 w[ ] 这 3 个数组中（索引相同）。

链式前向星是一种星形表示法，比链表节省时间和空间，只要不增加或者删除边，就能很快找到从一个顶点出发的所有边。除了不能直接用起点、终点定位以外，链式前向星几乎是完美的。

下面以图 5.16 所示的有向图为例进行介绍。

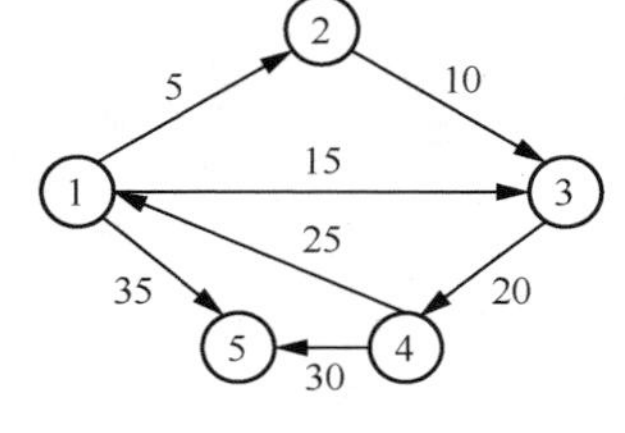

图 5.16

读取数据代码片段如下。

```
1    cin>>n>>m;                                   // 读取顶点数和边数
2    for(int i=1;i<=m;i++)
3        cin>>u[i]>>v[i]>>w[i];
```

设 Head[i] 用于记录以 i 为起点的边集在数组中的第一个存储位置，存储的结构大致如图 5.17 所示。

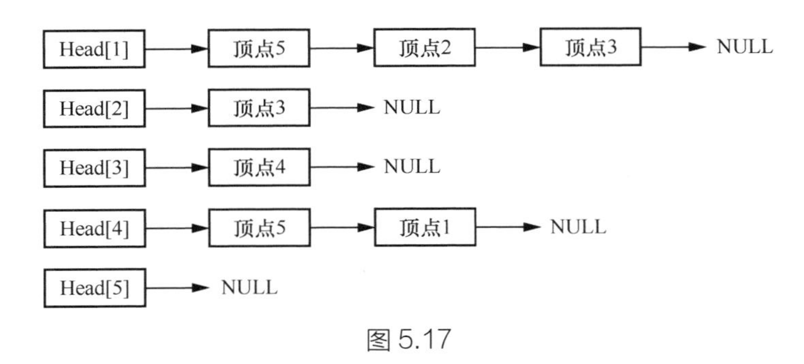

图 5.17

以下是链式前向星通过结构体存储边的起点、终点、权值和下一条边的存储位置。

```
1  struct Edge
2  {
3     int u;                          // 边的起点
4     int v;                          // 边的终点
5     int w;                          // 边的权值
6     int next;                       // 指向下一条边的存储位置
7  } edge[10000];
```

其中 edge[i].u 表示第 i 条边的起点，edge[i].v 表示第 i 条边的终点，edge[i].w 表示第 i 条边的权值，edge[i].next 表示与第 i 条边同起点的下一条边的存储位置。

添加边的核心代码如下。

```
1  int cnt=0;                              //cnt 表示边的编号
2  memset(Head,-1,sizeof(Head));           //Head[i] 表示起点是 i 的边的编号
3
4  void AddEdge(int u,int v,int w)
5  {
6    edge[cnt]=Edge {u,v,w,Head[u]};       // 此处 cnt 编号从 0 开始计数
7    Head[u]=cnt++;                        // 边 (u,v) 设为新的 Head[u] 的编号
8  }
```

为方便讲解，暂不考虑权值，假设输入边的顺序如下。

1 2

1 3

1 5

2 3

3 4

4 1

4 5

当输入 1 2，执行函数 AddEdge() 后，edge[0].next = -1，Head[1] = 0，构图如图 5.18 所示，可以看出，Head[1] = 0 表示指向 edge[0]。

当输入 1 3，执行函数 AddEdge() 后，edge[1].next = 0，Head[1] = 1，构图如图 5.19

所示，可以看出，edge[1].next = 0 表示连接 edge[0]，Head[1] = 1 表示指向 edge[1]。

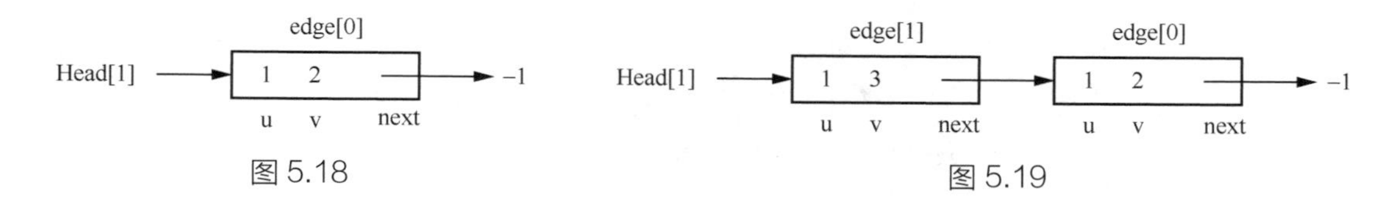

图 5.18　　图 5.19

依此类推，全部赋值过程依次为

edge[0].u=1;edge[0].v = 2; edge[0].next = −1;Head[1] = 0;

edge[1].u=1;edge[1].v = 3; edge[1].next = 0;Head[1] = 1;

edge[2].u=1;edge[2].v = 5; edge[2].next = 1;Head[1] = 2; //Head[1] 最后的值为 2

edge[3].u=2;edge[3].v = 3; edge[3].next = −1;Head[2] = 3;

edge[4].u=3;edge[4].v = 4; edge[4].next = −1;Head[3] = 4;

edge[5].u=4;edge[5].v = 1; edge[5].next = −1;Head[4] = 5;

edge[6].u=4;edge[6].v = 5; edge[6].next = 5;Head[4] = 6;

此时假设遍历顶点 1 连接的所有边，操作如下。

由 Head[1] = 2，找到 edge[2].v = 5，可知顶点 1 与 5 之间有一条边；

由 edge[2].next = 1，找到 edge[1].v = 3，可知顶点 1 与顶点 3 之间有一条边；

由 edge[1].next = 0，找到 edge[0].v = 2，可知顶点 1 与顶点 2 之间有一条边。

可以看出，遍历顺序与输入顺序是相反的，但这不影响结果的正确性。

参考程序如下。

```
1   // 前向星表示法
2   #include <bits/stdc++.h>
3   using namespace std;
4
5   int Head[100100];                         // 此处数组元素值默认为 0
6   int Cnt;                                  // 表示边的编号
7   struct Edge
8   {
9     int u,v,w,next;
10  } edge[10000];
11
12  void AddEdge(int u,int v,int w)           // 加边
13  {
14    edge[++Cnt]=Edge {u,v,w,Head[u]};       // 编号从 1 开始计数
15    Head[u]=Cnt;
16  }
17
18  int main()
19  {
20    int n,e,u,v,w;
21    cin>>n>>e;                              // 输入顶点数和边数
22    for(int i=0; i<e; i++)
23    {
24      cin>>u>>v>>w;
```

```
25        AddEdge(u,v,w);                         // 加边
26      }
27      for(int k=1; k<=n; ++k)                   // 输出
28      {
29        cout<<k;
30        for(int i=Head[k]; i; i=edge[i].next)
31          cout<<"->"<<edge[i].v<<"("<<edge[i].w<<")";
32        cout<<endl;
33      }
34      return 0;
35    }
```

以图 5.20 所示的有向图为例，该有向图有 5 个顶点、7 条边。

程序运行时输入如下。

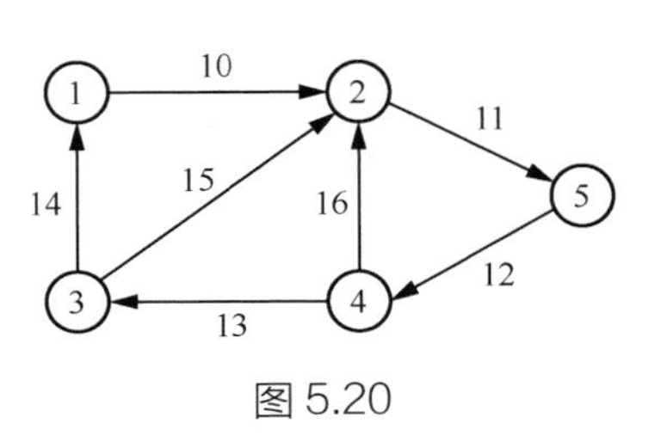

图 5.20

5 7

1 2 10

2 5 11

3 1 14

3 2 15

4 3 13

4 2 16

5 4 12

则输出结果如下。

1->2(10)

2->5(11)

3->2(15)->1(14)

4->2(16)->3(13)

5->4(12)

使用 STL 中的 vector 模拟链表实现是很方便的，内存的申请和释放都不需要手动进行处理。但 vector 方法不论是在内存上还是在速度上都是略逊于链式前向星表示法的，所以实际使用时选用哪种方法应权衡好利弊。

其数据结构为：

```
struct node
{
   int to,w;   //没用上起点，故只定义了终点和权值
};
vector <node> Head[MAXN];
```

读入数据代码为：

```
node New;
```

```
cin>>i>>j>>w;
New.to=j;
New.w =w;
Head[i].push_back(New);
```

排序代码为：

```
bool cmp(node a, node b)
{
    return a.to<b.to;
}
```

遍历代码为：

```
vector<node>::iterator it;
for(int i=1;i<=n && Head[i].size()>0;i++)
{
    sort(Head[i].begin(),Head[i].end(),cmp);
    for(it=Head[i].begin();it^Head[i].end();it++)
    {
        node tmp = *it;
        cout <<i<<" "<< tmp.to<<" "<<tmp.w<<endl;
    }
}
```

前向星表示法的缺点是不能用起点、终点直接定位，如果程序必须要定位的话，可以用两种方法来进行定位。

（1）用二分法的思想进行查找（也就是常说的对半查找）。

（2）可以定义数组 F[i] 表示以 u[i] 为起点的第一条边。

5.2.2　前向星的 DFS

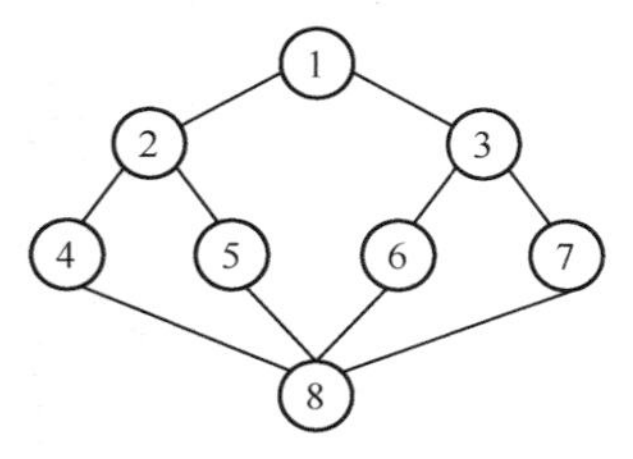

图 5.21

想象一个不见天日的迷宫，一只老鼠从入口进入迷宫，要从出口出来。那老鼠会怎么走？当然是这样的：老鼠如果遇到直路，就一直往前走；如果遇到分叉路口，就任意选择其中的一个路口继续往下走；如果遇到死胡同，就退回到最近的一个分叉路口，选择另一条道路再走下去；如果遇到了出口，老鼠的旅途就算结束了。DFS 的基本原则就是这样：按照某种条件往前试探搜索，如果前进中遭到失败（正如老鼠遇到死胡同），则退回另选通路继续搜索（用堆栈实现），直到找到符合条件的目标为止。

例如对于图 5.21 所示的无向图，DFS 的过程如下。

（1）如果从顶点 1 开始 DFS，将顶点 1 存入堆栈，如图 5.22 所示。

（2）顶点 1 的邻接顶点为顶点 2 和顶点 3，任意选择一个顶点，例如顶点 2，继续 DFS，将顶点 2 存入堆栈，如图 5.23 所示。

（3）由于顶点 2 的邻接顶点为顶点 4 和顶点 5，选择顶点 4 继续 DFS，将顶点 4 存入堆栈，如图 5.24 所示。

（4）顶点 4 的邻接顶点为顶点 8，将顶点 8 存入堆栈，如图 5.25 所示。

（5）由于顶点 8 的邻接顶点为顶点 4、顶点 5、顶点 6 和顶点 7，顶点 4 已经查找过，因此选择顶点 5 继续 DFS。将顶点 5 存入堆栈，如图 5.26 所示。

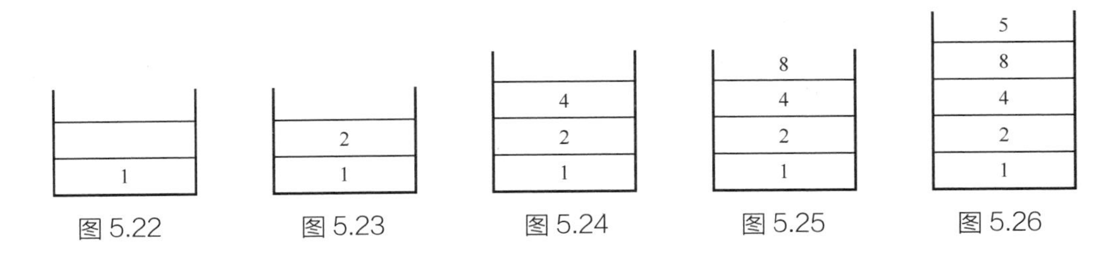

图 5.22 图 5.23 图 5.24 图 5.25 图 5.26

（6）发现顶点 5 的邻接顶点为顶点 2，而顶点 2 已经查找过，将顶点 5 从堆栈中取出，返回到顶点 8，如图 5.27 所示。

（7）顶点 8 的邻接顶点为顶点 4、顶点 5、顶点 6 和顶点 7，顶点 4 和顶点 5 已经查找过，选择顶点 6 继续 DFS。将顶点 6 存入堆栈，如图 5.28 所示。

（8）发现顶点 6 的邻接顶点为顶点 3，选择顶点 3 继续 DFS，将顶点 3 存入堆栈，如图 5.29 所示。

（9）发现顶点 3 的邻接顶点为顶点 7，选择顶点 7 继续 DFS，将顶点 7 存入堆栈，如图 5.30 所示。

（10）顶点 7 的邻接顶点皆查找完，取出堆栈中的顶点。堆栈中所有顶点的邻接顶点，皆已查找，此时堆栈为空，如图 5.31 所示，结束查找。

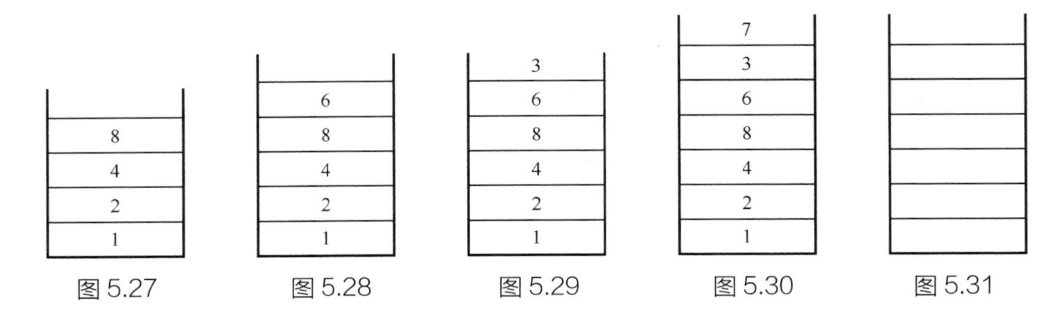

图 5.27 图 5.28 图 5.29 图 5.30 图 5.31

查找顺序为：1、2、4、8、5、6、3、7。但因为在 DFS 时，可选择同一深度的邻接顶点中的任意一个继续进行 DFS，所以 DFS 的顺序并不是唯一的。

参考程序如下（注意该代码有一处未考虑周全，试找出问题所在并改进）。

```
1   //前向星的DFS
2   #include <bits/stdc++.h>
```

```
3   using namespace std;
4   const int MAXN=1000;
5
6   int Cnt;
7   struct Edge
8   {
9     int to,next;
10  } edge[MAXN];
11  int Head[MAXN];
12  bool vis[MAXN];
13
14  void AddEdge(int u,int v)
15  {
16    edge[++Cnt]=Edge {v,Head[u]};
17    Head[u]=Cnt;
18  }
19
20  void Dfs(int x)
21  {
22    vis[x]=1;                                          // 标记 x 顶点被访问
23    cout<<x<<"  ";
24    for(int k=Head[x]; k!=-1; k=edge[k].next)
25      if(!vis[edge[k].to])                            // 如果没有被访问过
26        Dfs(edge[k].to);                              // 继续 DFS
27  }
28
29  int main()
30  {
31    int n,m,u,v;
32    cin>>n>>m;
33    memset(Head,-1,sizeof(Head));
34    for(int i=1; i<=m; i++)
35    {
36      cin>>u>>v;
37      AddEdge(u,v);                                    // 无向图添加两次边
38      AddEdge(v,u);
39    }
40    Dfs(1);                                            // 从顶点 1 开始 DFS
41    return 0;
42  }
```

程序运行时输入的数据如下。

8 10

1 2

1 3

2 4

2 5

3 6

3 7

4 8

5 8

6 8

7 8

输出结果为 1 3 7 8 6 5 2 4

5.2.3 前向星的 BFS

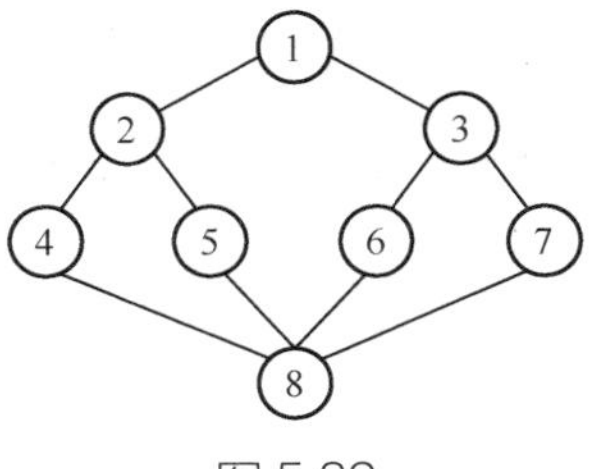

图 5.32

BFS 是指在图中，从某一顶点 V 开始，辐射状地优先遍历其周围的邻接顶点，BFS 通常使用队列来存储邻接顶点。每查找一个邻接顶点便把其所有的邻接顶点存入队列中，直到队列空了才结束。

下面以图 5.32 所示的无向图为例进行介绍。

（1）如果从顶点 4 开始 BFS，将顶点 4 存入队列中。

4					

（2）查找顶点 4，将顶点 4 的邻接顶点 2 和 8 存入队列中，将顶点 4 从队列中取出。

2	8				

（3）查找顶点 2，将顶点 2 的邻接顶点存入队列中，邻接顶点 4 已查找过，不必存入队列中，将顶点 2 从队列中取出。

8	1	5			

（4）查找顶点 8，将顶点 8 的邻接顶点存入队列中，邻接顶点 4 已查找过，邻接顶点 5 已在队列中，所以不必存入队列，将顶点 8 从队列中取出。

1	5	6	7		

（5）查找顶点 1，将顶点 1 的邻接顶点存入队列中，邻接顶点 2 已查找过，不必存入队列中，将顶点 1 从队列中取出。

5	6	7	3		

（6）查找顶点 5，将顶点 5 的邻接顶点存入队列中，邻接顶点 2 和邻接顶点 8 已查找过，不必存入队列中，将顶点 5 从队列中取出。

6	7	3			

（7）查找顶点 6，将顶点 6 的邻接顶点存入队列中，邻接顶点 8 已查找过，邻接顶点 3 已在队列中，所以不必存入队列，将顶点 6 从队列中取出。

7	3				

（8）查找顶点 7，将顶点 7 的邻接顶点存入队列中，邻接顶点 8 已查找过，邻接顶点 3 已在队列中，所以不必存入队列。将顶点 7 从队列中取出。

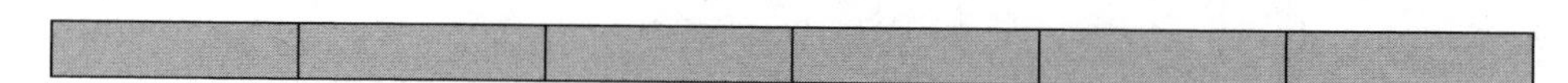

（9）查找顶点 3，顶点 3 的邻接顶点皆已查找过，不必存入队列，将顶点 3 从队列中取出。此时队列为空，结束查找。

所以查找的顺序为 4、2、8、1、5、6、7、3。

由于可选择同一广度邻接顶点中的任意一个继续进行邻接顶点的 BFS，因此 BFS 的顺序也不是唯一的。

参考程序如下。

```
// 前向星的 BFS
#include <bits/stdc++.h>
using namespace std;

int Head[1000], vis[1000];
int N, M,Cnt;
struct Edge
{
  int to, next;
} edge[1000];

void AddEdge(int u,int v)
{
  edge[++Cnt]=Edge {v,Head[u]};
  Head[u]=Cnt;
}

void BFS()
{
  queue<int> Queue;
  for(int i=1; i<=N; i++)                                  // 从顶点 1 开始
    if(!vis[i])
    {
      vis[i]=1;                                            // 标记该点已访问
      Queue.push( i );
      while( !Queue.empty() )                              // 当队列不为空
      {
        int k=Queue.front();                               // 获取队首元素
        cout<<k<<" ";                                      // 输出队首元素
        Queue.pop();                                       // 队首元素出队
        for(int j=Head[k]; j!=-1; j=edge[j].next)
          if(!vis[edge[j].to])
          {
            vis[edge[j].to] = 1;
            Queue.push(edge[j].to);
          }
      }
    }
}

int main()
{
```

```
43    memset(Head, -1, sizeof(Head));
44    cin>>N>>M;
45    for(int i=1; i<=M; i++)
46    {
47      int x, y;
48      cin>>x>>y;
49      AddEdge(x,y);
50      AddEdge(y,x);
51    }
52    BFS();
53    return 0;
54  }
```

程序运行时输入的数据如下。

8 10

1 2

1 3

2 4

2 5

3 6

3 7

4 8

5 8

6 8

7 8

输出结果为 1 3 2 7 6 5 4 8

5.3 生成树问题

一个图如果有 N 个顶点，则至少要有 N−1 条边才能将 N 个顶点相连，形成连通图。这种用 N−1 条边连通的图称为生成树。

例如图 5.33 所示的无向图，我们可以用 DFS 或 BFS 生成树。

以顶点 1 开始的 DFS，所得到的生成树如图 5.34 所示。

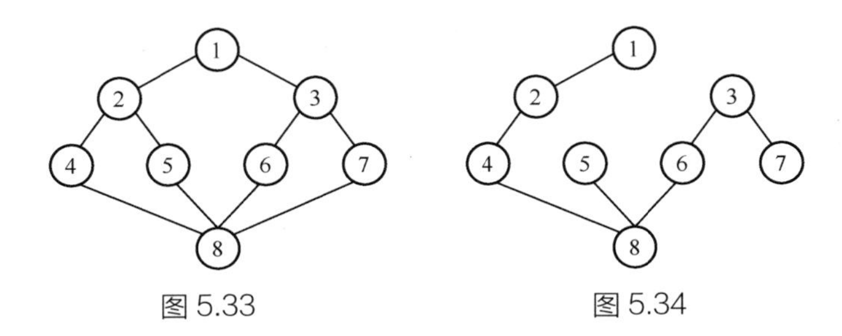

图 5.33　　图 5.34

以顶点 4 开始的 BFS，所得到的生成树如图 5.35 所示。

最小生成树（Minimum Spanning Tree，MST）：在一个由加权边的图生成的所有生成树中，加权值总和最小的生成树。例如，有 5 栋大楼，如图 5.36 所示，需要用网络来连接各栋大楼，已知每栋楼之间的距离，怎样连接距离最短？

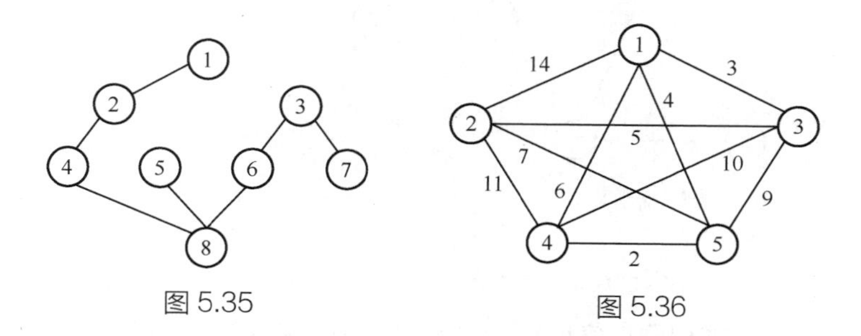

图 5.35　　　　图 5.36

显然如果能够找出这个图的最小生成树，就可以用最短的网线连接 5 栋大楼。

■ **同步练习**

网络连接（网站题目编号：405001）

5.3.1 Kruskal 算法

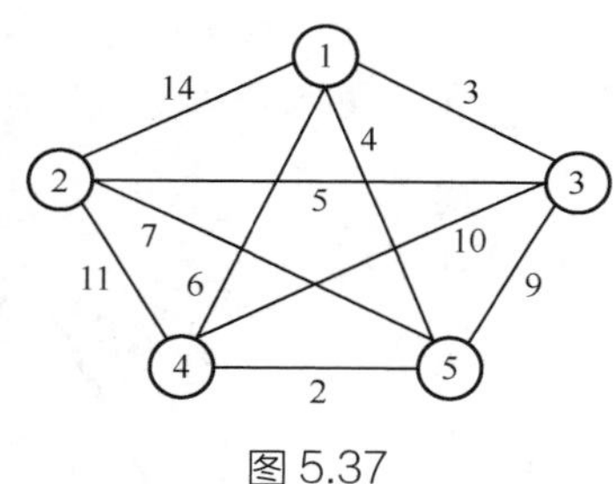

图 5.37

Kruskal（克鲁斯卡尔）算法根据边的加权值以递增的方式，依次找出加权值最小的边来构建最小生成树，并且每次添加的边不能造成生成树有回路，直到找到 *N*−1 条边为止。当边比较少且无负权边时，可考虑用此法。现以图 5.37 所示的无向图为例来说明。

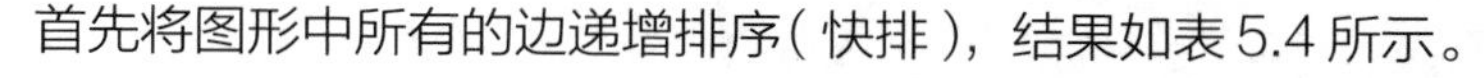

首先将图形中所有的边递增排序（快排），结果如表 5.4 所示。

表 5.4

邻接边	(4,5)	(1,3)	(1,5)	(2,3)	(1,4)	(2,5)	(3,5)	(3,4)	(2,4)	(1,2)
加权值	2	3	4	5	6	7	9	10	11	14

第一步，将 (4,5) 加入生成树中，如图 5.38 所示。

第二步，将 (1,3) 加入生成树中，如图 5.39 所示。

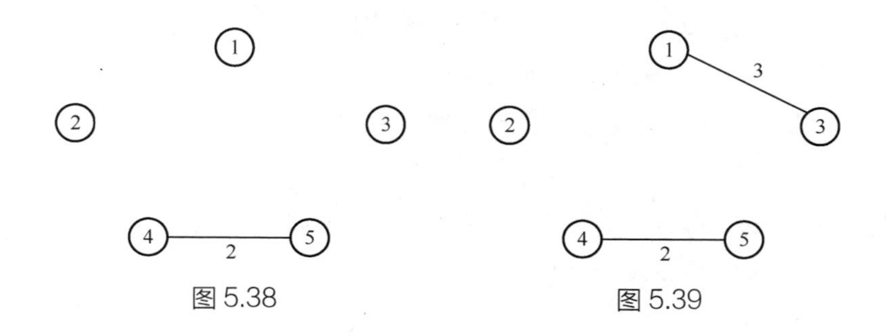

图 5.38　　　　图 5.39

第三步，将 (1,5) 加入生成树中，如图 5.40 所示。

第四步，将 (2,3) 加入生成树中，如图 5.41 所示。

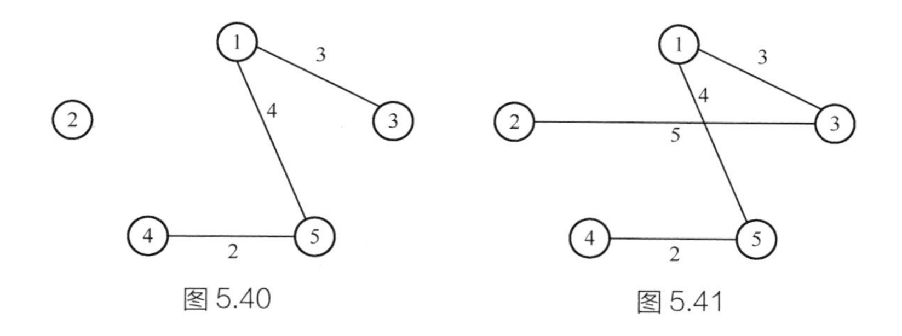

图 5.40　　图 5.41

由于共有 5 个顶点，现在生成树已有 4 条边，生成树建立完成，加权值总和为 14。

其实这个例子容易造成只要排序后加 $N-1$ 条边就可以的错觉。然而，在很多条件下情况并非如此，比如图 5.42 所示的这个例子。

这就需要使用并查集算法（参见本书第 8 章）来判断两个顶点是否属于同一棵树从而判断是否应该将相应边加入。

即每加一条边时，你需要考虑以下问题。

（1）它是不是剩下边中最短的一条。

（2）加入它会不会造成图中有回路。

下面以图 5.43 所示的无向图为例进行说明。

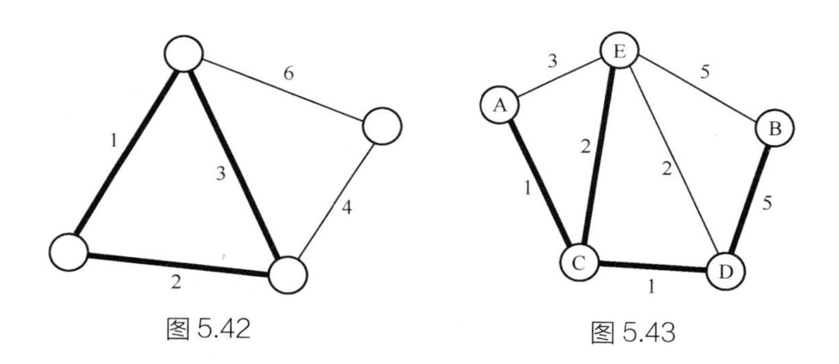

图 5.42　　图 5.43

先让每个节点的父节点 dad[ ] = 自身编号。

第一次加入 (A,C) 边，C 的父节点设为 A。

第二次加入 (C,D) 边，D 的父节点设为 C，而 C 的父节点是 A，则 D 的父节点也为 A。

第三次加入 (C,E) 边，同理，E 的父节点为 A。

第四次加入 (D,E) 边，因为 D、E 的父节点都为 A，表示 E、D 在一个分支中，会形成回路，所以拒绝加入。

第五次加入 (A,E) 边，因为 A、E 的父节点都为 A，所以拒绝加入。

第六次加入 (B,D) 边，D 的父节点为 A。

完整的参考程序如下。

```
1  //Kruskal 算法
2  #include <bits/stdc++.h>
3  using namespace std;
4  const int MAXN=2000;
5
6  int n,e;                                      //点数和边数
7  int x[MAXN],y[MAXN],w[MAXN];                  //x 存储边的起点，y 存储终点，w 存储边的权值
8  int dad[MAXN];                                //每个节点属于的父节点集合
9
10 void QuickSort(int i,int j)                   //对边的权值进行快排，可用 STL 里的 sort()
11 {
12   if(i>=j)
13     return;
14   int m=i,n=j;
15   int k=w[(i+j)>>1];
16   while(m<=n)
17   {
18     while(w[m]<k) m++;
19     while(w[n]>k) n--;
20     if(m<=n)
21     {
22       swap(x[m],x[n]);
23       swap(y[m],y[n]);
24       swap(w[m],w[n]);
25       m++;
26       n--;
27     }
28   }
29   QuickSort(i,n);
30   QuickSort(m,j);
31 }
32
33 int Getfather(int x)                          //查找节点 x 属于的集合
34 {
35   //如 dad[x]=x，则 x 本身即树根，返回 x，否则返回 x 的父节点 dad[x] 所在树的根节点
36   return dad[x]==x?x:dad[x]=Getfather(dad[x]);
37 }
38
39 void Kruskal()                                //Kruskal 算法
40 {
41   for(int i=1; i<=n; i++)
42     dad[i]=i;                                 //初始化节点的集合
43   int count=1,ans=0;                          //count 为加入的顶点数，设为 1
44   for(int i=1; i<=e; i++)                     //枚举每一条边
45     if(Getfather(x[i])!=Getfather(y[i]))//如边的两顶点不在同一集合，则加入
46     {
47       ans+=w[i];                              //加入这条边并统计其权值
48       dad[Getfather(x[i])]=y[i];        //合为同一父节点集合，此处取 y[i] 的值
49       count++;
50       if(count==n)                      //取了 n-1 条边，注意 count 初始为 1
51       {
52         cout<<ans<<"\n";
```

```
53              return;
54          }
55      }
56  }
57
58  int main()
59  {
60    cin>>n>>e;                                    // 输入节点数和边数
61    for(int i=1; i<=e; i++)
62      cin>>x[i]>>y[i]>>w[i];
63    QuickSort(1,e);                               // 将边按权值大小排序
64    Kruskal();
65    return 0;
66  }
```

5.3.2 Prim 算法

Prim（普里姆）算法是一种基于"贪心"的求最小树算法，其规则是以开始时生成树的集合为起始的顶点，然后找出与生成树集合邻接的边中权值最小的边来构建生成树。为了确保新加入的边不会造成回路，对于每一个新加入的边，只允许有一个顶点在生成树集合中。重复执行相应步骤，直到找到 $N-1$ 条边为止。

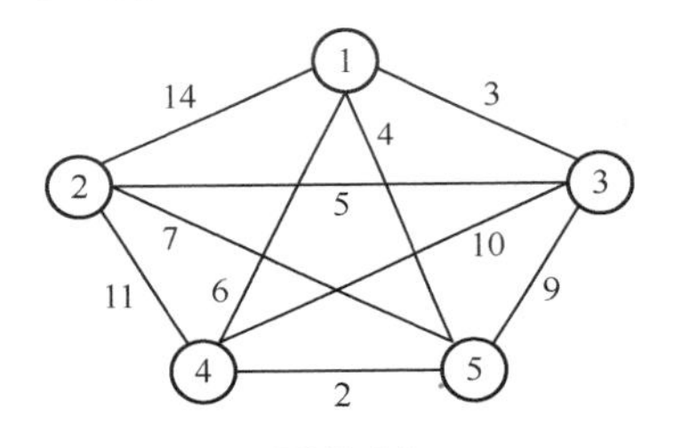

图 5.44

Prim 算法适合稠密图，其时间复杂度为 $O(n^2)$，其时间复杂度与边的数目无关。而 Kruskal 算法的时间复杂度为 $O(eloge)$，跟边的数目有关，适合稀疏图。下面以图 5.44 所示的无向图为例进行说明。

设有数组 mincount[ ]，其中 mincount[i] 表示集合 U 中的顶点到集合 U 外的顶点 i 的最小边权值。设 mincount[1] = 0，则因为 mincount[1] = 0 最小，将顶点 1 放入集合 U，即 U={1}，此时与集合相邻的边为{(1,2),(1,3),(1,4),(1,5)}，更新 mincount[2] 、mincount[3]、mincount[4]、mincount[5] 的值，如图 5.45 所示。

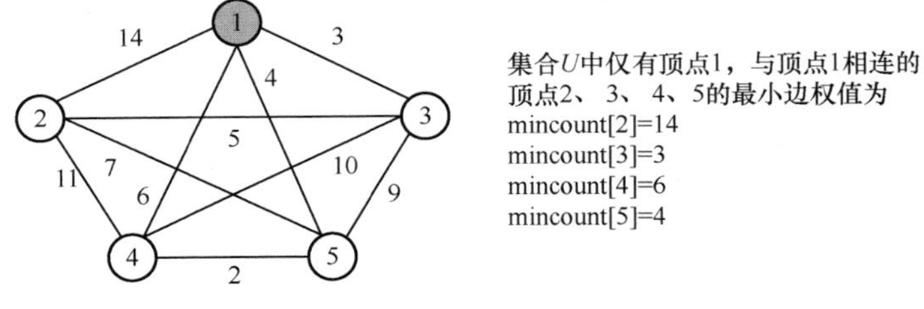

图 5.45

由于 mincount[3] = 3 的值最小，将顶点 3 加入集合 U，即 U = {1,3}。此时与顶点 3 相邻的顶点为 2、4、5，更新 mincount[2]、mincount[4]、mincount[5] 的值，如图 5.46 所示。

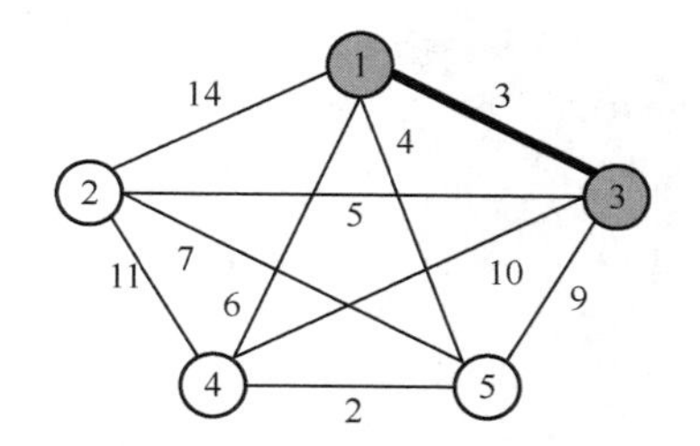

U={(1,3}，更新与顶点3相连的顶点2、4、5的最小边权值为
mincount[2]=5
mincount[4]=6（因为6＜10）
mincount[5]=4（因为4＜9）

图 5.46

由于 mincount[5] = 4 最小，将顶点 5 加入集合 *U*，即 *U* = {1,3,5}。此时与顶点 5 相邻的顶点为 4、2，更新 mincount[4]、mincount[2] 的值，如图 5.47 所示。

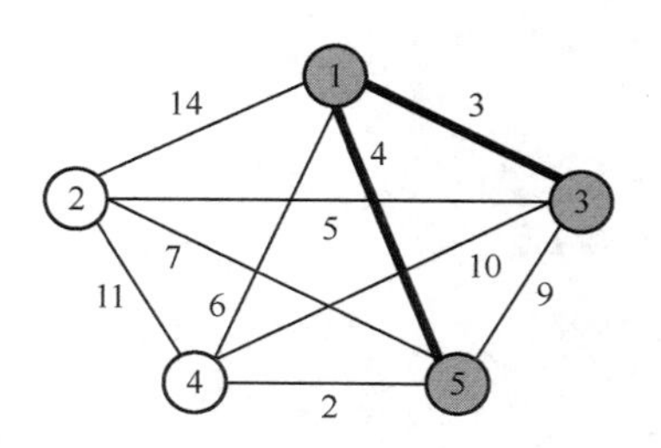

U={(1,3,5}，更新与顶点5相连的顶点2、4的最小边权值为
mincount[2]=5（因为5＜7）
mincount[4]=2

图 5.47

由于 mincount[4] = 2 最小，将顶点 4 加入集合 *U*，即 *U* = {1,3,4,5}，此时与顶点 4 相邻的顶点为 2，更新 mincount[2] 的值，如图 5.48 所示。

此时仅剩一个顶点 2，连接顶点 2，如图 5.49 所示。

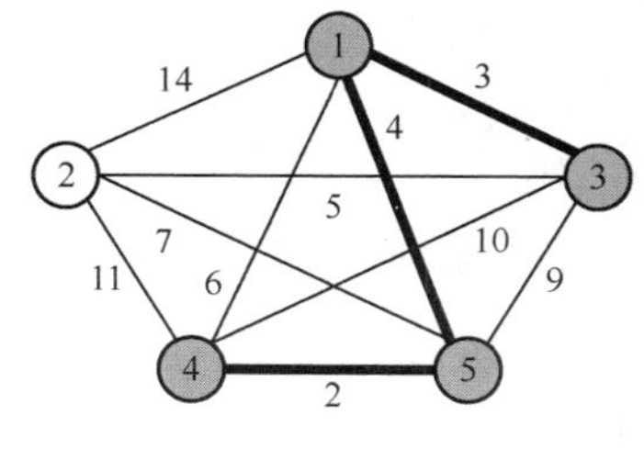

U={(1,3,4,5}，更新与顶点4相连的顶点2的最小边权值为
mincount[2]=5（因为5＜11）

图 5.48

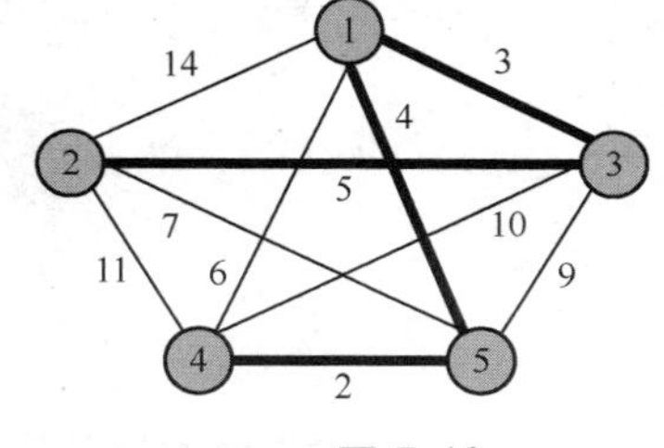

图 5.49

参考程序如下。

```
1   //Prim 算法的演示程序   无向图
2   #include <bits/stdc++.h>
3   using namespace std;
4   const int MAXN=2001;
5   const int INF=0x7f;
6
7   int w[MAXN][MAXN];                       //两顶点之间边的权值
8   int mincount[MAXN];                      //mincount[i] 表示从集合顶点到顶点 [i] 的最小权值
9   int n,e,x,y,W;
10
11  void Prim(int star)
```

```
12  {
13    int count=0,k;                          //count 为生成树所有边的权值和
14    for(int i=1; i<=n; i++)                 // 计算每个点到 star 点的最小权值
15      mincount[i]=w[star][i];
16    mincount[star]=0;                       // 此处设加入集合的 mincount 为 0
17
18    for(int i=1; i<n; i++)
19    {
20      int Min=INF;
21      for(int j=1; j<=n; j++)               // 找到集合外最小权值的边
22        if(mincount[j]!=0 && mincount[j]<Min)// 集合外的 mincount 不等于 0
23        {
24          Min=mincount[j];
25          k=j;                              // 最小权值的边的顶点存入 k
26        }
27      mincount[k]=0;                        // 把这个顶点加入最小生成树中
28      count+=Min;                           // 将这条边权值加入最小生成树中
29
30      for(int j=1; j<=n; j++)               // 修正集合外的点到 k 点的最小权值
31        mincount[j]=min(mincount[j],w[k][j]);
32    }
33    cout<<count<<"\n";
34  }
35
36  int main()
37  {
38    memset(w,127,sizeof(w));               // 设所有边的权值为无穷大
39    cin>>n>>e;
40    for(int i=1; i<=e; i++)
41    {
42      cin>>x>>y>>W;
43      w[x][y]=W;
44      w[y][x]=W;
45    }
46    Prim(1);                               // 从标号为 1 的顶点开始构造生成树
47    return 0;
48  }
```

5.4 最短路问题

5.4.1 Dijkstra 算法

■ 405002 地图

【题目描述】地图（map）

有一张地图类似图 5.50 所示。现在要从 A 节点出发，找到一条最短的路径到其他各节点，试编程解决该问题。

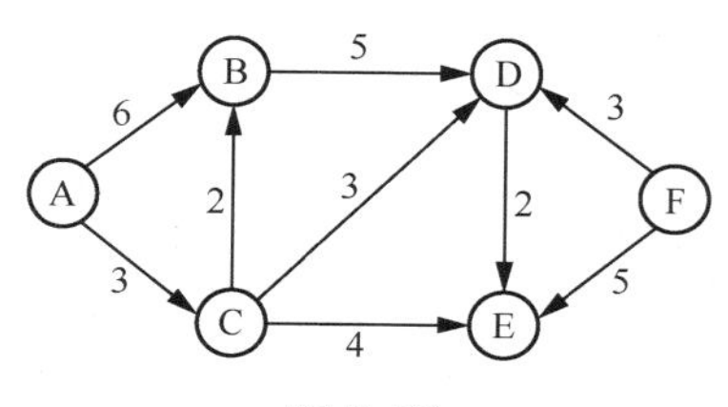

图 5.50

【输入格式】

输入有若干行，第一行为一个整数 n，依次表示节点 A、节

点 B、节点 C……

随后 n 行，每行有 n 个数，分别表示某节点与其他节点之间路径的长度，如果两个节点间没有路径则以 −1 表示。

【输出格式】

输出 n 行，每行一个整数，依次表示对应节点到其他各节点的最短路径。

【输入样例】

```
6
-1 6 3 -1 -1 -1
-1 -1 -1 5 -1 -1
-1 2 -1 3 4 -1
-1 -1 -1 -1 2 3
-1 -1 -1 -1 -1 5
-1 -1 -1 -1 -1 -1
```

【输出样例】

```
0
5
3
6
7
9
```

【数据规模】

对于 40%的数据，保证有 $n < 100$；

对于 60%的数据，保证有 $n < 256$；

对于全部的数据，保证有 $n \leqslant 1501$。

【算法分析】

解决此题可以采用 Dijkstra（迪杰斯特拉）算法，下面以样例来说明。

首先，将 A 节点作为起点，标记为已访问，从 A 节点出发（A 节点到 A 自身的距离为 0），找出所有和 A 邻近，且其间有路径的地点，即 B 和 C。我们在 B 和 C 上标记现在的路径总和 w，则从 A 到 B 的路径总和为 6，从 A 到 C 的路径总和为 3，如图 5.51 所示。

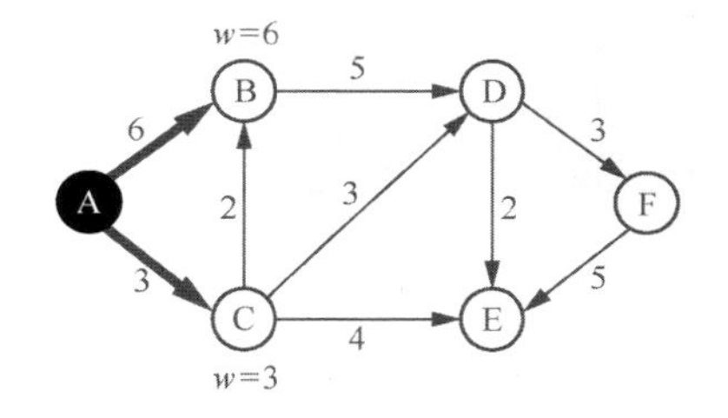

找出未标记且距离最短的节点C

节点	A	B	C	D	E	F
A至各节点距离	0	6	3	Max	Max	Max
标记已访问						

图 5.51

标记 C 节点为已访问（此时已确定了 A 节点到 C 节点的最短距离就是 3，因为 A 节点到 C 节点的另一条路是通过 B 节点出发走到 C 节点，但 A 节点到 B 节点的距离为 6，无论如何也不可能小于 3），再从路径总和最短的 C 出发（只有这样才能保证每个节点都能被更新成最小值），找出所有与 C 有路径且未标记的节点，即 B、D 和 E，更新 A 至各未标记节点的最短距离，这时我们会发现，从 A 经由 C 到达 B 的路径总和为 5，比 A 直接到 B 的距离 6 还短，所以我们决定选择从 A 经 C 到达 B，如图 5.52 所示。

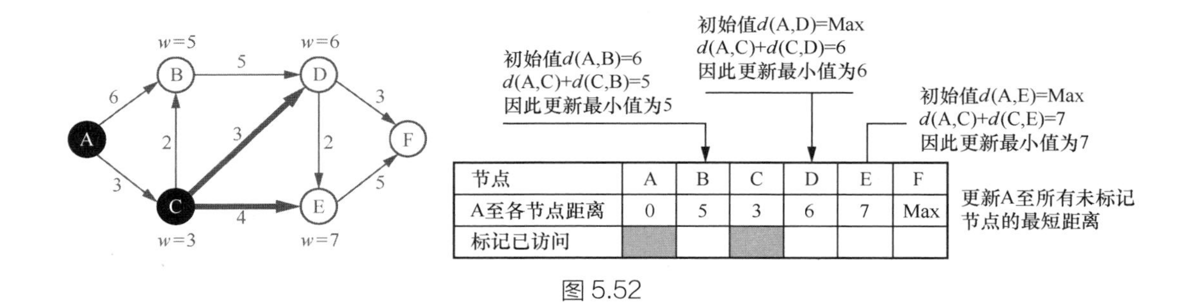

节点	A	B	C	D	E	F
A至各节点距离	0	5	3	6	7	Max
标记已访问						

图 5.52

此时未标记且路径最短的节点为 B，将 B 标为已访问（即 A 节点到 B 节点的最短距离已最终确定，这和之前确定 A 节点到 C 节点的最短距离同理），再找到与 B 节点有路径的所有未标记节点，即 D，更新 A 至所有未标记节点的最短路径。可以发现没有值被改变，如图 5.53 所示。

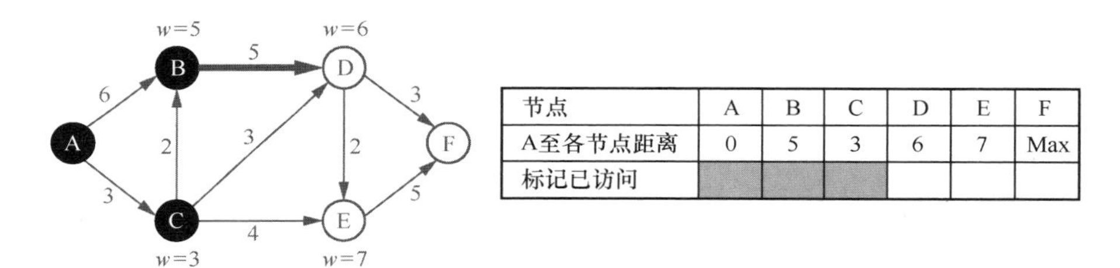

节点	A	B	C	D	E	F
A至各节点距离	0	5	3	6	7	Max
标记已访问						

图 5.53

此时未标记且路径最短的节点为 D，将 D 标为已访问，找到与 D 节点有路径的所有未标记节点，即 E 和 F，更新 A 至所有未标记节点的最短距离，如图 5.54 所示。

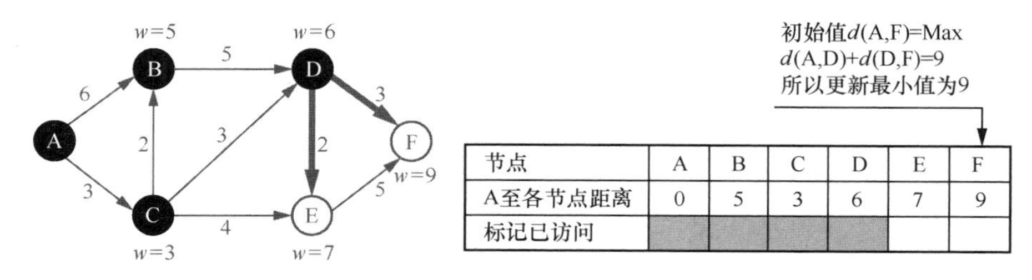

节点	A	B	C	D	E	F
A至各节点距离	0	5	3	6	7	9
标记已访问						

图 5.54

以此类推，最后结果为：从 A 到 B 的最短距离为 5，从 A 到 C 的最短距离为 3，从 A 到 D 的最短距离为 6，从 A 到 E 的最短距离为 7，从 A 到 F 的最短距离为 9，如图 5.55 所示。

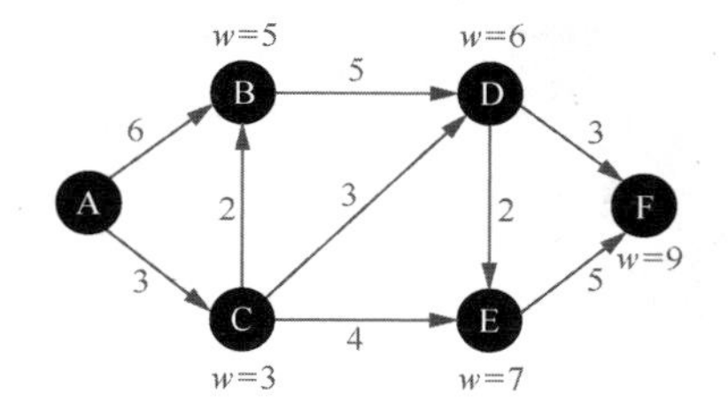

节点	A	B	C	D	E	F
A至各节点距离	0	5	3	6	7	9
标记已访问						

图 5.55

参考代码如下。

```
//Dijkstra 算法
#include <bits/stdc++.h>
using namespace std;
const int MAX=1<<30;
const int MAXN=1510;

int n;
int Map[MAXN][MAXN];                        // 存储图
int visit[MAXN];                            // 设置访问标记
int d[MAXN];                                // 保存起点到各节点的最短距离

void Dijkstra(int x)                        // 求从 x 到其他节点的单源最短路径
{
  int Min,p;
  for(int i=1; i<=n; i++)                   // 预处理起点 x 到各节点的最短距离
    d[i]=Map[x][i];
  visit[x]=1;                               // 设起点为已访问过
  d[x]=0;                                   // 自身到自身距离为 0
  for(int i=1; i<n; i++)
  {
    Min=MAX;                                // 最短距离初始设为无穷大
    for(int j=1; j<=n; j++)
      if(!visit[j] && Min>d[j])             // 找没查找过的路径最短的节点
      {
        p=j;                                // 定位路径最短的节点
        Min=d[j];
      }
    visit[p]=1;                             // 将路径最短节点设为已访问
    for(int j=1; j<=n; j++)                 // 更新从第一个节点未查找节点的最短距离总和
      if(!visit[j] && Min+Map[p][j]<d[j])//Map[x][p]+Map[p][j] 的值更优
        d[j]=Min+Map[p][j];
  }
  for(int i=1; i<=n; i++)                   // 输出从起点 x 到任意点的最短距离
    cout<<d[i]<<'\n';
}

int main()
{
  cin>>n;                                   //n 个节点
  for(int i=1; i<=n; i++)                   // 读入图
```

```
41        for(int j=1; j<=n; j++)
42        {
43          cin>>Map[i][j];
44          if(Map[i][j]==-1)                    //若不存在路径
45            Map[i][j]=MAX;                     //则为+∞，计算时小心溢出
46        }
47      Dijkstra(1);
48      return 0;
49    }
```

5.4.2 Dijkstra 算法的堆优化

朴素的 Dijkstra 算法使用邻接矩阵来实现，其外循环执行 $n-1$ 次，内循环执行 n 次，时间复杂度为 $O(n^2)$。在数据量大的情况下，可以手写小根堆来存储，从而使复杂度降低到 $O(n\log n)$，也可以使用 STL 的优先队列模拟堆优化以简化代码的复杂度，参考程序如下。

```
1     //地图　使用优先队列模拟 Dijkstra 堆优化（本题中，此代码和手写二叉堆速度相当）
2     #include <bits/stdc++.h>
3     using namespace std;
4     const int MAX=0x3f3f3f3f;
5
6     priority_queue<pair<int,int>,vector<pair<int,int> >,greater<pair<int,int> > >q;
7     struct Edge
8     {
9       int w,to,nxt;
10    } e[5001000];                                   //结构体数组要足够大
11    int n,m,cnt,head[1510],dis[1510];
12    bool vis[1510];
13
14    void AddEdge(int u,int v,int w)
15    {
16      e[++cnt]=Edge {w,v,head[u]};
17      head[u]=cnt;
18    }
19
20    void Dijkstra(int start)
21    {
22      memset(dis,127/2,sizeof(dis));
23      q.push(make_pair(0,start));
24      dis[start]=0;
25      while(!q.empty())
26      {
27        int Now=q.top().second;
28        q.pop();
29        if(vis[Now])
30          continue;
31        vis[Now]=1;
32        for(int i=head[Now]; i; i=e[i].nxt)
33          if(dis[Now]+e[i].w<dis[e[i].to])
34          {
```

```
35          dis[e[i].to]=dis[Now]+e[i].w;           // 即 dis(start,Now)+dis(Now,to)
36          q.push(make_pair(dis[e[i].to],e[i].to));
37        }
38    }
39  }
40
41  int main()
42  {
43    scanf("%d",&n);
44    for(int i=1; i<=n; i++)                          // 读入图
45      for(int j=1; j<=n; j++)
46      {
47        cin>>m;
48        if(m!=-1)
49          AddEdge(i,j,m);
50      }
51    Dijkstra(1);
52    for(int i=1; i<=n; i++)
53      printf("%d\n",dis[i]);
54    return 0;
55  }
```

■ **同步练习**

银行转账（网站题目编号：405003）

5.4.3 Floyd 算法

如想求得每对顶点之间的最短路径，我们可以以一个顶点为源点，重复执行 Dijkstra 算法 n 次，其时间复杂度是 $O(n^3)$。

另外一种算法是 Floyd（弗洛伊德）算法，其本质是动态规划，时间复杂度也是 $O(n^3)$，但形式较简单。

设 D[i][j] 为从 i 点至 j 点的最短路径，则其动态转移方程如下。

$D[i][j] = \min(D[i][j], D[i][k] + D[k][j]) (1 \leqslant k \leqslant n)$

现以一道例题来演示 Floyd 算法。

■ **405004 最少交通费用问题**

【题目描述】最少交通费用问题（cost）

某游乐城内有 N 个活动场所，某些活动场所之间有公路连接，任意两个场所可以通过公路直接或者间接到达，并且有公路连接的任意两个场所之间，来回使用的交通工具不一样，所以费用也不一样。琪儿和琳琳在 A 场所时，琳琳有点累，想休息一下，此时琪儿只能单独去 B 场所，请设计一条 A 到 B 来回交通费用最少的线路。

【输入格式】

第一行有两个数 N、M（$N < 100$，为场所个数，M 用于描述场所间交通路线图）。

第二行至第 $M+1$ 行分别有 3 个数字，前两个为场所编号，第三个为交通费用。

第 $M+2$ 行有两个数字，为两个求解的场所编号。

【输出格式】

一个整数（最少交通费用）。

【输入样例】

3 5
1 2 4
2 1 6
1 3 11
3 1 3
2 3 2
1 2

【输出样例】

9

【算法分析】

此题为多源最短路径问题，使用 Floyd 算法求解即可。样例数据如图 5.56 所示。

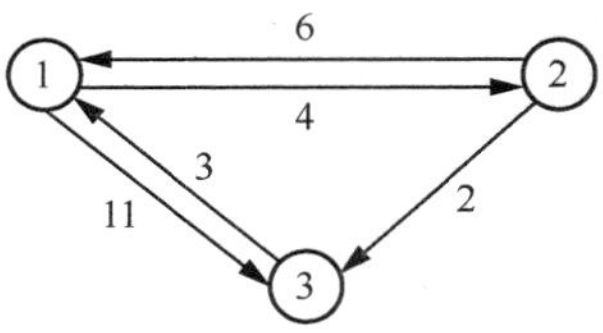

图 5.56

参考代码如下。

```
//最少交通费用问题  Floyd 算法
#include <bits/stdc++.h>
using namespace std;
const int MAXN=101;

int n;
int a[MAXN][MAXN];

void Floyd()
{
  for(int k=1; k<=n; k++)                    //注意 k 在最外层循环
    for(int i=1; i<=n; i++)
      for(int j=1; j<=n; j++)
        if(a[i][k]+a[k][j]<a[i][j])
          a[i][j]=a[i][k]+a[k][j];
}

int main()
{
  memset(a,60,sizeof(a));                     //赋值为 1010580540
  int m,u,v,s,t;
  cin>>n>>m;
  for(int i=1; i<=m; i++)
  {
    cin>>u>>v;
```

```
26            cin>>a[u][v];
27        }
28        cin>>s>>t;
29        Floyd();
30        cout<<a[s][t]+a[t][s]<<endl;
31        return 0;
32    }
```

注意循环变量 k 必须放在最外层，而不能放在最内层。因为如果将其放在最内层，就会过早地把 i 到 j 的最短路径确定下来，那么当后面存在更短的路径时，i 到 j 的最短路径却已经不能再更新了。例如计算图 5.57 所示 A→B 的最短路径。

如果我们在最内层检查所有节点 k，那么对于 A→B，我们只能发现一条路径，就是 A→B，路径值为 9。而这显然是不正确的，真正的最短路径应该是 A→D→C→B，最短路径值为 6。

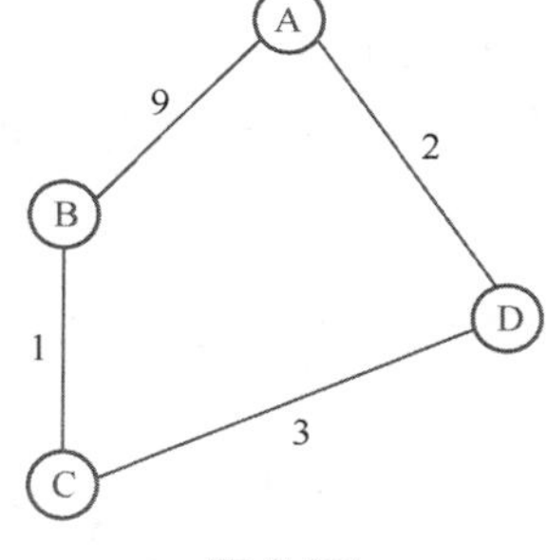

图 5.57

■ 同步练习

- 医院设置（网站题目编号：405005）
- 最优乘车（网站题目编号：405006）
- 最短路径计数（网站题目编号：405007）

5.4.4 最小环问题

■ **405008 旅游**

【题目描述】旅游（tour）HDU 1599

已知省内有 N 个景区，景区之间有一些双向的路线连接，小光想找一条旅游路线，这条路线从 A 点出发并且最后回到 A 点，假设经过的路线为 $V_1,V_2,\cdots,V_K,V_1$。那么必须满足 $K>2$，也就是说除了出发点至少要经过两个其他不同的景区，而且不能重复经过同一个景区。请你帮他找出一条这样的路线，并且花费越少越好。

【输入格式】

第一行数据是两个整数 N 和 M（$N \leqslant 100$，$M \leqslant 1000$），分别代表景区的个数和路线的条数。

接下来的 M 行里，每行包括 3 个整数 a、b、c，代表 a 和 b 对应的景区之间有一条路线，并且需要花费 c（$c \leqslant 100$）元。

【输出格式】

对于每个测试实例，如果能找到这样一条路线，则输出花费的最小值；如果找不到，则输出“It's impossible.”。

【输入样例】

3 3
1 2 1
2 3 1

1 3 1

3 3

1 2 1

1 2 3

2 3 1

【输出样例】

3

It's impossible.

【算法分析】

最小环问题可以用 Floyd 算法解决：枚举每一个点 k，和与它相连的两个点 i、j，使 i、j、k 构成环，如图 5.58 所示。设 dis[i][j] 表示从 i 点到 j 点的最短路径，g[i][j] 表示从 i 点到 j 点的权值，则 ans=min(ans,dis[i][j] + g[k][i] + g[k][j])。

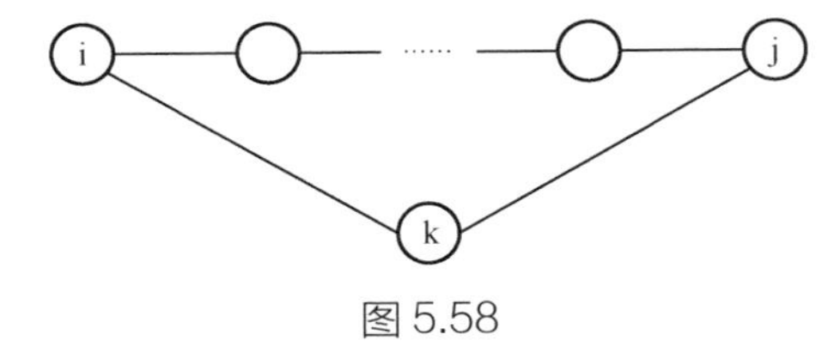

图 5.58

此环分成如下两部分。

（1）i→j，该路径不经过 k。

（2）i→k→j，其中 i 的权值≠ j 的权值。

参考程序如下，注意代码中是先求最小环，再更新最短路径，如果先更新了最短路径，i→k→j 可能就会被优化而不存在了。

```
1  //旅游
2  #include <bits/stdc++.h>
3  using namespace std;
4  const long long INF=1<<30;
5
6  long long n,m;
7  long long dis[105][105],g[105][105];
8
9  void Floyd()
10 {
11   long long ans=INF;
12   for(int i=1; i<=n; i++)
13   {
14     for(int j=1; j<=n; j++)
15       for(int k=1; k<=n; k++)
16         if(j!=i&&k!=i&&j!=k)
17           ans=min(ans,dis[j][k]+g[j][i]+g[i][k]);      //注意要先求最小环
18     for(int j=1; j<=n; j++)
19       for(int k=1; k<=n; k++)
20         dis[j][k]=min(dis[j][k],dis[j][i]+dis[i][k]); //再更新dis[j][k]
21   }
22   if(ans==INF)
23     puts("It's impossible.");
24   else
25     printf("%lld\n",ans);
26 }
```

```
27
28  int main()
29  {
30    long long u,v,w;
31    while(~scanf("%lld%lld",&n,&m))
32    {
33      for(int i=1; i<=n; i++)
34        for(int j=1; j<=n; j++)
35          dis[i][j]=g[i][j]=INF;
36      for(int i=0; i<m; i++)
37      {
38        scanf("%lld%lld%lld",&u,&v,&w);
39        dis[u][v]=min(dis[u][v],w);                    //注意重边
40        dis[v][u]=dis[u][v];
41        g[u][v]=g[v][u]=dis[u][v];
42      }
43      Floyd();
44    }
45    return 0;
46  }
```

Floyd 算法不能用于负权边，因为包含“负环”的图上，dis[i][j] 已经不能保证 i 到 j 的路径上不会经过同一个点多次了。

■ **同步练习**

汽车拉力赛（网站题目编号：405009）

5.4.5 Bellman-Ford 算法

用 Dijkstra 算法求有向图的单源最短路径，条件是图中任意一条边都是正权边。但在求单源最短路径中可能存在有负权边的有向图，这时 Dijkstra 算法就不适用了，因为总可以顺着“最短路径”再穿过负权回路从而得到更小的最短路径。解决这种问题，需要使用 Bellman-Ford（贝尔曼 - 福特）算法。

我们通过实例逐步分解 Bellman-Ford 算法来理解其本质，例如根据图 5.59 求顶点 1 到其他各点的最短距离。

设 W[i][j] 为各顶点之间的距离，则其邻接数组如图 5.60 所示。

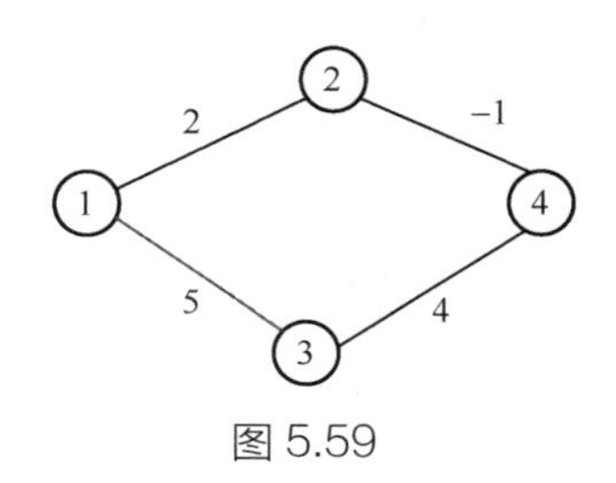

图 5.59

j	i			
	1	2	3	4
1	∞	2	5	∞
2	2	∞	∞	-1
3	5	∞	∞	4
4	∞	-1	4	∞

图 5.60

设 D[i] 为从顶点 1 至顶点 i 的最短距离，设 D[1] = 0，其他各元素值为无穷大，则初始化的

数组如图 5.61 所示。

索引	1	2	3	4
D[i]	0	∞	∞	∞

图 5.61

现在进行迭代求解，反复对每条边进行松弛操作，使得 D[i] 的值逐步逼近实际值。

对于松弛操作，可以这么理解：想象之前有一根橡皮筋连接 a、b 两点，现在有 v 点到 b 点的距离更短，则把橡皮筋连接的 a 点换成 v 点，使得 v、b 连接在一起，这样缓解了橡皮筋紧绷的状态，使橡皮筋变得松弛。

（1）求 D[2] 的值。

因为 D[1] + W[1][2] < D[2] + W[2][2] < D[3] + W[3][2] < D[4] + W[4][2]，所以 D[2] = D[1] + W[1][2] = 2。

（2）求 D[3] 的值。

因为 D[1] + W[1][3] < D[2] + W[2][3] < D[3] + W[3][3] < D[4] + W[4][3]，所以 D[3] = D[1] + W[1][3] = 5。

（3）求 D[4] 的值。

因为 D[2] + W[2][4] < D[1] + W[1][4] < D[3] + W[3][4] < D[4] + W[4][4]，所以 D[4] = D[2] + W[2][4] = 1。

可以看到，我们共进行了 3 次（即 $n-1$ 次）松弛操作，每次松弛操作确定了一条最短路径，D 数组值如图 5.62 所示。

索引	1	2	3	4
D[i]	0	2	5	1

图 5.62

继续进行松弛操作（仍然是 $n-1$ 次）以检查是否存在负权边。如发现 D[i] 的值仍然可以继续变小，则说明存在负权边并退出，否则输出最短路径。显然，我们很容易就可以看出：D[4] + W[4][2] < D[4]，这足以说明该图存在负权边了。

综上所述，Bellman-Ford 算法的流程分为 3 个阶段。

（1）初始化：将除源点外的所有顶点的最短距离估计值设为无穷大，即 D[i] = + ∞，D[sourse] = 0。

（2）迭代求解：反复对每条边进行松弛操作，使得每个顶点的最短距离 D[i] 估计值逐步逼近实际值（运行 $n-1$ 次）。

（3）检验负权回路：通过松弛操作判断每一条边的两个顶点是否收敛。如果存在不收敛的顶点，则返回 false，表明问题无解；否则返回 true，并且输出 D[i] 的值。

松弛操作基于"三角形两边和大于第三边"这条著名的定理，通常不用 Bellman-Ford 算法来求单源点最短路径。但是由于 Bellman-Ford 算法适用于负权边，并且能够判断图中是否存在负权环，所以在一些特殊的情况下会用到这种算法。

我们通过下面这道例题给出 Bellman-Ford 算法的标准程序。

■ 405010 虫洞

【题目描述】虫洞（hole）UVA 558

虫洞是太空中连接两个星系的子空间通道。虫洞有一些特别的性质。

（1）虫洞是单向通道。

（2）通过虫洞的用时可忽略。

（3）虫洞有两个口，每个口都在星系里。

（4）从太阳系出发总是能通过一系列的虫洞到达任何其他星系。

（5）对于任何一对星系，其间每个方向上至多有一个虫洞。

（6）没有任何一个虫洞的两个口在同一个星系里。

所有虫洞都有自己恒定的时差，例如，某个虫洞可以让人到未来15年后，另一个虫洞可能让人回到42年前。

一个科学家想通过虫洞研究宇宙诞生时的“大爆炸”，她希望到达一个虫洞环（虫洞环是首尾相连的虫洞）并在环上走一圈后回到过去。如此一来，她只要在环上通行足够多次，就能回到宇宙的开端，亲眼看到“大爆炸”。编写一个程序帮助她找到这样的虫洞环。

【输入格式】

第一行为星系个数 n（$1 \leqslant n \leqslant 1000$）和虫洞个数 m（$1 \leqslant m \leqslant 2000$）。星系编号为0（太阳系）到 $n-1$。下面 m 行描述 m 个虫洞，格式均为 $x\ y\ t$。其中 x、y 是虫洞两个口位于的星系编号，t（$-1000 \leqslant t \leqslant 1000$）为虫洞的时差。

【输出格式】

如果找到合适的虫洞环，则输出Possible，否则输出Not possible。

【输入样例1】

```
3 3
0 1 1000
1 2 15
2 1 -42
```

【输出样例1】

```
Possible
```

【输入样例2】

```
4 4
0 1 10
1 2 20
2 3 30
3 0 -60
```

【输出样例2】

```
Not possible
```

【算法分析】

我们以星系为顶点、虫洞为边作图G，由于“虫洞是单向通道”，说明G为有向图；“从太阳系出发总是能通过一系列的虫洞到达任何其他星系”，说明从源点出发能到达任何其他顶点；

“对于任何一对星系，其间每个方向上至多有一个虫洞”说明 G 不含平行边；“没有任何一个虫洞的两个口在同一个星系里”，说明 G 不含自环。所以，G 是一个简单带权有向图，且每个顶点都是源点可到达的。

本题要求判断是否存在虫洞环，实际是判断 G 是否存在负权回路。如果存在负权回路，则通过反复通行该负权回路，即可回到无限的过去。

Bellman-Ford 算法的参考程序如下。

```
1   //虫洞
2   #include <bits/stdc++.h>
3   using namespace std;
4   const int INF=0x3f3f3f3f;
5
6   int n,m;
7   int d[1005],v[2005],u[2005],w[2005];
8
9   bool Bellman()
10  {
11    for(int i=1; i<1005; i++)                    //注意 d[0]=0
12      d[i]=INF;
13    for (int i=0; i<n-1; i++)                    //松弛 n-1 次
14      for (int j=0; j<m; j++)                    //检查每条边
15        if (d[v[j]]<INF)
16          d[u[j]]=min(d[u[j]],d[v[j]]+w[j]);     //w[j] 为 v[j] 到 u[j] 的距离
17    for (int i=0; i<m; i++)                      //检查负边权
18      if (d[v[i]]<INF && d[u[i]]>d[v[i]]+w[i])
19        return true;
20    return false;
21  }
22
23  int main()
24  {
25    scanf("%d%d", &n, &m);
26    for (int i=0; i<m; i++)
27      scanf("%d%d%d", &v[i], &u[i], &w[i]);
28    printf("%s\n", Bellman()?"Possible":"Not possible");
29    return 0;
30  }
```

■ **同步练习**

游戏厅的路（网站题目编号：405011）

5.4.6 SPFA 及优化

SPFA（Shortest Path Faster Algorithm，最短路径快速算法）是 Bellman-Ford 算法的进一步优化，其实质与 Bellman-Ford 算法一样，每次都要更新最短距离的估计值。但 SPFA 对 Bellman-Ford 算法优化的关键之处在于意识到：只有那些在前一遍松弛中改变了距离估计值

的点，才可能引起它们的邻接顶点的距离估计值的改变。

实际编写代码时，我们是通过队列来缩小搜索范围的。首先将各点距离估计值设为 + ∞，并将起点加入队列。如果起点通过队列中的点 i 到其相邻点 j 的距离小于原来起点到点 j 的距离，即 d[j] > d[i] + w[i][j]，则 d[j] = d[i] + w[i][j]，并将 j 点加入队列。当队列为空时，即已求出从起点到任意点的最短距离。为了防止一个点多次同时出现在队列里，需要对点进行标记以确定点是否存在于队列中。

下面以求图 5.63 中 V_0 到各点的最短距离的过程为例，说明 SPFA 的运行过程。

初始时 V_0 入队，$dis[V_0] = 0$，其余为无穷大，如图 5.64 所示。

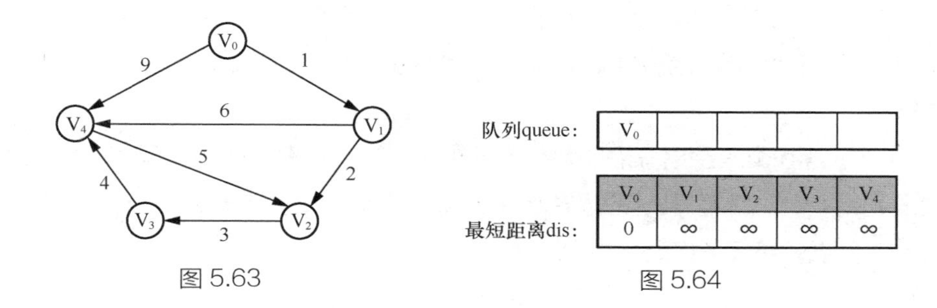

图 5.63　　图 5.64

V_0 与 V_1 和 V_4 间有路径且能使路径更短，则 V_0 出队，V_1 和 V_4 入队，$dis[V_1] = 1$，$dis[V_4] = 9$，如图 5.65 所示。

V_1 与 V_2 和 V_4 间有路径且能使路径更短，但 V_4 已在队列，所以 V_1 出队，V_2 入队，此时：

$dis[V_1] + w[V_1][V_2] = 3 < dis[V_2]$，更新 $dis[V_2]$ 的值为 3；

$dis[V_1] + w[V_1][V_4] = 7 < dis[V_4]$，更新 $dis[V_4]$ 的值为 7，如图 5.66 所示。

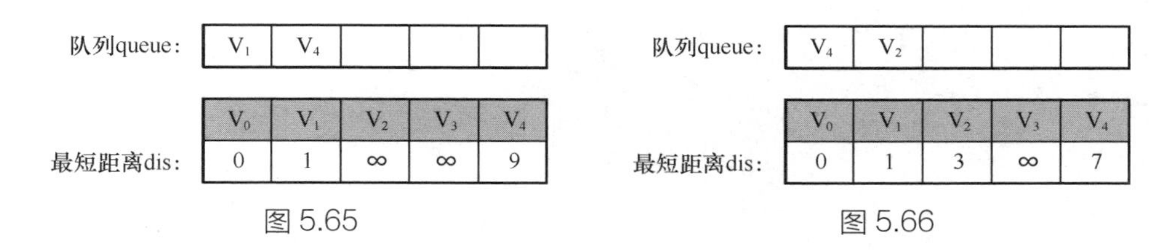

图 5.65　　图 5.66

队首的 V_4 与 V_2 间有路径，但 V_2 已在队列，所以 V_4 出队，如图 5.67 所示。

V_2 与 V_3 间有路径，V_2 出队，V_3 入队，$dis[V_2] + w[V_2][V_3] = 6 < dis[V_3]$，更新 $dis[V_3]$ 值为 6，如图 5.68 所示。

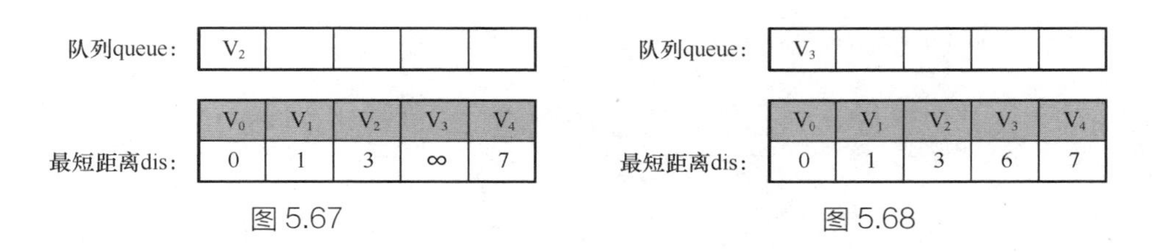

图 5.67　　图 5.68

V_3 出队，此时队列为空，V_0 到各点的最短距离已求出，如图 5.69 所示。

队列queue:

	V_0	V_1	V_2	V_3	V_4
最短距离dis:	0	1	3	6	7

图 5.69

需要说明的是，SPFA 中的点可能会在出队之后再次入队。

■ 405012 单源最短路径

【题目描述】单源最短路径（path）

对于一个有向图，请输出从某一点出发到所有点的最短路径长度。

【输入格式】

第一行包含 3 个整数 n、m、s，分别表示点、有向边的数量和起点的编号。

随后 m 行，每行包含 3 个整数 u、v、w，分别表示各有向边的起点、终点和长度。

【输出格式】

输出一行，包含 n 个用空格分隔的整数（行末无空格），其中第 i 个整数表示从起点（对应编号 s）出发到终点（对应编号 i）的最短路径长度（若 $s = i$，则最短路径长度为 0，若从起点无法到达终点，则最短路径长度为 2147483647）。

【输入样例】

```
4 6 1
1 2 3
2 3 4
2 4 5
1 3 6
3 4 7
1 4 8
```

【输出样例】

```
0 3 6 8
```

【数据规模】

对于 100% 的数据：保证数据随机，$n \leqslant 10000$，$m \leqslant 500000$。

【算法分析】

使用 SPFA 的参考程序如下。

```
1  //单源最短路径  SPFA
2  #include <bits/stdc++.h>
3  using namespace std;
4  const int INF=2147483647;
5  const int MAXN=10005;
6  const int MAXM=500005;
7
8  int n,m,s,tot,dis[MAXN],head[MAXN];
9  bool vis[MAXN];
10 queue<int> q;
```

```
11  struct Edge
12  {
13    int next,to,w;
14  } h[MAXM];
15
16  void AddEdge(int u,int v,int w)
17  {
18    h[++tot]=Edge {head[u],v,w};
19    head[u]=tot;
20  }
21
22  void SPFA()
23  {
24    for(int i=1; i<=n; i++)
25      dis[i]=(INF>>1);
26    q.push(s);
27    dis[s]=0;
28    vis[s]=1;
29    while(!q.empty())
30    {
31      int u=q.front();
32      q.pop();
33      vis[u]=0;                                     //vis[]=0 表示出队
34      for(int i=head[u]; i; i=h[i].next) // 寻找与 u 相连的边
35      {
36        int v=h[i].to;
37        if(dis[v]>dis[u]+h[i].w)                  // 如果能更改 dis 的值
38        {
39          dis[v]=dis[u]+h[i].w;
40          if(!vis[v])                             // 如果没有入队则入队
41          {
42            vis[v]=1;
43            q.push(v);
44          }
45        }
46      }
47    }
48  }
49
50  int main()
51  {
52    cin>>n>>m>>s;
53    for(int i=1,u,v,w; i<=m; i++)
54    {
55      cin>>u>>v>>w;
56      AddEdge(u,v,w);
57    }
58    SPFA();
59    for(int i=1; i<=n; i++)
60      printf("%d%c",dis[i]>=(INF>>1)?INF:dis[i],i==n?'\n':' ');
61    return 0;
62  }
```

需要注意的是：仅当图中不存在负权回路时，SPFA 能正常工作。如果图中存在负权回路，由于负权回路上的顶点无法收敛，总有顶点在入队和出队，队列无法为空，这种情况下 SPFA 无法正常结束。

判断负权回路的方法很多，常用的方法是记录每个节点入队次数，超过 n 次表示有负权回路。

还有种方法是记录节点在路径中所处的位置 ord[i]，每次更新的时候 ord[i] = ord[x] + 1，若超过 n，则表示有负权回路。第二种方法在速度上要优于第一种方法。

■ 405013 畅通工程

【题目描述】畅通工程（path）laoj 1138

某市的道路四通八达，不过道路多了也不好，每次要从一个城镇到另一个城镇时，都有许多种道路方案可以选择，而某些方案要比另一些方案的距离短很多，这让人很困扰。

现在已知起点和终点，请你计算出从起点到终点的最短距离。

【输入格式】

第一行包含两个正整数 N 和 M（$0 < N < 200$，$0 < M < 1000$），分别代表现有城镇的数目和已修建的道路的数目。城镇分别以 0 ~ N−1 编号。

接下来是 M 行道路信息。每一行有 3 个整数 A、B、X（$0 \leqslant A, B < N$，$A \neq B$，$0 < X < 10000$），表示城镇 A 和城镇 B 之间有一条长度为 X 的双向道路。

再下一行有两个整数 S、T（$0 \leqslant S, T < N$），分别代表起点和终点。

【输出格式】

输出最短距离。如果不存在从起点到终点的路线，就输出 −1。

【输入样例 1】

```
3 3
0 1 1
0 2 3
1 2 1
0 2
```

【输出样例 1】

```
2
```

【输入样例 2】

```
3 1
0 1 1
1 2
```

【输出样例 2】

```
-1
```

【算法分析】

注意本题可能有节点为 0 的顶点，并且有可能两个城镇之间有多条道路。

使用邻接矩阵数据结构的参考程序如下。

```
1   //畅通工程  数组模拟队列的 SPFA
2   #include <bits/stdc++.h>
3   using namespace std;
4   const int MAX=0x3f3f3f3f;
5   int Line[10010], dis[205], w[205][205], b[205][205];
6   bool vis[205];
7   int n,m,s,t;
8
9   void SPFA(int s)
10  {
11    for(int i=0; i<=n; i++)
12      dis[i]=MAX;
13    dis[s]=0;                                    //队列的初始状态，s 对应起点
14    vis[s]=1;
15    Line[1]=s;
16    int v, head=0, tail=1;
17    while (head<tail)                            //队列不为空时
18    {
19      v=Line[++head];                            //取队首元素
20      vis[v]=0;                                  //释放节点，出队
21      for(int i=1; i<=b[v][0]; i++)
22        if (dis[b[v][i]] > dis[v]+w[v][b[v][i]])
23        {
24          dis[b[v][i]] = dis[v]+w[v][b[v][i]];   //修改最距离
25          if (vis[b[v][i]]==0)                   //扩展节点入队
26          {
27            Line[++tail]=b[v][i];
28            vis[b[v][i]]=1;
29          }
30        }
31    }
32  }
33
34  int main()
35  {
36    cin>>n>>m;
37    int x,y,z;
38    for(int i=0; i<m; i++)
39    {
40      cin>>x>>y>>z;
41      if (w[x][y]!=0 && z>w[x][y])               //保留两顶点间距离最短的一条路
42        continue;
43      b[x][++b[x][0]]=y;                       //b[x,0] 表示以 x 为一个节点的边的数量
44      b[y][++b[y][0]]=x;
45      w[x][y]=w[y][x]=z;
46    }
47    cin>>s>>t;
48    SPFA(s);
```

```
49    printf("%d\n",dis[t]==MAX?-1:dis[t]);
50    return 0;
51  }
```

SLF 优化（即 Small Label First 策略）：对于一个要加入队列中的点 j，假如有 dis[j] < dis[i]（i 表示队首元素），就把当前元素插入队首，否则将其插入队尾。SLF 可使速度提高 15%~20%。

LLL 优化（即 Large Label Last 策略）：求当前队列中所有元素的 dis 的平均数 x，假如 dis[i] > x，那么将 i 插入队尾，继续查找下一个元素，直到找到 dis[i] ≤ x。SLF 优化 + LLL 优化可提高程序运行速度约 50%。

竞赛时，通常采取这种策略：如果 dis[j] ≤ dis[i + 1]，那么将 i + 1 表示的元素与 j 的元素交换。这种策略实现起来简单，而且速度也不慢。

目前，SPFA 在业界存在着很多争议，主要集中在使用 SPFA 有可能因一些特殊数据而导致时间复杂度恶化，通过对 SPFA 进行优化可以避免部分失分。一般情况下，建议使用 Dijkstra 优化算法。

对 SPFA 的另一种优化方法是使用 DFS，绝大多数情况下的时间复杂度为 $O(m)$。其核心思想为每次更新一个节点时，从该节点开始递归进行下一次迭代。相比队列，DFS 有着先天优势：在环上走一圈，回到已遍历过的节点即有“负环”。

参考程序如下。

```
1   //畅通工程  SPFA 优化
2   #include <bits/stdc++.h>
3   using namespace std;
4   const int MAX=0x3f3f3f3f;
5   
6   int dis[201], w[201][201], b[201][201];
7   
8   void SPFA(int s)
9   {
10    for(int i=1; i<=b[s][0]; i++)
11      if (dis[b[s][i]]>dis[s]+w[s][b[s][i]])
12      {
13        dis[b[s][i]]=dis[s]+w[s][b[s][i]];
14        SPFA(b[s][i]);
15      }
16  }
17  
18  int main()
19  {
20    int n,m,s,t,x,y,z;
21    cin>>n>>m;
22    for(int i=0; i<m; i++)
23    {
24      cin>>x>>y>>z;
25      if(w[x][y]!=0 && z>w[x][y])
```

```
26          continue;
27        b[x][++b[x][0]]=y;                           //b[x][0] 统计顶点 x 连的边数
28        b[y][++b[y][0]]=x;                           //b[y][0] 统计顶点 y 连的边数
29        w[x][y]=w[y][x]=z;
30      }
31      cin>>s>>t;
32      for(int i=1; i<=n; i++)
33        dis[i]=MAX;
34      dis[s]=0;
35      SPFA(s);
36      printf("%d\n",dis[t]==MAX?-1:dis[t]);
37      return 0;
38    }
```

■ **同步练习**

路径统计（网站题目编号：405014）

5.5 拓扑排序

5.5.1 拓扑排序介绍

一项任务由若干个子任务组成，这些子任务之间存在一种先后关系，即某些子任务必须在其他一些任务完成之后才能开始。我们用一个有向图来表示任务间的关系，子任务为顶点，任务之间的先后关系为有向边，这种有向图称为顶点表示活动的网络，又称为 AOV（Activity On Vertex）网。在 AOV 网中，如果有一条从顶点 V_i 到 V_j 的路径，则说 V_i 是 V_j 的前驱，V_j 是 V_i 的后继。如果有连接顶点 V_i 和 V_j 的有向边，即弧 (V_i,V_j)，则称 V_i 是 V_j 的直接前驱，V_j 是 V_i 的直接后继。

拓扑排序是指把 AOV 网中所有顶点排成一个线性序列，如果有弧 (V_i,V_j)，则序列中顶点 V_i 在 V_j 之前。

现以实例来说明。

有 N（$1 \leqslant N \leqslant 26$）个学员，编号依次为 A、B、C、D……，队列训练时，教师要把一些学员从高到矮依次排成一行。但现在教师不能直接获得每个人的身高信息，只能获得“某某比某某高”这样的比较结果，例如 A 高于 B、B 高于 D、F 高于 D 等。

学员的身高关系对应一张有向图，图中的顶点对应学员，学员的身高关系图如图 5.70 所示。

我们需要对学员按照身高进行排序，即对有向图的顶点进行拓扑排序。注意：有环图是不能进行拓扑排序的，如图 5.71 所示。

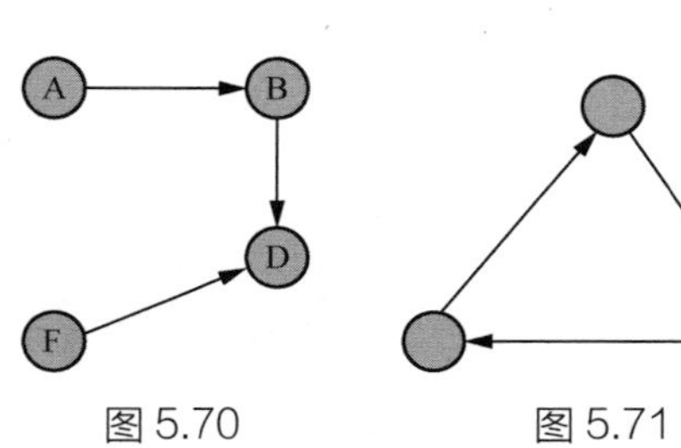

图 5.70　　图 5.71

拓扑排序的方法如下。

（1）从图中选择一个入度为 0 的顶点且输出（一个顶点的入度是指与其关联的各边之中，以其为终点的边数，出度则是指以该顶点为起点的边数）。

（2）从图中删除该顶点及其所有由该顶点为起点的边（即与之相邻的所有顶点的入度减 1）。

（3）反复执行上面两个步骤，直到整个拓扑排序完成。若再没有入度为 0 的顶点，说明有环无解。

例如图 5.72 所示的学员身高关系图。

开始时，A、B 入度均为 0，任选一点例如 B（由此可看出，拓扑排序的结果可能并不唯一），将 B 输出，并删除 B 顶点及其出边，如图 5.73 所示。

此时 A、H 入度均为 0，任选一点例如 H，将 H 输出，并删除 H 顶点及其出边，如图 5.74 所示。

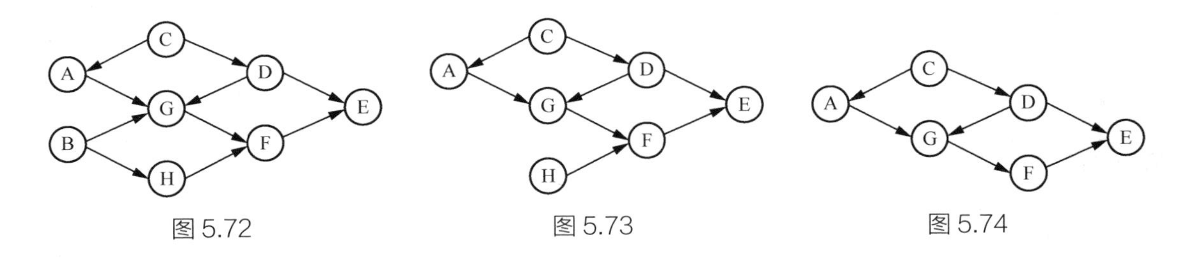

图 5.72　　图 5.73　　图 5.74

使用此方法直到所有顶点均被删除，原图按顶点输出顺序形成的一种拓扑排序为 BHACDGFE（可能有多种拓扑排序）。

■ 405015 确定比赛名次

【题目描述】确定比赛名次（ranking）HDU 1285

有 N 个编号依次为 1、2、3……N 的队伍参赛，比赛结束后，裁判委员会要将所有参赛队伍从前往后依次排名，但裁判委员会只知道每场比赛的输赢结果。

【输入格式】

输入的第一行为两个数 N（$1 \leqslant N \leqslant 500$）和 M。其中 N 表示队伍数，M 表示接下来有 M 行的输入数据。接下来的 M 行输入数据中，每行有两个整数 P_1 和 P_2，表示 P_1 队赢了 P_2 队。

输入数据保证是正确的，即输入数据确保一定能有一个符合要求的排名。

【输出格式】

输出一个符合要求的排名。输出时队伍编号之间以空格分隔，最后一名后面没有空格。

注意符合条件的排名可能不是唯一的，此时要求输出时编号小的队伍在前。

【输入样例】

```
4 3
1 2
2 3
4 3
```

【输出样例】

1 2 4 3

【算法分析】

简单的拓扑排序模板题，使用队列实现的参考程序（效率不高）如下。

```
// 拓扑排序  使用队列实现（也可以使用数组模拟堆栈实现）
#include <bits/stdc++.h>
using namespace std;
const int MAXN=501;

bool w[MAXN][MAXN];                  //w[i][j] 表示边 (i,j) 是否存在
int ind[MAXN],n,m,a,b;               //ind[] 保存节点入度
queue<int>q;                         // 队列保存拓扑排序后路径

void TopoSort()
{
  for(int i=1; i<=n; i++)
    for(int j=1; j<=n; j++)          // 找到编号最小的、入度为 0 的节点
      if(ind[j]==0)
      {
        q.push(j);                   // 该节点入队
        ind[j]=-1;
        for(int k=1; k<=n; ++k)
          if(w[j][k])                // 处理和该节点相关的节点
          {
            ind[k]--;                // 相关节点的入度减 1
            w[j][k]=0;               // 删边
          }
        break;
      }
}

int main()
{
  cin>>n>>m;                         // 输入节点数和边数
  for(int i=0; i<m; i++)
  {
    cin>>a>>b;
    if(w[a][b]==0)                   // 避免重复的数据输入
    {
      w[a][b]=true;                  // 标记连边
      ind[b]++;                      // 入度加 1
    }
  }
  TopoSort();                        // 拓扑排序
  while(!q.empty())                  // 输出拓扑排序
  {
    printf("%d%c",q.front(),q.size()==1?'\n':' ');
    q.pop();
  }
  return 0;
```

```
47  }
```

使用优先队列优化的参考程序片段如下，请试着完善它。

```
1   void TopoSort(int n)
2   {
3     priority_queue<int,vector<int>,greater<int> > q;
4     for(int j=1; j<=n; j++)
5       if(ind[j]==0)
6         q.push(j);
7     for(int i=1; i<=n; i++)
8     {
9       int t=q.top();
10      q.pop();
11      cout<<t<<(i==n?'\n':' ');                              //输出拓扑排序
12      for(int j=1; j<=n; j++)
13        if(w[t][j])
14        {
15          ind[j]--;
16          if(ind[j]==0)
17            q.push(j);
18        }
19    }
20  }
```

此外，使用 BFS 或 DFS 算法也可以实现拓扑排序，其中 DFS 算法实现的原理是对图进行 DFS 时节点的出栈顺序的反序即拓扑排序的结果，这就是 Kosaraju 算法（后文会讲）的另一个应用。但是使用 DFS 实现拓扑排序时，即使图中有环也依然会输出。如果要判断图中是否有环，需要添加其他的辅助数组。

使用 DFS 实现拓扑排序的伪代码为

```
1   void TopoSort(G)
2   {
3    1. 调用 DFS(G) 计算每个节点的完成时间 f[v];
4    2. 当对每个节点计算完成后，把节点插入链表前端；
5    3. 返回由节点组成的链表；
6   }
```

例如对图 5.75 所示的有向无环图（Directed Acyclic Graph，DAG）利用 DFS 进行拓扑排序，退出 DFS 函数的顺序为 e f g d c a h b，则此图的一个拓扑排序为 b h a c d g f e。

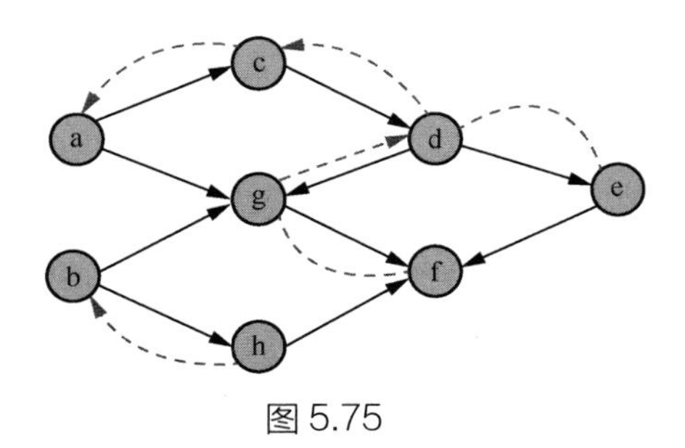

图 5.75

参考模板如下。

```
//拓扑排序  使用 DFS 实现
#include <bits/stdc++.h>
using namespace std;
const int MAXN=1001;

int List[MAXN],visit[MAXN],k;                    //使用数组保存拓扑排序
struct
{
  int n;                                         //保存相连的节点数
  int adjvex[MAXN];                              //保存相连的节点
} Edge[MAXN];

void DFS(int cur)
{
  int next;
  visit[cur]=-1;
  for(int i=0; i<Edge[cur].n; i++)               //遍历所有的连接边
  {
    next=Edge[cur].adjvex[i];                    //找到下一个连接边
    if(visit[next]==0)                           //如果没有访问过，则 DFS
      DFS(next);                                 //表示图中有环，输出-1
    else if(visit[next]==-1)                     //有边指向已访问过的节点
    {
      cout<<"-1"<<endl;
      exit(0);
    }
  }
  visit[cur]=1;
  List[--k]=cur;                                 //按节点完成顺序入列，逆序保存
}

int main()
{
  int n,e,a,b;
  cin>>n>>e;                                     //输入节点数 n 和边数 e
  for(int i=1; i<=n; i++)
    Edge[i].n=0;
  for(int i=0; i<e; i++)                         //输入边
  {
    cin>>a>>b;
    Edge[a].adjvex[Edge[a].n++]=b;
  }
  k=n;                                           //k 为数组的索引
  DFS(1);
  for(int i=0; i<n; i++)                         //输出拓扑排序
    cout<<List[i]<<" ";
  return 0;
}
```

■ **同步练习**

- 奖励（网站题目编号：405016）
- 松鼠的计划（网站题目编号：405017）
- 车站分级（网站题目编号：405018）
- 破译密文（网站题目编号：405019）
- 神经网络（网站题目编号：405020）
- 框架堆叠（网站题目编号：405021）

5.5.2 关键路径

应用拓扑排序的一个典型的例子就是关键路径（critical path）的计算。所谓关键路径可以这么理解，比如有一群人约好去某个地方，大家从同一个地方、同一时间开始出发，有些人选择骑车，有些人选择走路，有些选择坐公交车……，那么最晚到达的那个人走的路径就相当于关键路径。

又如完成某一项任务必须要完成 *N* 个子任务，完成每个子任务需要不同的时间，其中一些子任务必须以另一些子任务完成为基础，这种关系可以被表示成一个有向图，即 AOE（Activity On Edge）网。所谓 AOE 网是指用顶点表示事件，用弧表示活动，用弧上的权值表示活动持续的时间的有向图，图 5.76 所示的 AOE 网包括 11 项活动、9 个事件，每个事件都有所需的完成时间。

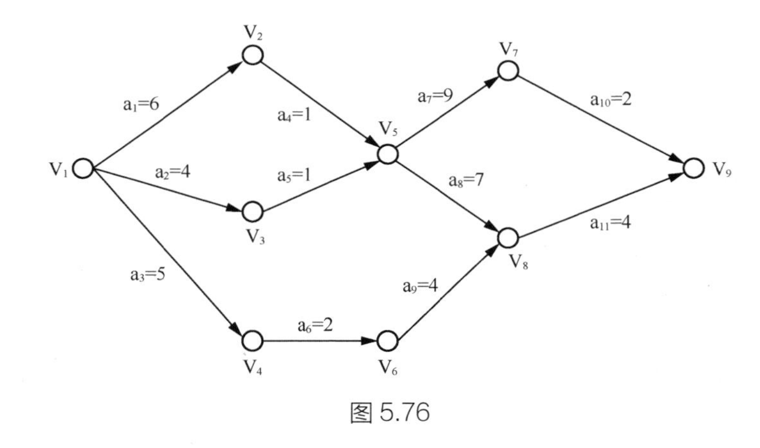

图 5.76

AOE 网的性质如下。

（1）只有在某顶点所代表的事件发生后，从该顶点出发的各有向边所代表的活动才能开始。

（2）只有在进入某顶点的各有向边所代表的活动都已结束后，该顶点所代表的事件才能发生。

（3）由于实际任务只有一个开始点和一个结束点，因此 AOE 网存在唯一的入度为 0 的开始点（又称源点）和唯一的出度为 0 的结束点（又称汇点）。

（4）AOE 网应当是无环的。

我们现在需要解决的问题如下。

（1）完成整项任务至少需要的时间（最短时间）。

（2）哪些活动是影响任务进度的关键（关键活动）。

用 $e(i)$ 表示活动最早开始时间，$l(i)$ 表示在不拖延整个工期的条件下，活动允许的最迟开始时间，则 $l(i)-e(i)$ 为完成该活动的时间余量。根据图 5.76 所示的样例可得出表 5.5（计算过程见后面的分析）。

表 5.5

时间	活动										
	a_1	a_2	a_3	a_4	a_5	a_6	a_7	a_8	a_9	a_{10}	a_{11}
$e(i)$	0	0	0	6	4	5	7	7	7	16	14
$l(i)$	0	2	3	6	6	8	7	7	10	16	14
$l(i)-e(i)$	0	2	3	0	2	3	0	0	3	0	0

若 $l(k) = e(k)$（$0 < k < 12$），则 a_k 活动就是关键活动，否则其为非关键活动。显然，关键活动的延期，会使整个任务延期，但非关键活动只要延期量不超过它的最大可利用时间，就不会影响整个工期。由此可得关键路径如图 5.77 所示。

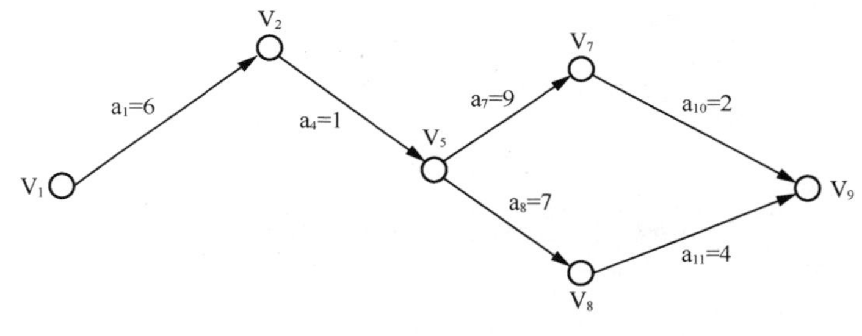

图 5.77

可以看出，源点和汇点的最晚时间和最早时间必定是相同的。

AOE 网的关键路径可以不止一条，图 5.77 中有两条关键路径，即 (v_1,v_2,v_5,v_7,v_9) 和 (v_1,v_2,v_5,v_8,v_9)，它们的长度都是 18。

现在的问题是：如何求得 $l(k)$ 和 $e(k)$ 呢？

先进行如下定义。

（1）设 AOE 网的起点为 v_1，终点为 v_n。

（2）设 AOE 网中，从事件 v_i 到 v_j 的路径中，活动时间最大者称为 v_i 到 v_j 的关键路径，记为 $cp(i, j)$。特别地，起点 v_0 到终点 v_n 的关键路径 $cp(0,n)$ 是整个 AOE 网的关键路径。

（3）设事件 v_i 的最早发生时间 $ve(i)$ 定义为：从起点到 v_i 的最大活动时间长度，即 $cp(0,i)$。

（4）设事件 v_i 的最晚发生时间 $vl(i)$ 定义为：在不拖延整个工期的条件下，v_i 可能的最晚发生时间，即 $vl(i) = ve(n)-cp(i,n)$。

（5）设弧 (v_i,v_j) 为活动 a_k，则活动 a_k 的最早开始时间 $e(k)$ 等于事件 v_i 的最早发生时间，即 $e(k) = ve(i) = cp(0,i)$。

（6）设弧 (v_i,v_j) 为活动 a_k，则活动 a_k 的最晚开始时间 $l(k)$ 定义为：在不拖延整个工期的条件下，该活动的允许的最晚开始时间，即 $l(k) = vl(j)-len(i, j)$，其中 $len(i, j)$ 是 a_k 的权值。

由定义（5）中的 $e(k) = ve(i) = cp(0,i)$ 和定义（6）中的 $l(k) = vl(j)-len(i, j)$ 可知，要求 $e(k)$ 和 $l(k)$ 的值，须先求出 $ve(i)$ 和 $vl(j)$ 的值。

（1）求事件 v_j 的最早发生时间 $ve(j)$ 需按拓扑次序递推，即计算 $ve(j)$ 前，应已求得 j 的各前驱节点的 ve 值。根据 AOE 网的性质，只有进入 v_j 的所有活动 (v_i,v_j) 都结束，v_j 代表的事件才能发生，所以 $ve(j) = \max\{ve(i) + len(i, j)\}$, 其中 $len(i, j)$ 为所有到达 v_j 的有向边集合，如图 5.78 所示。

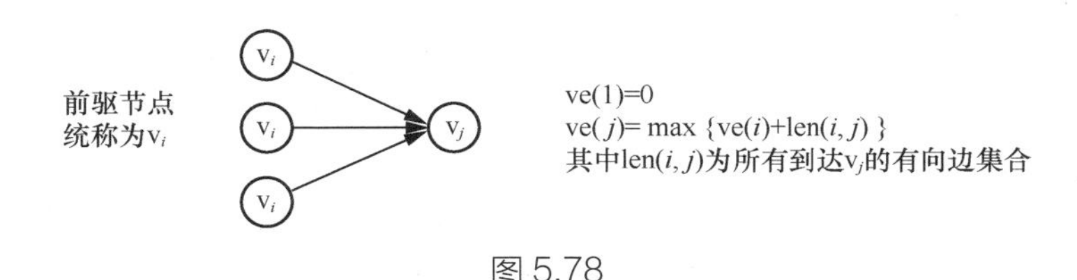

图 5.78

（2）求事件 v_j 的最晚发生时间 $vl(j)$ 需按逆拓扑次序递推，即计算 $vl(i)$ 前，应已求得 i 的各后继节点的 vl 值。可知为了不拖延 v_j 的最晚发生时间为 $vl(i) = \min\{vl(j)-len(i, j)\}$，如图 5.79 所示。

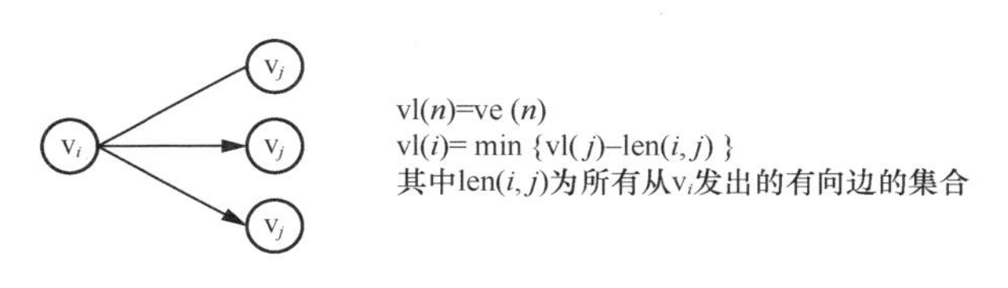

图 5.79

则根据图 5.76 的样例，推出 $ve(k)$ 和 $vl(k)$ 的过程如图 5.80 所示。

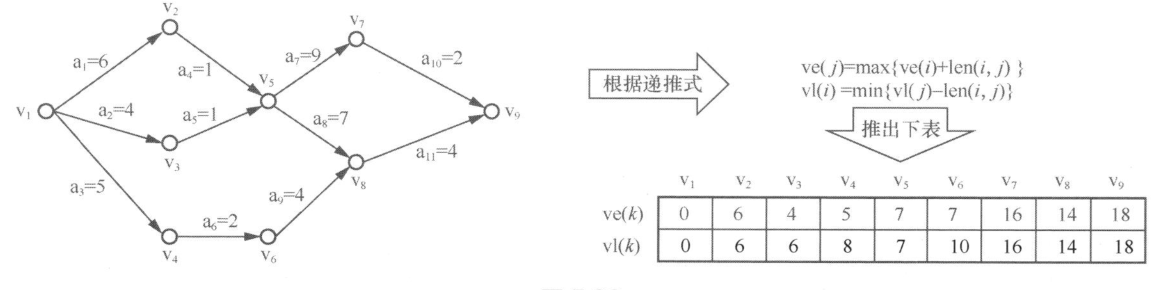

	v_1	v_2	v_3	v_4	v_5	v_6	v_7	v_8	v_9
ve(k)	0	6	4	5	7	7	16	14	18
vl(k)	0	6	6	8	7	10	16	14	18

图 5.80

根据 $e(k) = ve(i)$ 和 $l(k) = vl(j) - len(i, j)$，推出 $e(k)$ 和 $l(k)$ 如图 5.81 所示。

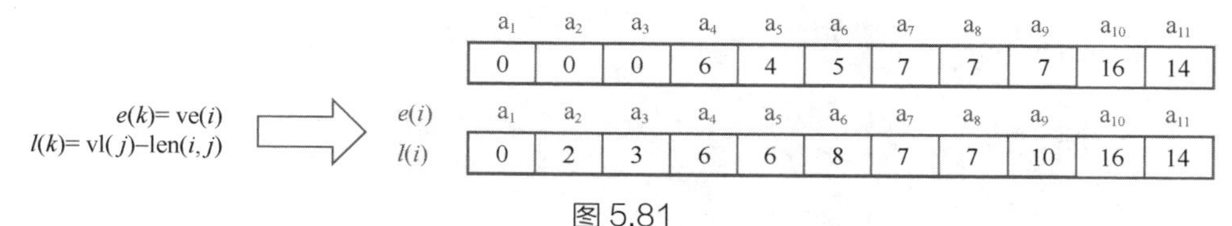

图 5.81

计算 ve(*i*) 和 vl(*i*) 的参考代码如下，试完善计算 *e*(*k*) 和 *l*(*k*) 的代码。

```
1   //关键路径
2   #include <bits/stdc++.h>
3   using namespace std;
4   const int MAXN=1e5;
5   const int MAXM=1e7;
6   
7   int p[MAXN],cnt;
8   int u,v,w;
9   struct Edge
10  {
11    int v,w,next;
12  } e[MAXM];
13  
14  void AddEdge(int u,int v,int w)                    //前向星建图
15  {
16    e[++cnt]=Edge {v,w,p[u]};
17    p[u]=cnt;
18  }
19  
20  struct queue                                        //手写双端队列
21  {
22    int head,tail,a[MAXN];
23    queue()
24    {
25      tail=1;
26    }
27    void push(int k)                                  //在队尾插入新元素
28    {
29      a[++tail]=k;
30    }
31    void pop()                                        //删除队首元素
32    {
33      ++head;
34    }
35    void pop_back()                                   //删除队尾元素
36    {
37      --tail;
38    }
39    int front()                                       //获取队首元素
40    {
41      return a[head];
42    }
43    int back()                                        //获取队尾元素
```

```
44    {
45      return a[tail];
46    }
47    bool empty()                                    // 判断队列是否为空
48    {
49      return head>tail;
50    }
51  } q;
52
53  //im[i] 表示入度，ve[i]、vl[i] 表示节点事件最早、最迟的开始时间
54  int N,M,im[MAXN],ve[MAXN],vl[MAXN];
55
56  void Init()
57  {
58    scanf("%d%d",&N,&M);                            // 输入事件数、活动数
59    for (int i=0; i<M; ++i)
60    {
61      scanf("%d%d%d",&u,&v,&w);                     // 从 u 节点到 v 节点的边的权值为 w
62      AddEdge(u,v,w);
63      ++im[v];                                      // v 的入度加 1
64    }
65  }
66
67  void Work()
68  {
69    // 拓扑排序正向更新 ve
70    for (int i=1; i<=N; ++i)                       // 查找入度为 0 的顶点并使其入队
71      if (!im[i])
72        q.push(i);
73    while(!q.empty())
74    {
75      u=q.front();                                 // 获取队首元素
76      q.pop();
77      for (int i=p[u]; i; i=e[i].next)
78      {
79        ve[e[i].v]=max(ve[e[i].v],ve[u]+e[i].w);
80        if (!(--im[e[i].v]))                       // 如果相邻节点的入度为 0 则使其入队
81          q.push(e[i].v);
82      }
83    }
84    // 反向更新 vl
85    q.head=1;
86    while(!q.empty())
87    {
88      u=q.back();                                  // 获取队尾元素
89      q.pop_back();
90      for (int i=p[u]; i; i=e[i].next)
91      {
92        if (!vl[e[i].v])
93          vl[e[i].v]=ve[e[i].v];
94        if (!vl[u])
95          vl[u]=vl[e[i].v]-e[i].w;                 // 没初始值时先取一个初始值
96        else
```

```
97            vl[u]=min(vl[u],vl[e[i].v]-e[i].w); //之后再依次比较得出最小值
98        }
99      }
100   }
101
102   int main()
103   {
104     Init();
105     Work();
106     for (int i=1; i<=N; ++i)                        //输出
107       printf("POINT[%d],ve[%d]=%d ,vl[%d]=%d\n",i,i,ve[i],i,vl[i]);
108     return 0;
109   }
```

■ **同步练习**

工程计划（网站题目编号：405022）

5.6 DAG最长路

在图论中，如果有向图无法从某个顶点出发经过若干条边回到该点，则这个图是有向无环图。

以图5.82为例，给一个带权有向无环图 G = (*V*,*E*)，找出图中最长路径。

将图5.82进行简单处理（一般需要拓扑排序）后，如图5.83所示。

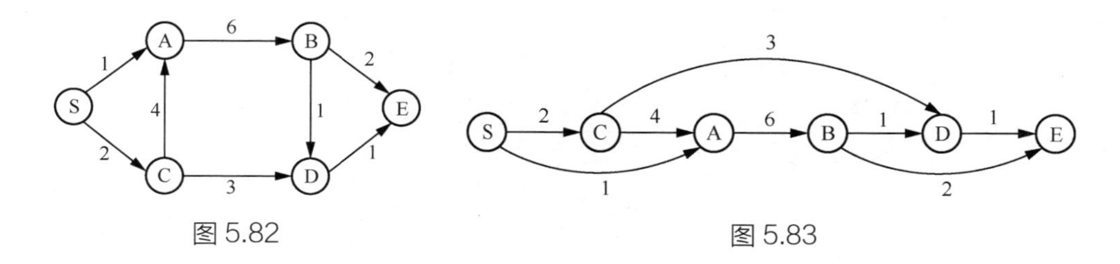

图5.82　　　　图5.83

设dp(v)表示以点v结尾的最长路径，以dp(D)为例，因为点D的入度边有CD和BD，则有：

dp(D) = max(dp(B) + 1,dp(C) + 3)

由此可知，DAG最长路问题的求解实际上是在拓扑排序后进行DP。

■ **405023 最长滑雪道**

【题目描述】最长滑雪道（skiing）2017 ACM-ICPC 亚洲区（乌鲁木齐赛区）网络赛

山顶雪场有 *m* 条滑雪道和 *n* 面标志旗，每两面标志旗之间的路径长度不同。一条可用的滑雪道将从一面标志旗开始，穿过几面标志旗，到某一面标志旗结束。

每条滑雪道都严格遵循高度降低的原则，并且起点严格高于终点，小光想找出最长的滑雪道。

【输入格式】

输入的第一行为一个整数 T，表示有 T 组数据。

每组数据的第一行有两个整数 n 和 m（$0 < n \leqslant 10000$，$0 < m \leqslant 100000$），表示滑雪道数和标志旗数。随后 m 行，每行有 3 个整数 S、T、L，表示滑雪道的起点、终点和长度。

【输出格式】

每组数据输出一个整数，表示最长的滑雪道。

【输入样例】

```
1
5 4
1 3 3
2 3 4
3 4 1
3 5 2
```

【输出样例】

```
6
```

【算法分析】

该题是一个简单的求 DAG 最长路问题，参考程序如下。

```
1   //最长滑雪道
2   #include <bits/stdc++.h>
3   using namespace std;
4   const int MAXN=10010;
5
6   vector<pair<int,int>>G[MAXN];             //邻接表，1st 存节点，2nd 存边权
7   int inDegree[MAXN];                       //统计每个节点的入度
8   int dp[MAXN];                             //从初始节点到第 i 个节点的最长路径和
9   int n,m;
10
11  void TopoSort()
12  {
13    queue<int>q;
14    while(!q.empty())
15      q.pop();                                     //清空队列
16    for(int i=1; i<=n; i++)                        //扫描节点
17      if(inDegree[i]==0)
18        q.push(i);                                 //使入度为 0 的节点入队
19    while(!q.empty())
20    {
21      int u=q.front();                             //取出队首节点
22      q.pop();                                     //删除该点
23      for(int i=0; i<G[u].size(); i++)             //遍历与点 u 相邻的边并将其删除
24      {
25        int v=G[u][i].first;
26        inDegree[v]--;
27        if(inDegree[v]==0)
```

```
28            q.push(v);                              //使入度为0的节点入队
29          dp[v]=max(dp[v],dp[u]+G[u][i].second);
30        }
31      }
32    }
33
34    int main()
35    {
36      int t;
37      scanf("%d",&t);
38      while(t--)
39      {
40        memset(inDegree,0,sizeof(inDegree));
41        memset(dp,0,sizeof(dp));
42        for(int i=1; i<=n; i++)
43          G[i].clear();
44        scanf("%d %d",&n,&m);
45        int u,v,w;
46        for(int i=0; i<m; i++)
47        {
48          scanf("%d%d%d",&u,&v,&w);
49          G[u].push_back(make_pair(v,w));
50          inDegree[v]++;
51        }
52        TopoSort();
53        int ans=-1;
54        for(int i=1; i<=n; i++)
55          ans=max(ans,dp[i]);
56        printf("%d\n",ans);
57      }
58      return 0;
59    }
```

■ **同步练习**

- 巴比伦塔（网站题目编号：405024）
- 矩形嵌套（网站题目编号：405025）
- 任务（网站题目编号：405026）

5.7 边和顶点的可行遍性

5.7.1 欧拉图

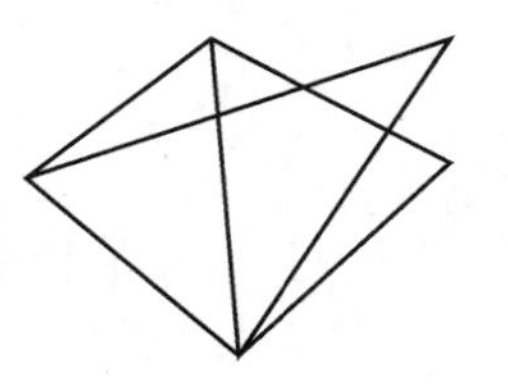
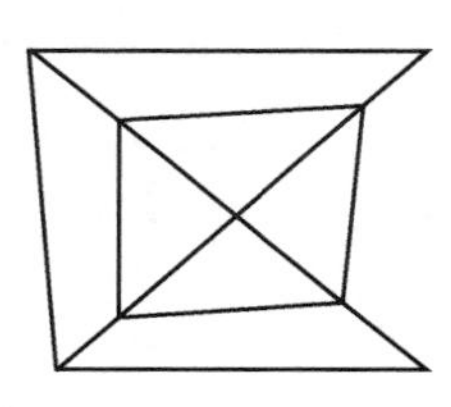

图 5.84

“一笔画”问题是指不能够走相同的路，但是必须把所有的路全走到。例如对于图 5.84 给出的两个图形，是否能够一笔画完成呢？若能，请找出一笔画的先后顺序；若不能，则输出“No solution”。

“一笔画”问题求解的算法步骤如下。

（1）建立邻接矩阵。

（2）算出每个顶点的度，并统计度为奇数的顶点（奇点）个数。

（3）若无奇点，则可从任意一点出发开始一笔画。

（4）若有两个奇点，则可从其中一个奇点出发开始一笔画。

（5）若奇点的个数超过两个，则不能实现一笔画。

参考程序如下。

```
1   // 一笔画
2   // 此程序样例与例图无关
3   #include <bits/stdc++.h>
4   using namespace std;
5
6   int graph[7][7]= {0,0,0,0,0,0,0,
7                     0,0,1,0,0,1,1,
8                     0,1,0,1,1,0,1,
9                     0,0,1,0,1,0,0,
10                    0,0,1,1,0,1,1,
11                    0,1,0,0,1,0,1,
12                    0,1,1,0,1,1,0};
13
14  int a[7],total,edge;              // 使用 a[] 保存每个顶点的度
15
16  int Draw(int v)
17  {
18    int k=0;
19    if(total==edge) return 1;       // 已经一笔画走完全部边
20    for(int i=1; i<7; i++)
21    {
22      if(graph[v][i]==1)
23      {
24        k=1;
25        graph[v][i]=0;
26        graph[i][v]=0;
27        edge+=2;
28        if(Draw(i))                 // 递归，如果可以继续画下去
29        {
30          printf("%3d",i);
31          return 1;
32        }
33        else
34        {
35          graph[v][i]=1;            // 恢复
36          graph[i][v]=1;
37          edge-=2;
38          k=0;
39        }
```

```
40        }
41      }
42      if(k==0) return 0;
43    }
44
45    int main()
46    {
47      int v,k=0;
48      for(int i=1; i<7; i++)
49      {
50        for(int j=1; j<7; j++)
51          if(graph[i][j]==1)
52            a[i]++;                        //统计每个顶点的度
53        total+=a[i];
54        if(a[i]%2==1)                      //统计奇点个数
55        {
56          k++;
57          v=i;
58        }
59      }
60      if(k>2)
61        printf("No solution\n");
62      else
63      {
64        Draw(v);                           //从任意一个奇点v出发
65        printf("%3d",v);
66      }
67      return 0;
68    }
```

实际上，能够一笔画完的图为欧拉图或半欧拉图。如果图能用一笔多起点开始，不重复通过同一条边而走遍全部边又回到起点，则为欧拉图；不能回到起点，但能走遍所有边，为半欧拉图。

如果连通图的所有顶点的度均是偶数，则其一定是欧拉图；反之，若一个连通图是欧拉图，则所有顶点的度均是偶数。如果连通图只有两个度为奇数的顶点，则其为半欧拉图。若要一笔画完半欧拉图，则必须以这两个奇点为起点和终点。

另外，如果一个图有 N 对奇点，则这个图必须要用 N 笔才能画成（没有一个图的奇点有奇数个）。

■ 405027 补天计划

【题目描述】补天计划（fence）USACO 3.3.1

“女娲号”飞船需要巡视以发现和修复破损的时空通道，这称为“补天计划”。

但是飞船从来不经过同一个时空通道两次。你必须编一个程序，读入时空通道的描述，并计算出一条巡视时空通道的路径，使每个时空通道都恰好被经过一次。飞船能从任何一个顶点（即两个节点的交点）开始出发，在任意一个顶点结束。

每一个时空通道连接两个顶点，顶点用 1 ～ 500 标号（虽然有的时空并没有 500 个顶点）。一个顶点上可连接任意多（≥ 1）个时空通道。所有时空通道都是连通的（也就是说你可以从任意一个顶点到达另外的所有时空通道）。

你的程序必须输出飞船的路径（用路径上依次经过的顶点号表示）。如果把输出的路径看作一个 500 进制的数，那么在存在多组解的情况下，输出 500 进制表示法中最小的一个（也就是输出第一位较小的数，如果还有多组解，输出第二位较小的数，以此类推）。

输入数据保证至少有一个解。

【输入格式】

输入的第一行为一个整数 F（$1 \leqslant F \leqslant 1024$），表示时空通道的数目。

随后每行输入两个整数 i、j（$1 \leqslant i, j \leqslant 500$）表示这条时空通道连接 i 号与 j 号顶点。

【输出格式】

输出应当有 $F + 1$ 行，每行有一个整数，依次表示路径经过的顶点号。注意数据可能有多组解，但是只有上面题目要求的那一组解是正确的。

【输入样例】

```
9
1 2
2 3
3 4
4 2
4 5
2 5
5 6
5 7
4 6
```

【输出样例】

```
1
2
3
4
2
5
4
6
5
7
```

【算法分析】

这道题是要求我们求出一条欧拉路，所以我们首先要判断图中是否有欧拉路。对于一个无向图，如果它每个点的度都是偶数，那么它存在一条欧拉路。欧拉路就是从图上的一点出发，必须经过所有的边且只能一次，最终回到起点的路径。如果有且仅有两个点的度为奇数，那么该图中存在一条欧拉路；如果超过两个点的度为奇数，那么该图中就不存在欧拉路。

由于题目中说数据保证至少有一个解，因此图中一定存在欧拉路。但是我们还要选一个点作为起点。如果没有点的度为奇数，那么任何一个点都能作为起点。如果有两个奇点，那么就只能以这两个点之一为起点，以另一个点为终点。但是我们要注意，题目要求我们输出的是进行进制转换之后最小的数（也就是输出第一位较小的数，如果还有多组解，输出第二位较小的数……），所以我们要以最小的点作为起点。

参考程序如下。

```
1   // 补天计划
2   #include <bits/stdc++.h>
3   using namespace std;
4   const int N=510;
5
6   int du[N],ans[N*3],Map[N][N];
7   int m,ans_tot,st;
8
9   void Init()
10  {
11    scanf("%d",&m);
12    for (int i=1,x,y; i<=m; i++)
13    {
14      scanf("%d%d",&x,&y);
15      Map[x][y]++;
16      Map[y][x]++;
17      du[x]++;
18      du[y]++;
19    }
20    for(int i=1; i<=500; i++)
21      if(du[i]%2==1)
22      {
23        st=i;
24        break;
25      }
26    if(st==0)
27       st=1;
28  }
29
30  void Dfs(int x)
31  {
32    for(int i=1; i<=500; i++)
33      if (Map[x][i])
34      {
35        Map[x][i]--;
```

```
36          Map[i][x]--;
37          du[i]--;
38          du[x]--;
39          Dfs(i);
40        }
41      ans[++ans_tot]=x;
42    }
43
44    int main()
45    {
46      Init();
47      Dfs(st);
48      for (int i=ans_tot; i>=1; i--)
49        printf("%d\n",ans[i]);
50      return 0;
51    }
```

■ **同步练习**

农场看守（网站题目编号：405028）

5.7.2 哈密尔顿环

欧拉图讨论的是边的可行遍性问题，与欧拉图相似的是哈密尔顿图，但它讨论的是顶点，即能够从一个顶点出发，对每个顶点仅经过一次（不要求经过所有的边，但不会有边被经过两次），又回到起始顶点。这样对图中每个顶点仅经过一次所形成的回路，称为哈密尔顿环。

哈密尔顿图的判断问题是典型的 NP（Non-deterministic Polynomial，非确定性多项式）完全问题，即多项式复杂程度的非确定性问题。数学界普遍认为此类问题不存在完整、精确而又不是太慢的求解算法。

哈密尔顿图的判断问题目前没有多项式时间内的解法，但有两个判定条件被证明是正确的。

（1）Dirac 定理：具有 n 个顶点的无向连通图 G，如果 G 中任意两个不同顶点的度之和大于或等于 n，则 G 具有哈密尔顿环，图 G 是哈密尔顿图。但该判定条件只是充分条件，即不满足定理条件的也可能存在哈密尔顿环。

（2）从哈密尔顿图 G 中取一个非空子集 S，则从 G 中删除 S 中的点以及这些点所关联的边后得到的子图中，其连通分支数小于或等于 S 中的元素个数。这个判定条件是必要条件，即如果不满足条件，就一定不是哈密尔顿图，但满足条件也不能说明图就是哈密尔顿图。

使用 DFS，能够求出图中的所有哈密尔顿环。

■ **405029 哈密尔顿环**

【题目描述】哈密尔顿环（circle）

有一张地图，可以将其看作一张无向图，试输出图中所有不重复的哈密尔顿环。

【输入格式】

输入的第一行数据为两个整数 n 和 m（$1 < n$，$m < 100$），表示顶点个数和边数。

随后 m 行，每行输入两个整数表示边的两个顶点。

【输出格式】

每行一串数字，表示一个哈密尔顿环。

【输入样例】

5 7
1 2
1 5
2 3
2 4
2 5
3 4
4 5

【输出样例】

1 2 3 4 5 1
1 2 4 5 1
1 2 5 1
2 3 4 2
2 3 4 5 2
2 4 5 2

【算法分析】

这是一道简单的求哈密尔顿环的模板题，参考程序如下。

```
1   //哈密尔顿环
2   #include <bits/stdc++.h>
3   using namespace std;
4   const int MAXN=1005;
5
6   int start,lent,g[MAXN][MAXN],num[MAXN],ans[MAXN];
7   bool val[MAXN],visit[MAXN];
8
9   void Out(int len)
10  {
11    for(int i=1; i<=len; i++)
12      printf("%d%c",ans[i],i==len?'\n':' ');
13  }
14
15  void Dfs(int last, int cur,int len)   //last 表示上次访问的点，cur 表示正访问的点
16  {
17    visit[cur]=true;                    //将当前点设置为已访问过
18    ans[++len]=cur;                     //将该点加到答案里，len 为环的长度
19    for(int i=1; i<=num[cur]; i++)      //寻找 i 点连接的所有边
20    {
```

```
21        if(g[cur][i]==start && g[cur][i]!=last)// 回到起点且不是第二个点即环
22        {
23          ans[++len]=g[cur][i];
24          Out(len--);                        // 输出答案 len--
25          //break;                           // 此处不要 break，因为要找所有环
26        }
27        if(!visit[g[cur][i]] && g[cur][i]>cur)// 遍历与 i 关联的未访问点
28          Dfs(cur,g[cur][i],len); //g[cur][i]>cur 保证后面数字大于前面才不重复
29      }
30      visit[cur]=false;                      // 回溯
31    }
32
33    int main()
34    {
35      int n,m;
36      scanf("%d%d",&n,&m);
37      for(int i=1,u,v; i<=m; i++)
38      {
39        scanf("%d%d",&u,&v);
40        g[u][++num[u]]=v;                    // 使用 num[u] 统计 u 点的连接边数
41        g[v][++num[v]]=u;
42      }
43      for(start=1; start<=n; start++)        // 尝试将每一个点作为起点
44        Dfs(0,start,0);
45      return 0;
46    }
```

■ 405030 圆桌会议

【题目描述】圆桌会议（meeting）POJ 2438

魔法师们总是为了各种问题争吵不休，这让院长很头疼。比如开圆桌会议时，两个关系不是很好的魔法师如果坐在一起可能会吵架，请问如何安排座次，使得相邻的两个魔法师都不会吵架。

已知一共有 $2n$ 个魔法师，并且每个魔法师最多有 $n-1$ 个“敌人”。

【输入格式】

输入包含多组数据，每组数据的第一行为两个整数 n 和 m（$1 \leqslant n \leqslant 200$，$0 \leqslant m \leqslant n(n-1)$）。随后 m 行，每行有两个整数 i、j，表示第 i 个魔法师和第 j 个魔法师的关系不是很好。输入数据中，如果已经给了第 i 个魔法师和第 j 个魔法师的关系，就不会再给第 j 个魔法师和第 i 个魔法师的关系。

每组数据间有一个空行，当 n 和 m 均为 0 时结束全部输入。

【输出格式】

对于每组输入，如果可以安排，则在一行内输出座次序列，否则输出“No solution!”。

【输入样例】

```
1 0


2 2
```

1 2
3 4

3 6
1 2
1 3
2 4
3 5
4 6
5 6

4 12
1 2
1 3
1 4
2 5
2 6
3 7
3 8
4 8
4 7
5 6
5 7
6 8

0 0

【输出样例】

1 2
4 2 3 1
1 6 3 2 5 4
1 6 7 2 3 4 5 8

【样例说明】

答案非唯一。

【算法分析】

因为一共有 $2n$ 个魔法师，每个人最多有 $n-1$ 个“敌人”，所以每个魔法师可选择的人数肯

定大于 $n+1$，说明建图后每个点的度大于 $n+1$。因为任意两个点的度之和大于 $2n$，满足存在哈密尔顿图的充分条件，所以一定存在哈密尔顿图。

如果直接建图，每个点表示一个魔法师，有敌对关系的两个魔法师之间有一条边连接是不符合题意的，所以应该将没有敌对关系的魔法师连边。这实际上是在图的反图上求解一个哈密尔顿环，使得该环包含所有的点。

设 ans[ ] 用于保存所有哈密尔顿环的元素，从某一点例如 1 点开始，设该点为起点 s，从 s 点开始寻找连边向外扩展并存入 ans[ ] 中，设最终扩展的终点为 t 点，如图 5.85 所示。

从 s 处反向扩展，继续寻找连边向外扩展，如图 5.86 所示。

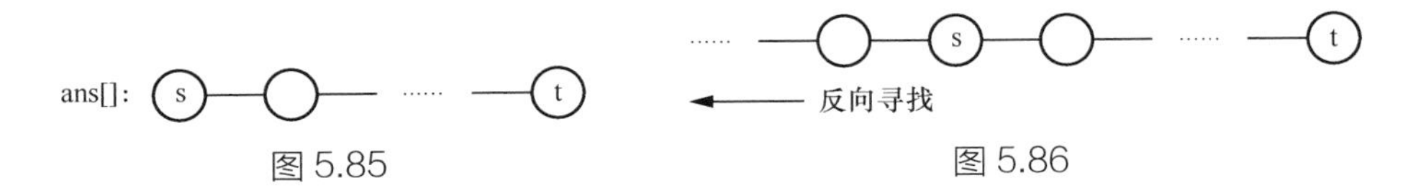

图 5.85　　图 5.86

程序具体实现时是倒置 ans[ ] 中的所有元素，所以实际 ans[ ] 的元素在存储时，s 和 t 的位置仍如图 5.87 所示。

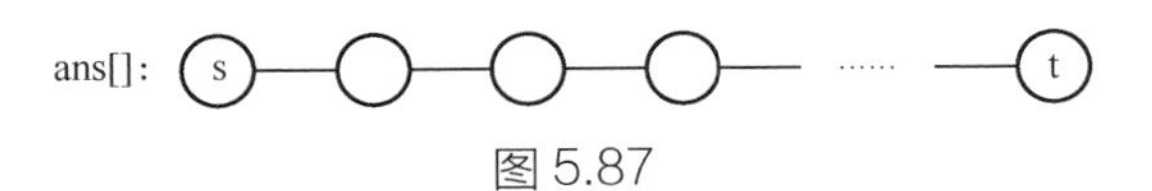

图 5.87

此时如果起点 s 和终点 t 无法相连，即形成回路，则调整 ans[ ] 中的元素。调整方法是在 ans[ ] 中找到 i 与 t 相连且 i + 1 与 s 相连的点 i，如图 5.88 所示。

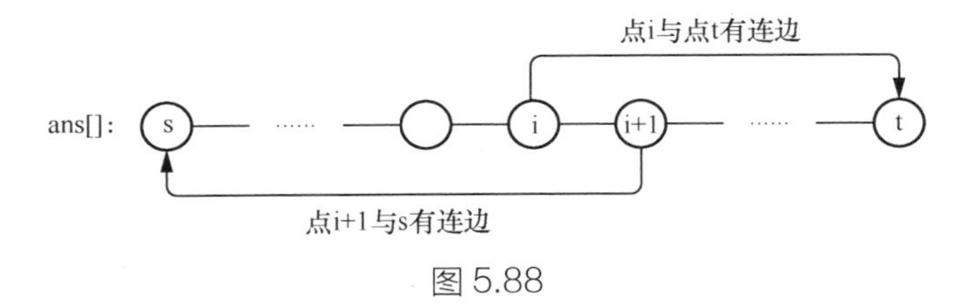

图 5.88

将点 i + 1 到点 t 部分的元素倒置，如图 5.89 所示，显然此时 ans[ ] 内的所有元素已经形成了一个回路。

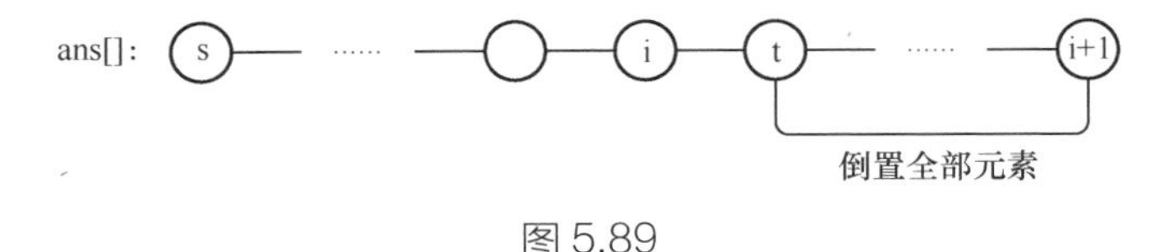

图 5.89

此时若 ans[ ] 的元素个数等于 n，则算法结束，否则需要继续添加元素到 ans[ ] 里。解决方法是遍历 ans[ ]，寻找点 i，使得点 i 与 ans[ ] 外的点 j 相连，如图 5.90 所示。

断开点 i−1 与点 i 的连线，则 ans[ ] 分为两部分，如图 5.91 所示。

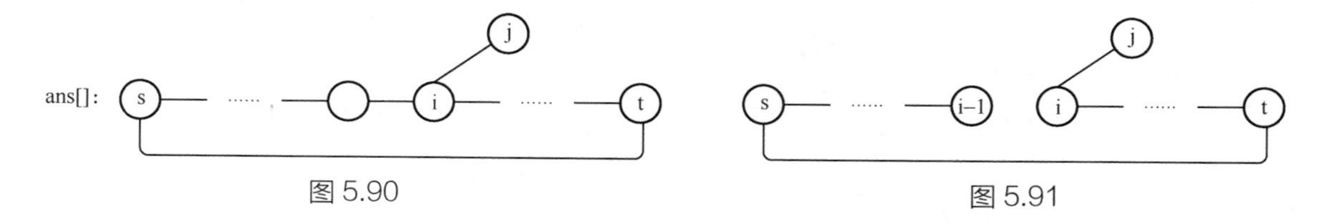

图 5.90　　　　图 5.91

将这两部分倒置后再相连后即形成新的回路，如图 5.92 所示。

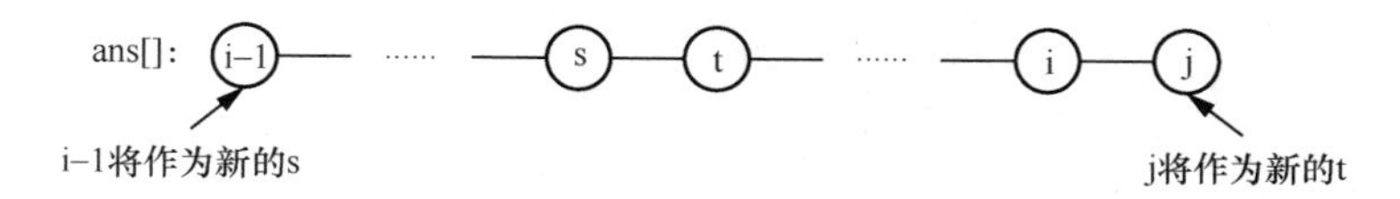

图 5.92

如果 ans[ ] 内的元素个数不等于 n，则按之前的方法继续从 t 点扩展操作即可。

参考程序如下。

```
1   // 圆桌会议
2   #include <bits/stdc++.h>
3   using namespace std;
4   const int M=410;
5
6   int n,m,t,ansi;                          //ansi 为环中点的个数
7   int ans[M],g[M][M];
8   bool vis[M];
9
10  void Reverse(int ans[M],int s,int t)     // 将 ans[] 中 s 到 t 的部分倒置
11  {
12    while(s<t)
13      swap(ans[s++],ans[t--]);
14  }
15
16  void Expand()                            // 从 t 点开始寻找边向外扩展
17  {
18    while(1)
19    {
20      bool flag=0;
21      for(int i=1; i<=n; ++i)
22        if(g[t][i] && !vis[i])
23        {
24          ans[ansi++]=i;
25          vis[i]=true;
26          t=i;
27          flag=1;
28          break;
29        }
30      if(!flag) break;
31    }
```

```
32  }
33
34  void Hamilton()
35  {
36    int i,j,s=1;                                          //初始化s为1
37    for(i=1; i<=n; i++)                                   //查找连接s的点
38      if(g[s][i]) break;
39    t=i;                                                  //取任意连接s的点为t
40    vis[s]=vis[i]=true;                                   //标记已访问
41    ans[0]=s;                                             //将点存入环
42    ans[1]=t;
43    ansi=2;                                               //统计环中点的个数
44    while(1)
45    {
46      Expand();                                           //从t点开始向外扩展
47      Reverse(ans,0,ansi-1);                              //将当前得到的序列倒置
48      swap(s,t);                                          //s和t互换
49      Expand();                        //从t继续扩展，实际是从原序列的s继续扩展
50      if(!g[s][t])                     //如果s和t不相邻，进行调整
51      {
52        for(i=1; i<ansi-2; i++)        //从g[][]中找点i
53          if(g[ans[i]][t] && g[s][ans[i+1]])//使ans[i]与ans[t]连,ans[i+1]与ans[s]连接
54            break;
55        t=ans[++i];
56        Reverse(ans,i,ansi-1);         //将从i+1到t部分的ans[]倒置
57      }
58      if(ansi==n)                      //如果当前s和t相连
59        return;                        //如果当前序列中包含n个元素，算法结束
60      for(j=1; j<=n; j++)   //如元素个数小于n，找点ans[i]，使ans[i]与ans[]外一点连接
61      {
62        if(vis[j]) continue;           //如已访问过，忽略
63        for(i=1; i<ansi-2; i++)        //从ans[i]点处把回路断开，就变回了一条路径
64          if(g[ans[i]][j])             //从断点处继续扩展就可以了
65            break;
66        if(g[ans[i]][j]) break;
67      }
68      s=ans[i-1];
69      t=j;
70      Reverse(ans,0,i-1);              //将ans[]中s到i-1部分的ans[]倒置
71      Reverse(ans,i,ansi-1);           //将ans[]中i到t的部分倒置
72      ans[ansi++]=j;                   //将点j加入ans[]的尾部
73      vis[j]=true;
74    }
75  }
76
77  int main()
78  {
79    while(scanf("%d%d",&n,&m),n|m)                        //当n、m不全为0时
80    {
81      n<<=1;
82      memset(vis,0,sizeof(vis));
```

```
83        memset(ans,0,sizeof(ans));
84        for(int i=0; i<=n; i++)
85          for(int j=0; j<=n; j++)
86            i==j?g[i][j]=0:g[i][j]=1;                  //反图初始化
87        for(int i=1,a,b; i<=m; i++)
88        {
89          scanf("%d%d",&a,&b);
90          g[a][b]=g[b][a]=0;                            //建立反图
91        }
92        Hamilton();
93        for(int i=0; i<n; i++)
94          printf("%d%c",ans[i],i==n-1?'\n':' ');
95      }
96      return 0;
97    }
```

5.8 无向图的一些应用

5.8.1 最大团问题

对于图 G = (V,E)，从中选出 k 个顶点构成一个完全图（所有节点之间均有连线），在所有集合中含节点数最多的集合即无向图的最大团。下面以图 5.93 为例进行说明。

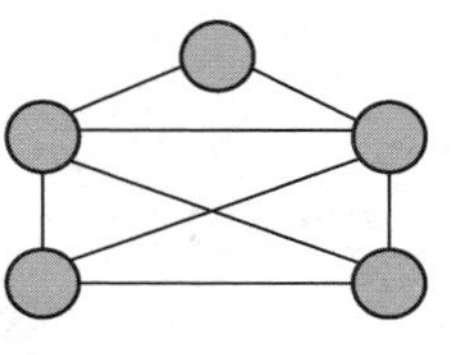
图 5.93

其部分完全子图如图 5.94 所示，其最大团为图 5.94 中的 d，因为它包含最多的节点。

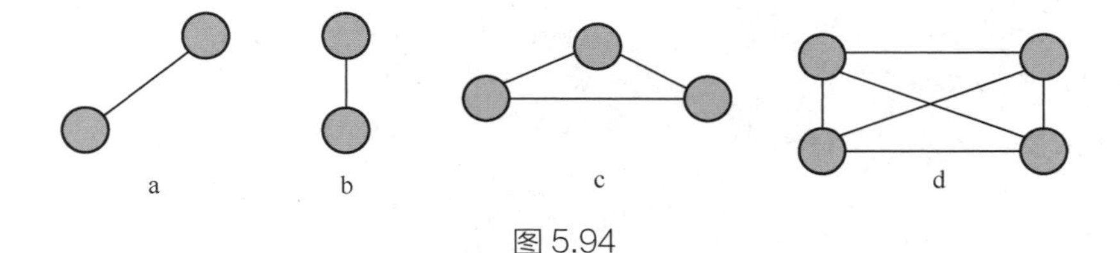

图 5.94

■ 405031 黑白涂色

【题目描述】黑白涂色（color）POJ 1419

给图上色，要求相邻的节点不能够涂上同样的颜色，一共只有黑色和白色两种颜色，问最多能涂多少黑色节点。例如图 5.95 中最多能够涂 3 个黑色节点。

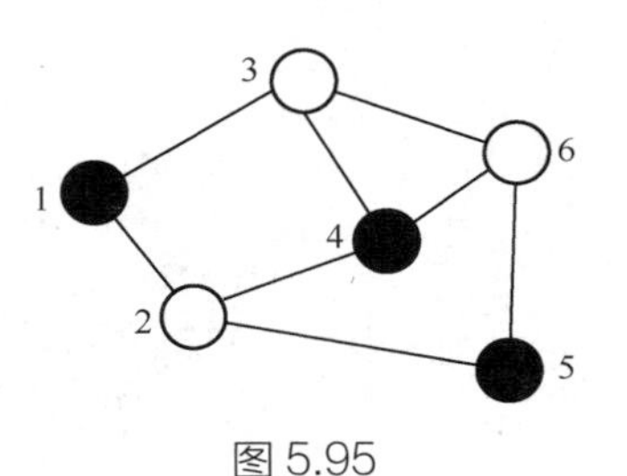

图 5.95

【输入格式】

输入的第一行为一个整数 N，表示有 N 组数据。每组数据的第一行为两个整数 n（$n \leqslant 100$）和 k，n 为节点数，随后 k 行为节点

数对 (n_1,n_2)，$n_1 \neq n_2$。

【输出格式】

每组数据对应一组输出，第一行为一个数字，表示能涂黑色的节点数目，第二行为黑色节点的编号。

【输入样例】

1
6 8
1 2
1 3
2 4
2 5
3 4
3 6
4 6
5 6

【输出样例】

3
1 4 5

【算法分析】

由于本题的数据规模较小，所以可以使用最朴素的 DFS 完成。

参考程序如下。

```
1   //黑白涂色　朴素 DFS
2   #include <bits/stdc++.h>
3   using namespace std;
4   
5   int Map[110][110];
6   int color[110],tmp[110];                    //tmp[] 临时存储最大团节点
7   int len,maxlen,Index,n,k
8   
9   void DFS(int num)
10  {
11    int i;
12    if(num==n)                                //num=n，搜索完毕
13    {
14      if(len>maxlen)                          //更新最优解
15      {
16        maxlen=len;
17        for(i=1,Index=0; i<=n; i++)
18          if(color[i])
19            tmp[Index++]=i;
20      }
```

```
21          return;
22      }
23      for(i=1; i<=n; i++)
24          if(i!=num && Map[i][num] && color[i])    //搜索num周围是否有被涂色的点
25              break;                           //如果半途跳出循环，说明周围已有点被涂色
26      if(i>n)                                  //i>n表示num周围的点没有被涂色
27      {
28          color[num]=1;                        //周围点没有被涂色，那这个点就可以涂色了
29          len++;                               //长度加1
30          DFS(num+1);                          //搜索下一个点
31          color[num]=0;                        //恢复搜索前状态
32          len--;                               //恢复搜索前状态
33      }
34      DFS(num+1);                              //另一次搜索
35  }
36
37  int main()
38  {
39      int t;
40      scanf("%d",&t);
41      while(t--)
42      {
43          memset(Map,0,sizeof(Map));
44          memset(color,0,sizeof(color));
45          len=maxlen=0;
46          scanf("%d%d",&n,&k);
47          while(k--)
48          {
49              int x,y;
50              scanf("%d%d",&x,&y);
51              Map[x][y]=Map[y][x]=1;
52          }
53          DFS(1);
54          printf("%d\n%d",maxlen,tmp[0]);
55          for(int i=1; i<maxlen; i++)
56              printf(" %d",tmp[i]);
57          printf("\n");
58      }
59      return 0;
60  }
```

进一步分析可以发现本题的目的是求解无向图的最大独立集。首先介绍如下定理。

（1）最大独立集＝补图的最大团。

（2）最大团＝补图的最大独立集。

在图论里，图G的补图（complement graph）与图G有相同的点，而且这些点之间有边相连，当且仅当在图G里面它们没有边相连（可以先建立有图G所有点的完全图，然后清除图G里面已有的边的所得图，即图G的补图）。

求解本题可以先将原图转换为补图，再用最大团算法。其过程是DFS每一个节点，发现节

点和已经加入最大团的每一个节点都有边，即将该节点加入最大团。

参考程序如下。

```
//黑白涂色  最大团算法
#include <bits/stdc++.h>
using namespace std;

int Edg[110][110],Set[505],tmp[505];
int n,m,cnt,maxx;

void Dfs(int x)
{
  if(x>n)                                    // 如果枚举了所有的节点
  {
    maxx=cnt;
    memcpy(Set,tmp,sizeof(tmp));             //用一个更大的极大团替代原有的极大团
    return;
  }
  bool flag=true;
  for(int i=1; i<x; i++)//检测新加入的点是否与团中的其他节点之间都存在一条边
    if(tmp[i] && !Edg[i][x])                 //如果索引为i的点在团中，但没有边(i,x)
    {
      flag=false;
      break;
    }

  if(flag)                                   //如果该节点满足在这个团中
  {
    tmp[x]=1,cnt++;                          //该节点被加入完全子图中去
    Dfs(x+1);
    tmp[x]=0,cnt--;                          //恢复原值
  }
  if (cnt+n-x>maxx)                          //保证团元素个数递增，否则剪枝
    Dfs(x+1);
}

int main()
{
  int T;
  scanf("%d",&T);
  while(T--)
  {
    scanf("%d%d",&n,&m);
    memset(Set,0,sizeof(Set));
    memset(tmp,0,sizeof(tmp));
    maxx=cnt=0;
    for(int i=0; i<110; i++)
      fill(Edg[i],Edg[i]+110,1);             //将每一行数据元素全部填充为1
    for(int i=1; i<=m; i++)
    {
      int a,b;
      scanf("%d%d",&a,&b);
```

```
            Edg[a][b]= Edg[b][a]=0;               //构建补图
        }
        Dfs(1);                                   //从节点 1 开始搜索
        printf("%d\n",maxx);
        for(int i=1,k=0; i<=n; i++)
          if(Set[i])
            k++==0? printf("%d",i):printf(" %d",i);
        printf("\n");
      }
    return 0;
}
```

最大团问题实际上是著名的 NP 完全问题，上面使用的算法，仅对小规模数据有效，对于大规模数据，目前没有有效算法。

此外，使用搜索启发式算法、遗传算法、模拟退火算法、神经网络算法等解决最大团问题也是不错的尝试，感兴趣的读者可自行寻找相关资料。

5.8.2　无向图的割点和桥

对于无向图 G，如果删除某个点 u 后，连通分量的数目增加，则称 u 为图的关节点（articulation vertex）或割点（cut vertex）。对于连通图来说，割点就是删除之后使图不再连通的点。例如在图 5.96 所示的连通图 G 中，节点 C 是割点，因为删除 C 节点后，图 G 不再连通。

图 5.96

使用以下两种方法可以求出无向图的所有割点。

（1）尝试删除每个节点，然后用 DFS 判断连通分量是否增加，时间复杂度为 $O(n(n+m))$，其中 n 和 m 分别是图中的节点数和边数。这种方法效率太低，此处不予讨论。

（2）通过深入挖掘 DFS 的性质，在 $O(n+m)$ 的线性时间内求出所有割点。

■ 405032 通信网络

【题目描述】通信网络（Network）POJ 1144

电信公司正在建设一个新的通信网络，网络连通的地区以整数 1~N 代表。如果有的地区的连接节点出现问题，会导致整个网络无法完全连通，这种节点称为危险节点。请找出所有的危险节点。

【输入格式】

输入包括多组数据，每一组数据描述一个网络，每组数据的第一行是地区数 N（$N<100$），随后最多 N 行表示各地区的连接情况，每行包括一个地区的标号及与它相连接的地区的标号，最后以 0 结束。当所有数据描述完毕后，以 0 表示结束。

【输出格式】

输出每组数据的危险节点个数。

【输入样例】

5
5 1 2 3 4
0
6
2 1 3
5 4 6 2
0
0

【输出样例】

1
2

【算法分析】

首先讨论树根的情况，如果节点 u 为树根，显然当 u 有两个及以上的子树的时候，u 才是割点。因为如果去掉 u 点，它的子树就不能互相连通。

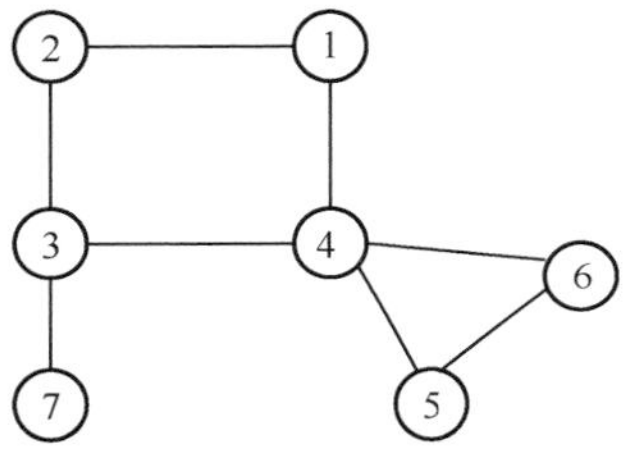

图 5.97

那么非树根的情况呢？我们需要先了解 DFS 树的概念，以图 5.97 为例。

从点 1 开始 DFS，对于每个点相邻的节点，按照节点编号从小到大搜索（也可以按其他顺序）。因此图 5.98（a）中的 DFS 顺序（标记为时间戳）如图 5.98（b）所示。

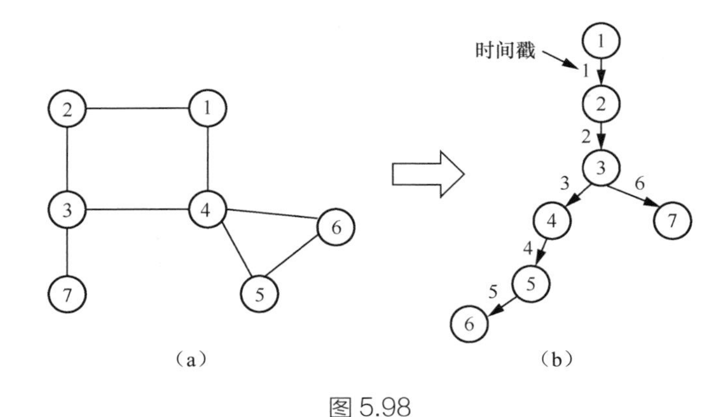

图 5.98

我们将图 5.98（b）中的连边称为树边（tree edge），并将搜索到每一个节点的时间（时间戳）存入数组 dfn[ ] 中。树边可理解为在 DFS 过程中访问未访问节点时所经过的边，也称为父子边。

但是除树边外，还有一些边并没有被处理，例如节点 6 到节点 4 的边等，这些边我们称为反向边（又称返祖边或反边）。在无向图中，除了树边之外，其他边都是反边。反边可理解为在

DFS 过程中遇到已访问节点时所经过的边。

图中的一些节点其实是可以不通过父节点的树边，而通过反边连到它的祖先，如图 5.99 中的虚线所示。例如节点 6 不通过父节点 5 所能连回的最早祖先是节点 4（显然删除节点 5，节点 6 也能通过反边与其他节点连通，所以节点 5 不是割点）；节点 3 及其后代不通过父节点 2 能连回的最早祖先是节点 1（显然删除节点 2，节点 3 及其后代也能通过反边与其他节点连通，所以节点 2 不是割点）；节点 4 及其后代能连回的最早祖先是节点 1……

由此可得一个定理：在无向连通图 G 的 DFS 树中，非根节点 u 是 G 的割点，当且仅当 u 存在一个子节点 v，使得 v 及其后代都没有反边连回 u 的祖先（不包括 u）。

方便起见，设数组 low[u] 存储 u 及其后代所能连回的最早祖先的编号，则每个节点 i 的 dfn[i] 及 low[i] 的值如图 5.100 所示。

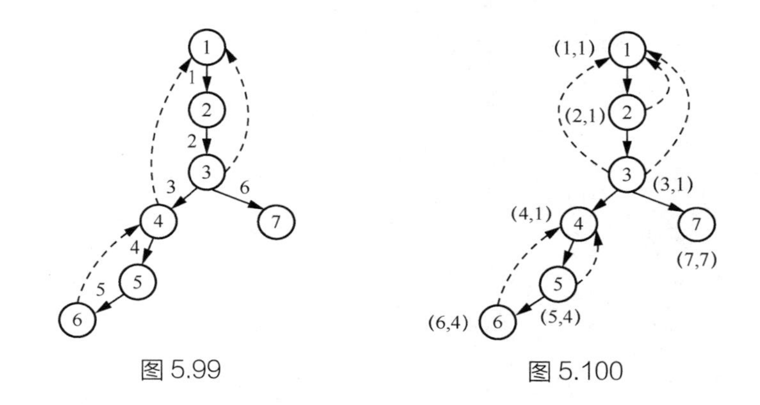

图 5.99　　　　图 5.100

low[u] 的计算过程为：

$$low[u]=\begin{cases} \min(low[u],low[v]) & (u,v)\text{为树边} \\ \min(low[u],dfn[v]) & (u,v)\text{为反边且}v\text{不为}u\text{的父节点} \end{cases}$$

在反边的情况下，为什么不是 low[u] = min(low[u],low[v])，而是 low[u] = min(low[u],dfn[v]) 呢？下面以图 5.101 为例进行说明。

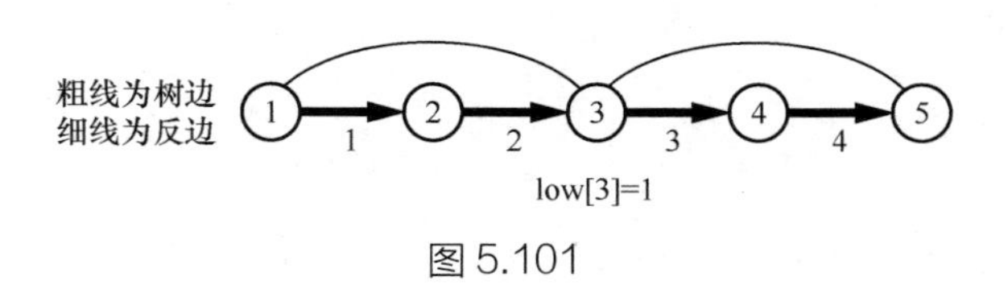

图 5.101

当 DFS 到节点 3 即 dfs(3) 时，发现节点 3 到节点 1 的反边，则 low[3] = 1。当一直到 dfs(5) 时，发现节点 5 到节点 3 的反边，此时如果 low[5] = min(low[5],low[3])，则 low[5] = 1，但其实 low[5] = 3 才是正确的。

dfs(5) 结束后回到 dfs(4)，更新 low[4] = 3 后回到 dfs(3)，发现 low[4] ≥ dfn[3]，即节点 4 无法通过另一条路返回到节点 3 的祖先节点，故节点 3 为割点。

因此对于非根节点u来说，它是割点，当且仅当它有某个子节点v，使得low[v] ≥ dfn[u]（注意：这个条件在根处总是满足的）。

例如图5.102中，u = 3、v = 4满足low[v] > dfn[u]，u = 4、v = 5满足low[v] = dfn[u]，所以节点3和节点4是割点。

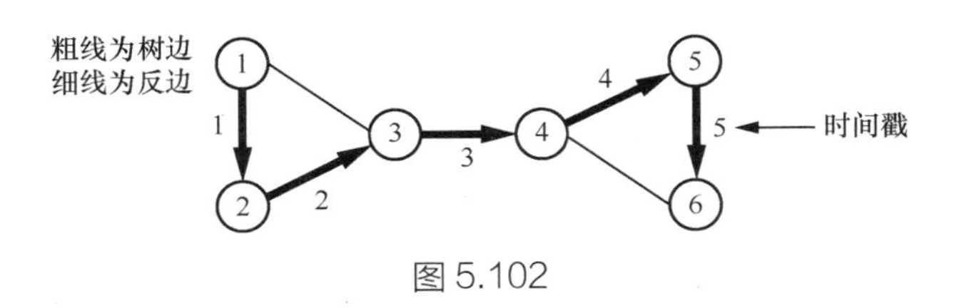

图5.102

作为一种特殊情况，如果v的后代只能连回v自己（即low[v] > dfn[u]），那么只需删除(u，v)一条边就可以让图G非连通了，满足这个条件的边称为桥（bridge）。例如图5.102中的3→4这条边就是桥。

参考代码如下。

```
//通信网络
#include <bits/stdc++.h>
using namespace std;
const int NN=105;

int n,root,root_son,idx;
int  dfn[NN],low[NN];
bool cut[NN];                          //割点数组
vector<int> Map[NN];

void Tarjan(int u)                     //求割点是Tarjan算法中的一种
{
  dfn[u]=low[u]=++idx;
  for (int i=0; i<Map[u].size(); i++)
  {
    int v=Map[u][i];
    if (!dfn[v])                       //如果没有访问过v
    {
      Tarjan(v);
      if (u==root)
        root_son++;
      else                             //如果非根节点
      {
        low[u]=min(low[u],low[v]);
        if (low[v]>=dfn[u])
          cut[u]=true;                 //后继节点搜不到比该点更早的点，则该点是割点
      }
    }
    else                               //如果已经访问过该节点，则此时的边为反边
      low[u]=min(low[u],dfn[v]);
  }
}

```

```
34  void Init_input()
35  {
36    for (int i=1; i<=n; i++)                    // 图清空
37      Map[i].clear();
38    memset(dfn,0,sizeof(dfn));
39    memset(cut,false,sizeof(cut));
40    int u,v;
41    while (scanf("%d",&u),u)                    // 注意输入格式
42      while (getchar()!='\n')
43      {
44        scanf("%d",&v);
45        Map[u].push_back(v);
46        Map[v].push_back(u);
47      }
48  }
49
50  int main()
51  {
52    while (~scanf("%d",&n) && n)
53    {
54      Init_input();                             // 输入初始化
55      root=1;
56      root_son=0;
57      Tarjan(root);
58      if (root_son>1)                           // 有两个子树的根是割点
59        cut[root]=true;
60      int sum=0;
61      for (int i=1; i<=n; i++)                  // 累计割点
62        sum+=cut[i];
63      printf("%d\n",sum);
64    }
65    return 0;
66  }
```

■ 405033 故障节点

【题目描述】故障节点（SPF）POJ 1523

在图 5.103 所示的两个网络中，假设数据仅在直接相连的节点之间以对等方式通信，那么图 5.103（a）所示网络中的单个节点 3 的故障将阻止一些仍然可用的节点彼此通信，即节点 1 和节点 2 仍然可以像节点 4 和节点 5 那样彼此通信，但是任何其他节点对之间的通信将不再可能。

因此，节点 3 是该网络的单点失效（Single Point Failure，SPF）。严格地说，SPF 将被定义为任何节点，如果节点不可用，将阻止至少一对可用节点能够在先前完全连接的网络上进行通信。而图 5.103(b) 所示的网络中没有 SPF。

【输入格式】

输入将包含多个网络的描述，每行有两个整数，用于标识连接的两个节点，节点编号范围为 1 ~ 1000。单独一行以 0 表示输入结束。

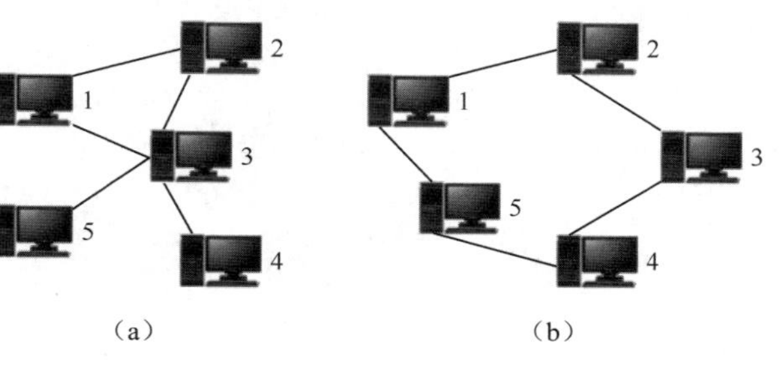

图 5.103

【输出格式】

对于输入的每个网络，输出故障节点的编号，输出格式参见输出样例。

【输入样例】

```
1 2
5 4
3 1
3 2
3 4
3 5
0

1 2
2 3
3 4
4 5
5 1
0

1 2
2 3
3 4
4 6
6 3
2 5
5 1
0

0
```

【输出样例】

```
Network #1
SPF node 3 leaves 2 subnets

Network #2
No SPF nodes
```

Network #3

SPF node 2 leaves 2 subnets

SPF node 3 leaves 2 subnets

【算法分析】

该题可以朴素的求割点算法求解，只不过需要求出删去割点能把图分成多少个连通块，而割点有多少子树就有子树个数＋ 1 个连通块。

参考程序如下。

```
1   //故障节点
2   #include <bits/stdc++.h>
3   using namespace std;
4   
5   vector<int>Map[1010];
6   int dfn[1010],low[1010],sub[1010];                //sub[] 保存分割的块
7   int Index,Root,RootChild;
8   
9   void Tarjan(int u,int fa)
10  {
11    dfn[u]=low[u]=++Index;
12    for(int i=0; i<Map[u].size(); i++)
13    {
14      int v=Map[u][i];
15      if(dfn[v]==-1)
16      {
17        Tarjan(v,u);
18        low[u]=min(low[u],low[v]);
19        if(u==Root)
20          RootChild++;
21        else if(low[v]>=dfn[u])
22          sub[u]++;                        //分割块数加一
23      }
24      else if(v!=fa)                       //注意不要忘了判断，保证不会回头走
25        low[u]=min(low[u],dfn[v]);
26    }
27  }
28  
29  int main()
30  {
31    int Case=0;
32    while(1)
33    {
34      Index=0,RootChild=0;
35      memset(Map,0,sizeof(Map));
36      memset(dfn,-1,sizeof(dfn));
37      memset(sub,0,sizeof(sub));
38      int a,b,flag=0;
39      while(1)
40      {
41        cin>>a;
```

```
42          if(a)
43          {
44            cin>>b;
45            flag=1;
46            Map[a].push_back(b);
47            Map[b].push_back(a);
48          }
49          else break;
50        }
51        if(!flag) break;                                   //退出输入
52        cout<<"Network #"<<++Case<<endl;
53        Root=b;
54        Tarjan(Root,-1);
55        flag=0;
56        if(RootChild)
57          sub[Root]=RootChild-1;
58        for(int i=0; i<1005; i++)
59          if(sub[i])
60          {
61            flag=1;
62            cout<<"  SPF node "<<i<<" leaves "<<sub[i]+1<<" subnets"<<endl;
63          }
64        if(flag==0)
65          cout<<"  No SPF nodes"<<endl;
66        cout<<endl;
67      }
68      return 0;
69    }
```

■ 同步练习

无向图割点（网站题目编号：405034）

■ 405035 炸桥

【题目描述】炸桥（bridge）HDU 4738

暴力组织在海上建立了许多人工岛，人工岛之间有桥相连，如果这些人工岛构成的无向图变成了连通图，那么处理起来会非常麻烦。小光一行打算用遥控机器人毁掉一座桥，使得一个或多个人工岛不能连通。由于每座桥都有一定数量的士兵在守护，所以遥控机器人的数量不能少于桥上的士兵人数。试编程输出需要派出遥控机器人的最少数量。

【输入格式】

输入多组测试数据，但不超过 12 组。

每组数据的第一行为两个整数 N 和 M（$2 \leqslant N \leqslant 1000$，$0 < M \leqslant N^2$），表示有 N 个岛和 M 座桥，岛的编号范围为 $1 \sim N$。

随后 M 行，每行 3 个整数 U、V 和 W（$U \neq V$，$0 \leqslant W \leqslant 10000$），表示 U 岛和 V 岛的守护士兵人数为 W。

全部数据输入结束以两个 0 表示。

【输出格式】

每组数据输出派出遥控机器人的最少数量，如果不能成功，则输出“-1”。

【输入样例】

3 3
1 2 7
2 3 4
3 1 4
3 2
1 2 7
2 3 4
0 0

【输出样例】

-1
4

【算法分析】

该题明显是无向图求最小桥问题，前文提过：如果 v 的后代只能连回 v 自己（即 low[v] > dfn[u]），那么只需删除 (u,v) 一条边就可以让图 G 非连通了，满足这个条件的边称为桥。但这无法处理重边问题。以图 5.104 为例求割点。

因为一条边会处理两次，所以我们在 Tarjan(int u,int fa) 函数里加入 fa（父节点）参数来判断是否是第二次处理这条边。其代码如下。

```
1    else if( v != fa)                   // 防止走回头路，回头不会更新 low[u]
2      low[u]=min(low[u],dfn[v]);
```

但是如果有重边，如图 5.105 所示，用上面的代码仍然不去走这些反向箭头，则会漏掉重边，得出节点 2 到节点 3 的边是桥这一错误结果。

解决重边的方法是对所有的边编号，如果发现是同一条边，就继续运行。

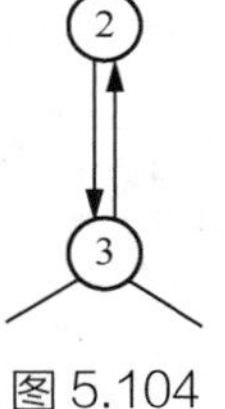

图 5.104

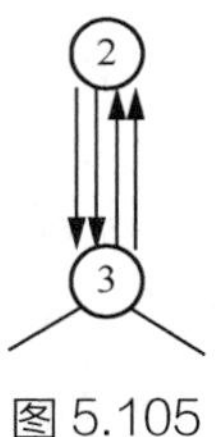

图 5.105

参考程序如下。

```
1    // 炸桥
2    #include <bits/stdc++.h>
3    using namespace std;
4    const int INF=0x3f3f3f3f;
5    const int N=1010;
6
7    struct node
8    {
```

```
9	  int v,man,id;
10	} n1,n2;
11	vector<node>Map[N];
12	int dfn[N],low[N];
13	int idex,ans;
14	
15	int Dfs(int u,int fa)                    //fa 存储的是 u 的父边，而不是父节点
16	{
17	  low[u]=dfn[u]=++idex;
18	  for(int i=0; i<Map[u].size(); i++)
19	  {
20	    int v=Map[u][i].v;
21	    int id=Map[u][i].id;
22	    if(id==fa) continue;                 //防止重边
23	    if(!dfn[v])
24	    {
25	      Dfs(v,id);                         //注意第 2 个参数是 id
26	      low[u]=min(low[u],low[v]);
27	      if(low[v] > dfn[u])                //找到桥，注意是“>”而不是之前的“>=”
28	        ans=min(ans,Map[u][i].man);      //更新为最优的答案
29	    }
30	    else
31	      low[u]=min(low[u],dfn[v]);
32	  }
33	}
34	
35	int main()
36	{
37	  int t,n,m;
38	  while(~scanf("%d%d",&n,&m) && n+m)
39	  {
40	    memset(dfn,0,sizeof(dfn));
41	    memset(low,0,sizeof(low));
42	    for(int i=0; i<=n; i++)
43	      Map[i].clear();
44	    idex=0;
45	    ans=INF;
46	    int a,b,c,cnt=0;                     //使用 cnt 统计联通分量个数
47	    for(int ID=1; ID<=m; ID++)
48	    {
49	      scanf("%d%d%d",&a,&b,&c);
50	      n1.v=b,n1.man=c,n1.id=ID;
51	      n2.v=a,n2.man=c,n2.id=ID;
52	      Map[a].push_back(n1);
53	      Map[b].push_back(n2);
54	    }
55	    for(int i=1; i<=n; i++)              //枚举，因为可能有多个联通分量
56	      if(!dfn[i])
57	      {
58	        cnt++;
59	        Dfs(i,0);
60	      }
```

```
61      if(cnt>1)                          //图本来就不是联通的，就不用去了
62        ans=0;
63      else if(ans==INF)
64        ans=-1;
65      else if(ans==0)                    //没人看守也要派一个机器人去炸桥
66        ans=1;
67      printf("%d\n",ans);
68    }
69    return 0;
70  }
```

■ **同步练习**

关键桥梁（网站题目编号：405036）

5.8.3 无向图的双连通分量

对于一个连通图，如果任意两点间至少存在两条“点不重复”的路径，则称这个图为点-双连通（简称双连通，biconnected）。这意味着连通图内无割点。

类似地，如果任意两点间至少存在两条“边不重复”的路径，则这个图为边-双连通（edge-biconnected）。这意味着图中所有的边都不是桥。

图5.106中有两个点-双连通分量即{A,B,C}和{C,D,E}，一个边-双连通分量即{A,B,C,D,E}。

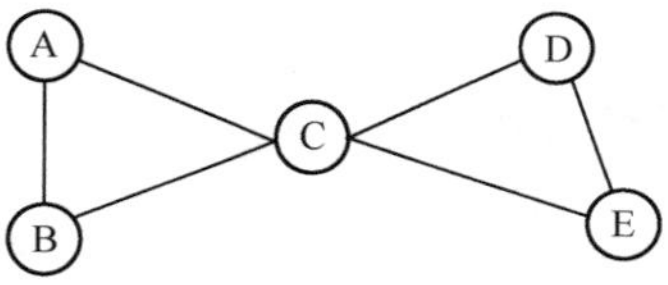

A B C D E

图5.106

■ **405037 天堂岛**

【题目描述】天堂岛（island）POJ 3352

在海上建立的人工岛屿被一家跨国企业收购并开发成了旅游景点，最大的一座岛上有 N 个旅游景点，任意两个旅游景点之间有道路连通（注意不一定是直接连通）。而为了给游客提供更好的服务，该企业向道路部门申请在某些道路增加一些设施。

道路部门每次只会选择一条道路施工，在该条道路施工完毕前，其他道路依然可以通行。然而有道路部门正在施工的道路，在施工完毕前是禁止游客通行的，这就导致了在施工期间游客可能无法到达一些景点。

为了使在施工期间所有旅游景点依然能够正常对游客开放，该企业决定搭建一些临时桥梁，使得不管道路部门选在哪条道路上施工，游客都能够到达所有旅游景点。给出当下允许通行的 r 条道路，问该企业至少再搭建几条临时桥梁，才能使得游客无视道路施工到达所有旅游景点。

【输入格式】

第一行输入两个整数 n（$3 \leqslant n \leqslant 1000$）和 r（$2 \leqslant r \leqslant 1000$），表示景点数和道路数。景点从1到 n 编号，随后 r 行，每行包含两个整数 v 和 w，表示 v 和 w 对应景点之间有路，保证无重边。

【输出格式】

输出最少要搭建的临时桥梁数。

【输入样例 1】

10 12
1 2
1 3
1 4
2 5
2 6
5 6
3 7
3 8
7 8
4 9
4 10
9 10

【输出样例 1】

2

【输入样例 2】

3 3
1 2
2 3
1 3

【输出样例 2】

0

【算法分析】

该题本质是给定一个连通的无向图 G，求至少要添加几条边，才能使其变为双连通图。

显然，当图 G 存在桥的时候，它必定不是双连通的。桥的两个端点必定分别属于图 G 的两个边 - 双连通分量（注意不是点 - 双连通分量），一旦删除了桥，这两个边 - 双连通分量必定断开，图 G 就不连通了。但是如果在两个边 - 双连通分量之间再添加一条边，桥就不再是桥了，这两个边 - 双连通分量也就双连通了。

首先用 Tarjan 算法寻找图 G 的所有边 - 双连通分量，因为 Tarjan 算法在 DFS 过程中会对图 G 所有的节点都生成一个 low 值，low 值相同的两个节点必定在同一个边 - 双连通分量中。（本题中无重边，如果有重边的话，那么不同的 low 值是可能属于同一个边 - 双连通分量的，要通过其他方法去求解边 - 双连通分量。）

再把每一个边 - 强连通分量都看作一个点（即缩点），实际编程操作时其实是对点进行分类处理，并不是真正的缩点，如图 5.107 所示。

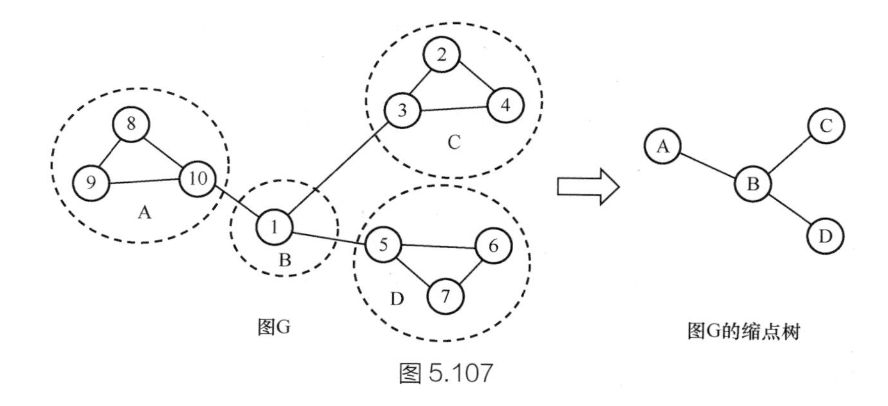

图 5.107

不难发现，连接缩点之间的边，都是图 G 的桥，问题再次被转换为“至少在缩点树上增加多少条树边，使得这棵树变为一个双连通图”。

这将用到一个等式：若要使得任意一棵树，在增加若干条边后，变成一个双连通图，那么至少增加的边数 =（这棵树总度为 1 的节点数 + 1)/ 2。

故只需求缩点树中总度为 1 的节点数（即叶子数）就可以了。换言之，我们只需求出所有缩点的度，然后判断度为 1 的缩点有几个，问题就解决了。

参考代码如下。

```
1   // 天堂岛
2   #include <bits/stdc++.h>
3   using namespace std;
4   const int MAXN=1010;
5   
6   int n,m,idex;
7   int dfn[MAXN],low[MAXN];
8   vector<int> Map[MAXN];
9   
10  int Tarjan(int u,int fa)
11  {
12    low[u]=dfn[u]=++idex;
13    for(int i=0; i<Map[u].size(); ++i)
14    {
15      int v=Map[u][i];
16      if(v==fa) continue;
17      if(!dfn[v])
18        low[u]=min(low[u],Tarjan(v,u));
19      else if(dfn[v]<dfn[u])
20        low[u]=min(low[u],dfn[v]);
21    }
22    return low[u];
23  }
24  
25  int main()
26  {
27    scanf("%d%d",&n,&m);
28    for(int i=1; i<=n; i++)
```

```
29        Map[i].clear();
30      for(int i=1; i<=m; i++)
31      {
32        int u,v;
33        scanf("%d%d",&u,&v);
34        Map[u].push_back(v);
35        Map[v].push_back(u);
36      }
37      Tarjan(1,-1);// 得出所有节点的 low 值，每个不同的 low 值代表不同的边 - 双连通分量
38      int degree[MAXN]= {0};                                  // 用于统计度
39      for(int u=1; u<=n; u++)                                 // 遍历每条边
40        for(int i=0; i<Map[u].size(); i++)
41        {
42          int v=Map[u][i];
43          if(low[u]!=low[v])      // 连边的 low 值不同，说明不是同一个双连通分量
44            degree[low[v]]++;                                 // 缩点的度加 1
45        }
46      int cnt=0;
47      for(int i=1; i<=n; i++)
48        if(degree[i]==1)
49          cnt++;
50      printf("%d\n",(cnt+1)/2 );
51      return 0;
52    }
```

注意这种做法只是考虑了每一个强连通分量中只有一个环的情况，如果有多个环，则会出错。下面以图 5.108 为例进行说明。

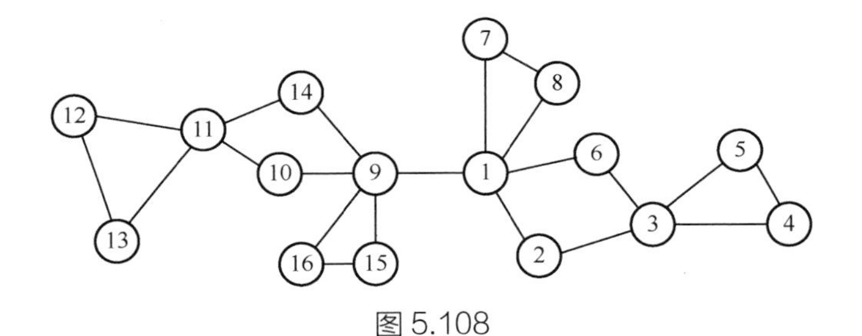

图 5.108

输入如下。

16 21

1 2

1 6

1 7

1 8

1 9

7 8

2 3

6 3

3 5

3 4

4 5

9 10

9 14

9 15

9 16

10 11

11 14

11 12

11 13

12 13

15 16

用上面的输入得到的输出结果为 0，但实际答案应该是 1。

解决方法是在 Tarjan 算法里加一个堆栈，每次 DFS 到新节点 u 就将它入栈。当 DFS 结束时，如果该节点的 dfn[u] = low[u]，说明节点 u 是强连通分量的根，则将堆栈中节点 u 之上的节点依次出栈，因为这些节点均属于同一个强连通分量，所以，双连通分量的判断应该以出栈为标准。

参考代码如下。

```
1   //天堂岛
2   #include <bits/stdc++.h>
3   using namespace std;
4   const int MAXN=1005;
5
6   struct Edge
7   {
8     int to,next;
9   } edge[MAXN*5];
10  int Time,cnt,top;
11  int head[MAXN],dfn[MAXN],low[MAXN],Stack[MAXN],degree[MAXN];
12  bool vis[MAXN];
13
14  void AddEdge(int u,int v)
15  {
16    edge[cnt]=Edge {v,head[u]};
17    head[u]=cnt++;
18  }
19
20  void Dfs(int u,int fa)
21  {
```

```
22      dfn[u]=low[u]=++Time;
23      vis[u]=true;
24      Stack[top++]=u;                          // 节点入栈
25      for(int i=head[u]; i^-1; i=edge[i].next)
26      {
27        int v=edge[i].to;
28        if(v != fa)
29          if(!vis[v])
30          {
31            Dfs(v,u);
32            low[u]=min(low[u],low[v]);
33          }
34          else
35            low[u]=min(low[u],dfn[v]);
36      }
37      if(dfn[u]==low[u])                       // 如果节点 u 是强连通分量的根
38        while(Stack[top]^u && top>0)
39        {
40          low[Stack[top-1]]=low[u];            // 因为之前 top++，所以 top 多向上指了一个位置
41          top--;                               // 出栈，可知是否双连通分量判断以出栈为标准
42          vis[Stack[top]]=false;
43        }
44    }
45
46    int main()
47    {
48      int u,v,n,m;
49      scanf("%d%d",&n,&m);
50      memset(head,-1,sizeof(head));
51      for(int i=0; i<m; i++)
52      {
53        scanf("%d%d",&u,&v);
54        u--;
55        v--;
56        AddEdge(u,v);                          // 无向图加双向边
57        AddEdge(v,u);
58      }
59      Dfs(0,-1);
60      for(int i=0; i<n; i++)
61        for(int j=head[i]; j^-1; j=edge[j].next)
62          if(low[i]!=low[edge[j].to])
63            degree[low[edge[j].to]]++;
64      cnt=0;
65      for(int i=0; i<=n; i++)
66        if(degree[i]==1)
67          cnt++;
68      printf("%d\n",(cnt+1)/2);
69      return 0;
70    }
```

■ 同步练习

📌 恐龙基地（网站题目编号：405038）

5.9 Kosaraju算法

■ 405039 信息共享

【题目描述】信息共享（Msg）

小光需要把一条信息传送给千里之遥的 n（$2 \leqslant n \leqslant 200$）个魔法师，为了节省魔力，他只需要把信息传送给少数的几个魔法师，然后由魔法师们相互传递该信息即可。但魔法师之间的关系有好有坏，例如A愿意传递信息给B，B不愿意传递信息给C，因此他们组成了一个个小圈子，在小圈子里的所有魔法师相互之间可以直接或间接地传递信息，不同的小圈子中的魔法师之间不能互相传递信息。换句话说，如果A愿意传递信息给B，而B无法直接或间接把信息传递给A，则A和B不属于同一个小圈子。极端情况下，一个人组成一个小圈子。现给出魔法师们之间的关系，问有多少个小圈子?

【输入格式】

第一行为一个整数 n，随后 n 行中每行数字个数不等，依次表示每个魔法师愿意分享信息的魔法师的编号，每行以0结束。

如果某个魔法师不愿意分享信息给任何人，则相应行只有1个0。

【输出格式】

一个正整数，表示最多要传递的信息次数。

【输入样例】

```
6
2 3 0
4 0
4 5 0
1 6 0
6 0
0
```

【输出样例】

```
3
```

【算法分析】

输入样例如图5.109所示，其中1、2、3、4两两可达，5和6只能各自单独发送信息。

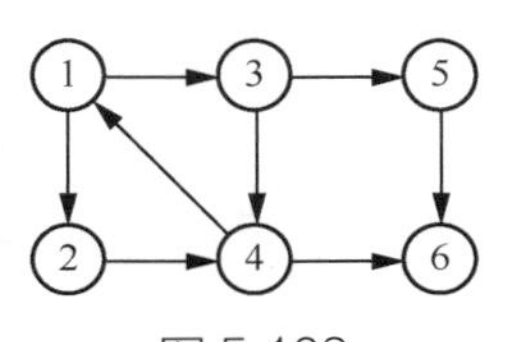

图5.109

我们把{1,2,3,4}、{5}、{6}称为强连通分量，相关定义如下。

（1）如果有向图 G 的任何两顶点都互相可达，则称图 G 是强连通图。

（2）有向图的极大强连通子图，称为有向图的强连通分量。

图 5.110 中有 4 个强连通分量。

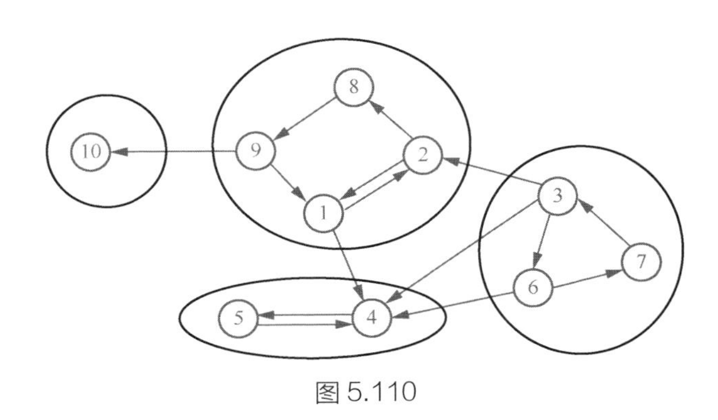

图 5.110

计算强连通分量的算法有：Kosaraju 算法、Tarjan 算法和 Garbow 算法。

Kosaraju 算法用于求有向图中的强连通分量的个数。它是指对原图 G 和反图 G' 分别进行一次 DFS。

Kosaraju 算法的具体实现过程介绍如下。

对图 G 进行 DFS，并在这一过程中，记录每一个点的进入和退出顺序（时间戳）。例如以 1 为起点，访问节点顺序可能如图 5.111 所示。

图中起点 1 的时间戳为 1/12，表示 1 是第 1 个单元时间入栈、第 12 个单元时间出栈的。现按出栈时间顺序将节点加入堆栈如图 5.112 所示。

倒转图 G 每一条边的方向，构造出 G 的反图 G' 如图 5.113 所示。

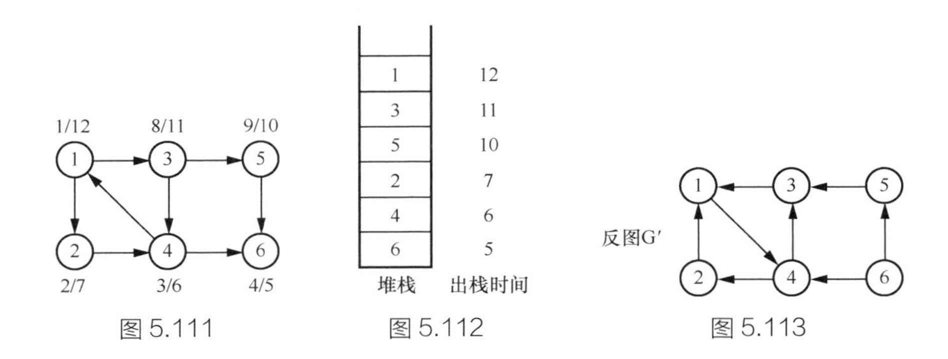

图 5.111　　图 5.112　　图 5.113

对反图进行 DFS，具体方法如下。

（1）每次从栈顶取出元素。

（2）检查是否被访问过。

（3）若没被访问过，以该点为起点，对反图进行 DFS。

（4）否则返回第一步，直到栈空为止。

对反图进行 DFS 时，从一个节点开始能搜索到的最大连通块就是该点所在的强连通分量。

（1）从节点 1 出发，能走到节点 2、3、4，所以{1,2,3,4}是一个强连通分量。

（2）从节点 5 出发，无路可走，所以{5}是一个强连通分量。

（3）从节点 6 出发，无路可走，所以{6}是一个强连通分量。

Kosaraju 算法依赖于一个事实，即一个有向图的强连通分量与其反图的强连通分量是一样的（即假如任意顶点 s 与 t 属于原图中的一个强连通分量，那么在反图中这两个顶点必定也属于同一个强连通分量，这个事实由强连通性的定义可证）。

Kosaraju 算法的原理为：如果有向图 G 的一个子图是强连通子图，那么各边反向后没有任何影响，子图内各顶点间仍然连通，子图仍然是强连通子图。但如果子图 G' 是单向连通的，那么各边反向后可能某些顶点间就不连通了，因此各边的反向处理是对非强连通块的过滤。

以图 5.114 为例，图中有两个强连通分量，即 A 和 B。第一次 DFS 从 A_1 出发时，从 A 到 B 是通过 A_3 到 B_2 的。

第二次 DFS 从图 G 的反图 G' 出发，此时 A_1 在栈顶，从 A_1 开始遍历，是不可能从 A_3 到 B_2 的（只能在自己所在的强连通分量里搜索），这就得到了一个强连通分量，如图 5.115 所示。

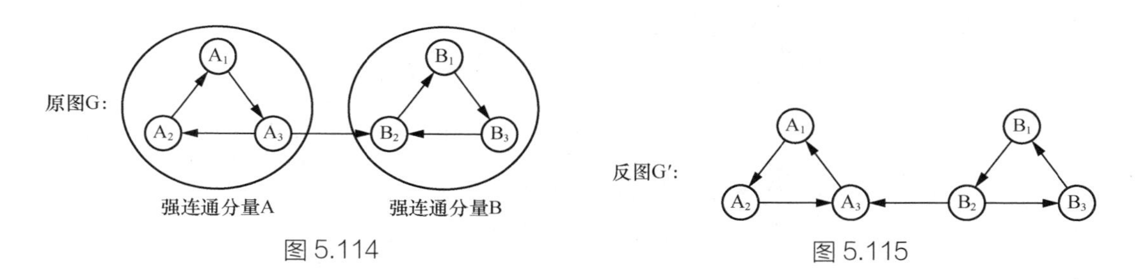

图 5.114

图 5.115

参考程序如下。

```
1   // 信息共享
2   #include <bits/stdc++.h>
3   using namespace std;
4   const int MAXN=210;
5
6   vector<int> G1[MAXN],G2[MAXN],Stack;
7   bool In[MAXN],visit[MAXN];
8   int ID[MAXN],Count;
9
10  void Dfs1(int u)
11  {
12    if(visit[u])
13      return;
14    visit[u]=true;
15    for(int i=0; i< G1[u].size(); i++)
16      Dfs1(G1[u][i]);
17    Stack.push_back(u);                          // 入栈
18  }
19
20  void Dfs2(int u)
```

```
21  {
22    if(ID[u])
23      return;
24    ID[u]=Count;                                          // 编号
25    for(int i=0; i<G2[u].size(); i++)
26      Dfs2(G2[u][i]);
27  }
28
29  int main()
30  {
31    int n,to;
32    scanf("%d",&n);
33    for(int i=0; i<n; i++)
34    {
35      while(scanf("%d",&to) && to)
36      {
37        G1[i].push_back(to-1);                             // 原图
38        G2[to-1].push_back(i);                             // 反图
39      }
40    }
41    for(int i=0; i<n; i++)                                 // 第一次 DFS 求出栈顺序
42      Dfs1(i);
43    Count=0;                                               // 强连通分量数初始为 0
44    for(int i=n-1; i>=0; i--)                              // 倒序出栈
45      if(!ID[Stack[i]])                                    // 如果没有被编号
46      {
47        Count++;
48        Dfs2(Stack[i]);
49      }
50    printf("%d\n",Count);
51    return 0;
52  }
```

■ **同步练习**

- 乡村教师（网站题目编号：405040）
- 雪场缆车（网站题目编号：405041）

5.10 树的一些应用

5.10.1 次小生成树算法

■ 405042 唯一最短路

【题目描述】唯一最短路（OnePath）PKU 1679

你需要判断最短路径是否唯一，简单说来，就是判断最小生成树是否唯一，唯一则输出权值，不唯一则输出“Not Unique!”。

【输入格式】

第一行输入两个整数 n 和 m，即 n（$1 \leqslant n \leqslant 100$）个点和 m 条边。以下 m 行包括 3 个数 x_i、y_i、w_i，表示 x_i 与 y_i 对应的两点相连，其权值为 w_i，对于任意两点，最少有一条边相连。

【输出格式】

输出权值或“Not Unique!”。

【输入样例 1】

3 3
1 2 1
2 3 2
3 1 3

【输出样例 1】

3

【输入样例 2】

4 4
1 2 2
2 3 2
3 4 2
4 1 2

【输出样例 2】

Not Unique!

【算法分析】

求次小生成树即求第二小的生成树，次小生成树可由最小生成树换一条边得到。一般采用的方法是求出最小生成树后，依次删除最小生成树上的每一条边，然后生成 n−1 次最小生成树，记录下这个过程中的最小生成树的值，那么这个值就是第二小生成树的值了。Kruskal 算法的复杂度为 $O(n\text{elog2e})$，当图比较稠密时，复杂度接近 $O(n^3)$。

参考代码如下。

```
1   // 唯一最短路  次小生成树 1
2   #include <bits/stdc++.h>
3   using namespace std;
4   const int MAXN=10001;
5
6   int n,m,del;                              //del 为删除的边的下标
7   int dad[110];                             // 并查集数组，请参见第 8 章
8   bool flag[MAXN];                          // 标记某条边是否在最小生成树中
9   struct data
10  {
11    int x,y,w;
12  } edge[MAXN];                             // 记录边的起点和终点，还有权值
13
```

```
14  int Cmp(data a,data b)
15  {
16    return a.w<b.w;
17  }
18
19  int FindFather(int x)                         //寻找根节点并进行路径压缩
20  {
21    return dad[x]==x?x:dad[x]=FindFather(dad[x]);
22  }
23
24  int Kruskal()
25  {
26    int ans=0,count=0,index=0;
27    for(int i=1; i<=n; i++)
28      dad[i]=i;                                //并查集初始化
29    while(count<n-1)                           //还没有完成最小生成树时
30    {
31      index++;                                 //index 从 1 开始
32      if(index!=del)                           //初次执行 kruskal() 时，del=0，不会触发判断
33      {
34        int x=FindFather(edge[index].x);//寻找根节点
35        int y=FindFather(edge[index].y);
36        if(x!=y)
37        {
38          count++;
39          ans+=edge[index].w;
40          dad[x]=dad[y];                       //合并集合
41          if(del==0)                           //第一次生成最小生成树时
42            flag[index]=1;                     //标记该边在最小生成树中
43        }
44      }
45    }
46    return ans;
47  }
48
49  int main()
50  {
51    scanf("%d%d",&n,&m);
52    for(int i=1; i<=m; i++)
53      scanf("%d%d%d",&edge[i].x,&edge[i].y,&edge[i].w);
54    sort(edge+1,edge+1+m,Cmp);                 //贪心法，按权值排序
55    memset(flag,0,sizeof(flag));               //初始化为未被使用过
56    int ans=Kruskal();
57    if(m==n-1)                                 //唯一最小生成树，直接输出结果
58    {
59      printf("%d\n",ans);
60      return 0;
61    }
62    for(int t=1; t<=n-1; t++)                  //进行 n-1 次删边的操作
63      for(int i=++del; i<=m; i++)              //寻找下一个删除的边
64        if(flag[i])                            //如果该边在最小生成树中
65        {
```

```
66          del=i;                            //该边即尝试要删除的边
67          if(Kruskal()==ans)                //生成次小生小树和最小生成树等值
68          {
69            printf("Not Unique!\n");
70            exit(0);
71          }
72        }
73      printf("%d\n",ans);
74      return 0;
75  }
```

一种更简单的方法是先通过 Kruskal 算法或 Prim 算法求出最小生成树 T，再在 T 中添加一条不在 T 中的边，添加后一定会形成环。例如图 5.116 中的最小生成树，添加了节点 3 到节点 5 的边后，形成了环。

此时要构造次小生成树就必须删除环上的一条边，且为了使生成树的权值和最小，要选择环上边权第二大的一条边来删除（即环中属于 T 的最大边），如图 5.117 所示。

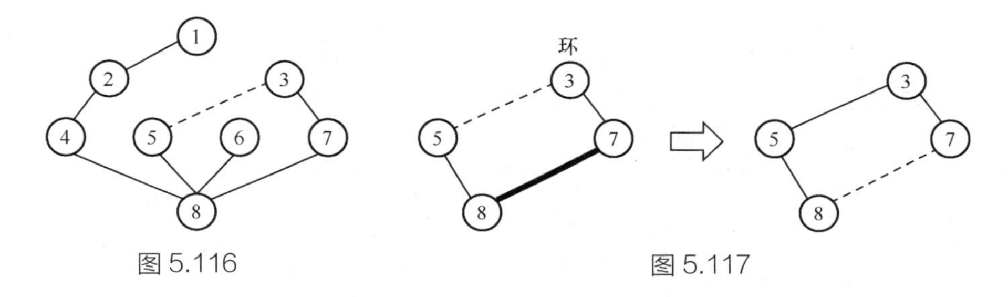

图 5.116　　　　图 5.117

以图 5.117 为例，如何知道环中属于 T 的边权最大的边是节点 8 到节点 7 的边呢？事实上这是在第一遍求最小生成树的时候就通过 DP 算法预先计算出来并保存在二维数组 Max[ ][ ] 中的，即 Max[u][v] 保存的是从节点 u 到节点 v 的路径上边权的最大值。所以对于图 5.117 来说，添加了节点 3 到节点 5 的边后，删除的边的权值即 Max[3][5]。

现以 Prim 算法为例来演示 Max[ ][ ] 的推导过程。我们知道，在每添加一条最短边到最小生成树（MST）的过程中，该边的两个节点中必然有一个节点在 MST 集合中，有一个节点在 MST 集合外。例如，在图 5.118 中，添加的是节点 1 到节点 5 的这条边。

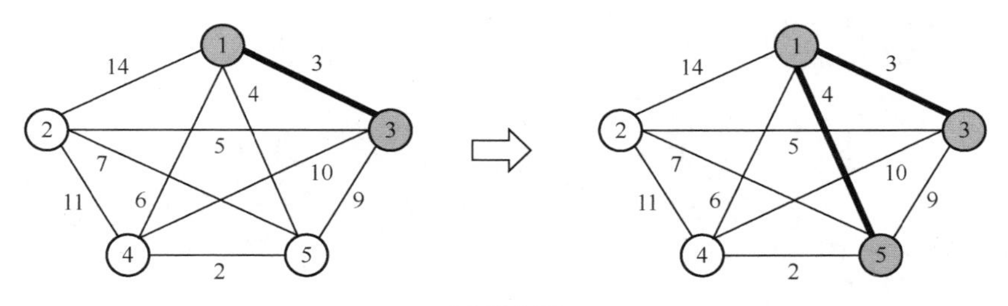

图 5.118

设在 MST 集合中的节点为 i 的父节点，并保存在 dad[i] 中。那么对于集合外的节点来说，它们对应的父节点，应该是 MST 集合中离它们最近的节点，即在没有添加节点 5 之前，dad[5] = 1、dad[4] = 1、dad[2] = 3，添加了节点 5 之后，dad[4] = 5。

设 G[i][j] 表示节点 i 到节点 j 的边权值，则在添加了节点 1 到节点 5 的这条边后，当前最小生成树中，节点 3 到节点 5 的路径上，最大边权值 Max[3][5] 应该为 max(G[1][5],G[1][3])，其中 G[1][3] 可以看作 G[dad[5]][3]。

推广到普遍情况如图 5.119 所示，当 MST 集合新添加一个节点 k 后，对于某个节点 j 来说，如果在节点 j 和 k 之间连一条边，就连成了一个环。这时需要删除的边为 Max[j][k] 对应的边，而 Max[j][k] 显然是 Max[j][i] 和新加的边的权值 Min 中的最大值。

同理，如图 5.120 所示，当添加了节点 4 到节点 5 的边到最小生成树中后，节点 1 到节点 4 的路径上，最大边权值 Max[1][4] = max(G[4][5],G[1][dad[4]])；节点 3 到节点 4 的路径上，最大边权值 Max[3][4] = max(G[4][5],Max[3][5])。这样如果添加节点 1 到节点 4 的边，删除 Max[1][4] 对应的边即可；如果添加节点 3 到节点 4 的边，删除 Max[3][4] 对应的边即可。

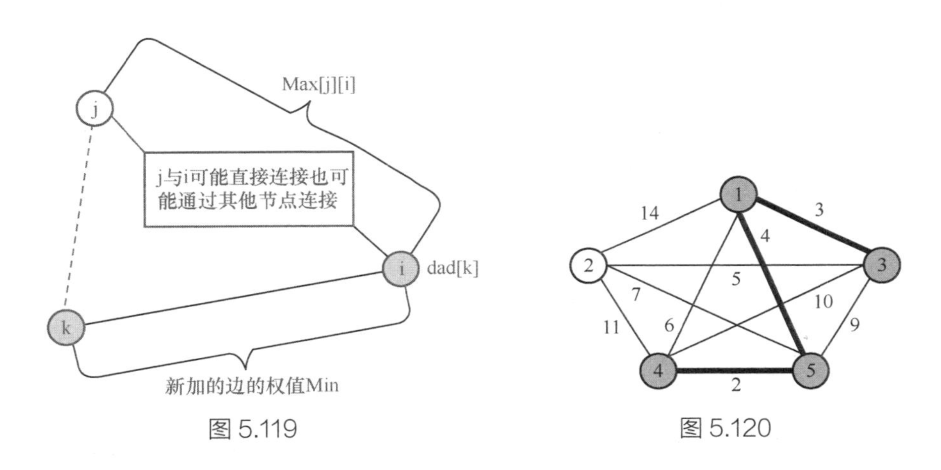

图 5.119

图 5.120

解决了判断环上边权值第二大的边的问题后，接下来只需要依此法枚举添加其他不在 T 中的边，再删除环中属于 T 的最大边……，取所有枚举修改的生成树的最小值，即次小生成树。

显然若添加的边的权值与删除的边的权值相等，则最小生成树非唯一。

由于只用求一次最小生成树，可以用最简单的 Prim 算法，其时间复杂度为 $O(n^2)$。算法的瓶颈不在求最小生成树，而在 $O(n^2 + e)$ 的枚举加边修改，所以用更好的最小生成树算法是没有必要的。

参考代码如下。

```
1  //唯一最短路  次小生成树 2
2  #include <bits/stdc++.h>
3  using namespace std;
4  const int INF=0x3f3f3f3f;
5
6  int n,m;
7  bool InMST[110][110];                    //表示边 (i,j) 是否在最小生成树中
8  int G[110][110],Max[110][110],dad[110],mincount[110];
```

```
9
10  int Prim()                                        //Prim 算法
11  {
12    int ans=0,k;
13    for(int i=1; i<=n; i++)
14    {
15      mincount[i]=G[1][i];
16      dad[i]=1;                                     //初始时 MST 集合中只有节点 1
17    }
18    mincount[1]=0;                                  //将节点 1 放入集合
19    for(int i=1; i<n; i++)
20    {
21      int Min=INF;
22      for(int j=1; j<=n; j++)
23        if(mincount[j] && mincount[j]<Min)//寻找集合外边权值最小的边
24        {
25          k=j;
26          Min=mincount[j];
27        }
28      mincount[k]=0;                                //将 k 点加入集合
29      ans+=Min;
30      InMST[dad[k]][k]=InMST[k][dad[k]]=1;//将边加入最小生成树
31      for(int j=1; j<=n; j++)                       //遍历所有点，求其余点到 k 的最大边权值
32        Max[j][k]=max(Min,Max[j][dad[k]]);//新边或 j 到 k 父节点最大边权值
33      for(int j=1; j<=n; j++)
34        if(mincount[j]>G[k][j])
35        {
36          mincount[j]=G[k][j];                     //更新 k 点到集合外的点的最小边权值
37          dad[j]=k;                                //标记集合外 j 点离集合内的 k 点最近
38        }
39    }
40    return ans;                                    //返回最小生成树的权值
41  }
42
43  int main()
44  {
45    memset(G,INF,sizeof(G));                       //设所有边的初始权值为无穷大
46    scanf("%d %d",&n,&m);
47    for(int u,v,w; m; m--)
48    {
49      scanf("%d %d %d",&u,&v,&w);
50      G[u][v]=G[v][u]=w;
51    }
52    int mst=Prim();
53    for(int i=1; i<=n; i++)                        //从全部边中枚举不在最小生成树上的边添加
54      for(int j=1; j<=n; j++)
55        if(!InMST[i][j] && G[i][j]!=INF && G[i][j]==Max[i][j])//和删除边等价
56        {
57          printf("Not Unique!\n");                 //添加边和删除边等价，最小生成树不唯一
58          exit(0);
59        }
60    printf("%d\n",mst);
```

```
61        return 0;
62    }
```

更进一步地，可以考虑用树上倍增处理出树上路径边权最大的边，求 (x, y) 的路径最大值就是从 x 跳到最近公共祖先（Least Common Ancestor，LCA）和从 y 跳到最近公共祖先 LCA 的最大值，相关资料请感兴趣的读者自行查找。

顺便说一下，k 小生成树的算法可由此衍生，即求得次小生成树后再按照此法求次次小生成树，直到求得 k 小生成树。

5.10.2　基环树

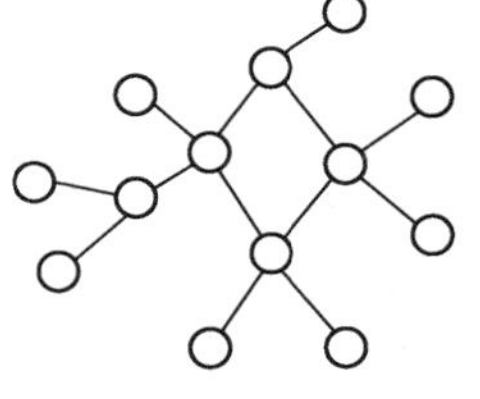

图 5.121

基环树（环套树）如图 5.121 所示，即有 n 个节点、n 条边的图，也就是有一个环的树，环上的每个节点都可以看作树根。

有向基环树又分内向树和外向树，当然也有无向树，如图 5.122 所示。

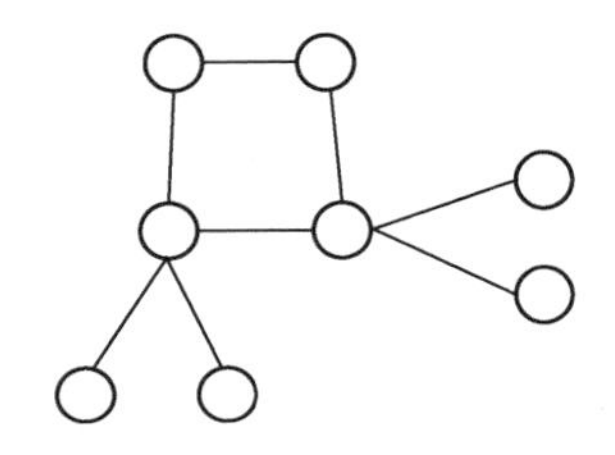

无向树（n点、n边无向图）　外向树（每个点只有一条入边）

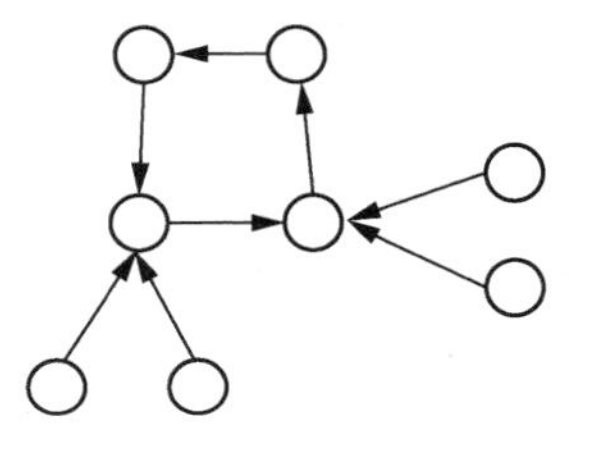

内向树（每个点只有一条出边）

图 5.122

■ 405043 发现环

【题目描述】发现环（loop）第八届蓝桥杯决赛

小光的实验室有 N 台计算机，编号为 1 ~ N。原本这 N 台计算机之间有 N − 1 条数据链相连，恰好构成一个树形网络。在树形网络上，任意两台计算机之间有唯一的路径相连。

不过在最近一次维护网络时，管理员误操作使得某两台计算机之间增加了一条数据链，于是网络中出现了环路。环路上的计算机由于两两之间不再只有一条路径相连，使得这些计算机上的数据传输出现了错误。

为了恢复正常传输，小光需要找到所有在环路上的计算机，你能帮助他吗？

【输入格式】

输入第一行包含一个整数 N。

随后 N 行，每行有两个整数 a 和 b，表示 a 和 b 对应计算机之间有一条数据链相连。

对于 30% 的数据，$1 \leqslant N \leqslant 1000$。

对于 100% 的数据，$1 \leqslant N \leqslant 100000$，$1 \leqslant a,b \leqslant N$。

输入保证合法。

【输出格式】

按从小到大的顺序输出在环路上的计算机的编号，中间以空格分隔。

【输入样例】

5

1 2

3 1

2 4

2 5

5 3

【输出样例】

1 2 3 5

【算法分析】

该题是朴素的基环树上找环的模板题，参考程序如下。

```
1	//发现环 并查集算法
2	#include <bits/stdc++.h>
3	using namespace std;
4	const int MAXN=100005;
5	
6	int n,s,f,u,v;
7	int father[MAXN], vis[MAXN], ans[MAXN];
8	vector<int> edge[MAXN];
9	
10	int Find(int x)
11	{
12	  return father[x]==x ? x : father[x]=Find(father[x]);
13	}
14	
15	void DFS(int u, int idx)
16	{
17	  ans[idx]=u;
18	  if(u==f)                                        //找到环了
19	  {
20	    sort(ans, ans+idx+1);                         //排序后输出
21	    for(int i=0; i<=idx; i++)
22	      printf("%d%c", ans[i], i==idx?'\n':' ');
23	    return;
24	  }
25	  vis[u]=1;
26	  for(int i=0; i<edge[u].size(); i++)
27	  {
28	    int v=edge[u][i];
29	    if(!vis[v])
30	      DFS(v,idx+1);
31	  }
32	  vis[u]=0;
```

```
33  }
34
35  int main()
36  {
37    while(scanf("%d", &n)==1)
38    {
39      for(int i=1; i<=n; i++)
40        father[i] = i;
41      for(int i=0; i<n; i++)
42      {
43        scanf("%d%d", &u, &v);
44        int ru=Find(u);
45        int rv=Find(v);
46        if(ru==rv)
47          s=u, f=v;                           //找到起点和终点，不连边
48        else
49        {
50          father[ru]=rv;                      //合并
51          edge[u].push_back(v);
52          edge[v].push_back(u);
53        }
54      }
55      memset(vis, 0, sizeof(vis));
56      DFS(s, 0);
57    }
58    return 0;
59  }
```

还可以使用拓扑排序算法判断环，因为拓扑排序算法的核心思想是每次找入度为 0 的点进入输出队列，然后将与此点相连的节点入度减 1……，当经过 n–1 次后还有点没进输出队列，那么这些点就是环上的。道理很简单：环上的各点入度都为 1，没有入度为 0 的，所以就不能更新。

原始的拓扑排序算法解决的是有向无环图，拓扑出入度为 0 的点，但是本题中的边是无向的，可以用双向边表示，显然在环上的点的入度至少为 2。于是可以将拓扑出入度为 0 的点，变形为拓扑出入度为 1 的点，最后剩下的是一个各点入度为 2 的环。

参考程序如下。

```
1   //发现环  拓扑排序算法
2   #include <bits/stdc++.h>
3   using namespace std;
4
5   vector<int>vec[100005];
6   queue<int>que;
7   int deg[100005];                                //保存各点的入度
8   bool vis[100005];
9   int n;
10
11  void TopSort()
12  {
13    memset(vis,true,sizeof(vis));
```

```
14    while(!que.empty())
15      que.pop();
16    for(int i=1; i<=n; i++)                          // 寻找入度为 1 的点
17      if(deg[i]==1)
18        que.push(i);
19    while(!que.empty())
20    {
21      int now=que.front();
22      que.pop();
23      vis[now]=false;
24      for(int i=0; i<vec[now].size(); i++)
25        if(--deg[vec[now][i]] == 1)
26          que.push(vec[now][i]);
27    }
28  }
29
30  int main()
31  {
32    scanf("%d",&n);
33    for(int i=0,a,b; i<n; i++)
34    {
35      scanf("%d%d",&a,&b);
36      vec[a].push_back(b);
37      vec[b].push_back(a);
38      deg[a]++;                                      // 入度 ++
39      deg[b]++;
40    }
41    TopSort();
42    for(int i=1; i<=n; i++)
43      if(vis[i])
44        printf("%d%c",i,i==n?'\n':' ');
45    return 0;
46  }
```

发现环的问题除了可以使用之前的 Floyd 算法解决外，还可以使用并查集算法解决。在输入边的同时，利用并查集判断当前两个节点是否已经连通，如果已经连通，那么这两个节点一定在环上，并且边也是环上的。则以这两个节点分别作为起点和终点，用 DFS 找到起点到终点的路径，这条路径上的所有节点就是环上的所有节点。

■ 405044 信息传递

【题目描述】信息传递（message）NOIP 2015

有 n 个同学（编号为 1 ~ n）正在玩一个信息传递的游戏。在游戏里，每人都有一个固定的信息传递对象，其中，编号为 i 的同学的信息传递对象是编号为 T_i 的同学。

游戏开始时，每人都只知道自己的生日。之后每一轮中，所有人会同时将自己当前已知的生日信息告诉各自的信息传递对象（注意：可能有人可以从若干人那里获取信息，但是每人只会把信息告诉一个人，即自己的信息传递对象）。当有人从别人口中得知自己的生日时，游戏结束。请问该游戏一共可以进行几轮。

【输入格式】

输入第一行包含 1 个正整数 n，表示 n 个人。

第二行包含 n 个用空格隔开的正整数 T_1、T_2…… T_n，其中第 i 个整数 T_i（$T_i \leqslant n$ 且 $T_i \neq i$）表示编号为 i 的同学的信息传递对象的编号。

【输出格式】

输出一个整数，表示游戏一共可以进行多少轮。

【输入样例】

5

2 4 2 3 1

【输出样例】

3

【样例说明】

游戏的流程如图 5.123 所示。当进行完第 3 轮游戏后，4 号玩家会听到 2 号玩家告诉他自己的生日，所以答案为 3。当然，第 3 轮游戏后，2 号玩家、3 号玩家都能从自己的消息来源得知自己的生日，同样符合游戏结束的条件。

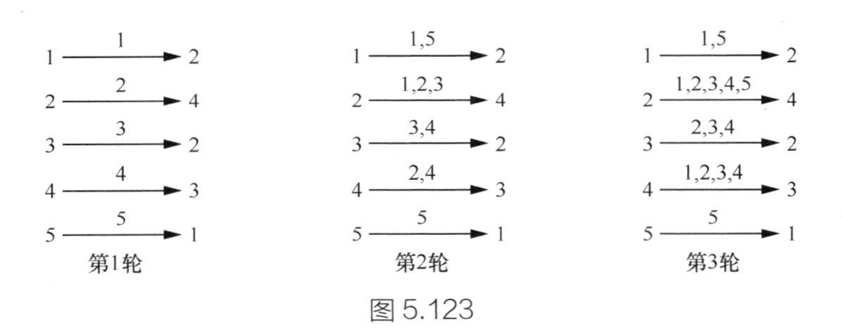

图 5.123

【数据规模】

对于 30% 的测试数据，$n \leqslant 200$；

对于 60% 的测试数据，$n \leqslant 2500$；

对于 100% 的测试数据，$n \leqslant 200000$。

【算法分析】

将每个同学当作一个节点，将每次信息传递当作一条有向边，不难发现，如果想要使一个同学说出的生日重新传回自己的耳中，图中必定有一个环。

使用 Tarjan 算法也可以找到环，即加一个堆栈，每次 DFS 到新节点 u 时将它入栈，当 DFS 结束时，如果该节点的 dfn[u] = low[u]，说明节点 u 是强连通分量的根，则对堆栈中节点 u 之上的节点依次出栈，因为这些节点均属于同一强连通分量。

参考代码如下。

```
1  //信息传递
2  #include <bits/stdc++.h>
```

```
3	using namespace std;
4	const int MAXN=2e5+10;
5	
6	stack<int>st;
7	vector<int>vec[MAXN];
8	int n,cnt,idx,ans=MAXN;
9	int dfn[MAXN],low[MAXN],vis[MAXN];
10	
11	void Tarjan(int x)
12	{
13	  low[x]=dfn[x]=++idx;
14	  st.push(x);
15	  vis[x]=1;
16	  for(int i=0; i<vec[x].size(); i++)
17	  {
18	    int v=vec[x][i];
19	    if(!dfn[v])
20	    {
21	      Tarjan(v);
22	      low[x]=min(low[x],low[v]);
23	    }
24	    else if(vis[v])
25	      low[x]=min(low[x],dfn[v]);
26	  }
27	  if(low[x]==dfn[x])                          // 找到环
28	  {
29	    vis[x]=0;
30	    for(cnt=1; st.top()!=x; cnt++)            // 使用 cnt 统计环中节点个数，初始为 1
31	      st.pop();                               // 因为栈顶 =x 时循环结束，cnt 少算一个
32	    if(cnt>2)                                 // 一个节点不能形成环
33	      ans=min(ans,cnt);
34	  }
35	}
36	
37	int main()
38	{
39	  scanf("%d",&n);
40	  for(int i=1,x; i<=n; i++)
41	  {
42	    scanf("%d",&x);
43	    vec[i].push_back(x);
44	  }
45	  for(int i=1; i<=n; i++)
46	    if(!dfn[i])
47	      Tarjan(i);
48	  printf("%d\n",ans);
49	  return 0;
50	}
```

因为题目中每个人只会把信息告诉一个人，所以可以使用 Tarjan 算法求最小环。但如果每

个人可以把信息告诉不止一个人的话，如图 5.124 所示，使用之前的 Tarjan 算法就会得到错误的答案。

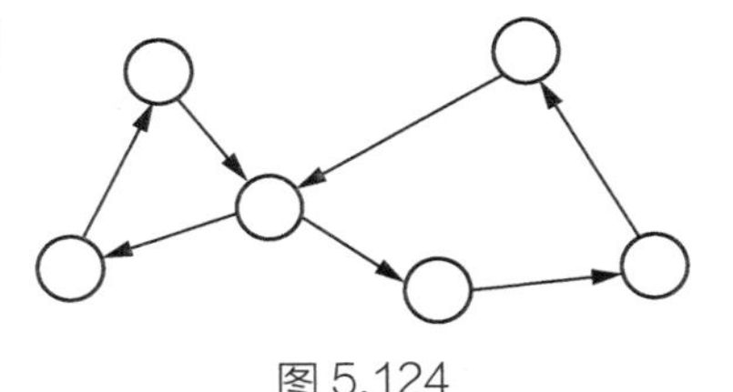
图 5.124

■ **同步练习**

- 旅行（网站题目编号：405045）
- 骑士（网站题目编号：405046）

5.10.3　度限制生成树

■ **405047 野餐**

【题目描述】野餐（picnic）PKU 1639

马戏团的小丑们有一个特异功能，无论一个车子有多小，他们都能钻进去，也就是说，一辆车子能够容纳无限个小丑。

现在小丑们要去公园野餐，他们住在不同的地方。为了节约能源，要使得所有车子加起来走的路程最短，往往是几个小丑各自开车到另一个小丑家停车后，再挤在一辆车上开车到公园。

但是公园的停车位是有限的，公园最多只能停 k 辆车。一旦某个小丑开车到了公园，那么就必须停在公园，不能再回去载其他小丑了。

求所有小丑开车的最短总路程。

【输入格式】

第一行是一个整数 n，表示小丑与小丑之间及与公园之间的连接数。以下 n 行表示从 A 地到 B 地的路程，路是双向的，小丑数不会超过 20，并且地名的长度不会超过 10 个字符。每一个小丑的家到公园的路是连通的，不会出现无解的情况。最后一行数据是一个整数，表示公园可以容纳的车辆数。

【输出格式】

最小路径数。

【输入样例】

```
10
Alphonzo Bernardo 32
Alphonzo Park 57
Alphonzo Eduardo 43
Bernardo Park 19
Bernardo Clemenzi 82
Clemenzi Park 65
Clemenzi Herb 90
Clemenzi Eduardo 109
Park Herb 24
Herb Eduardo 79
```

3

【输出样例】

Total miles driven: 183

【算法分析】

此题是最小生成树问题的扩展，之前的最小生成树中每个节点的度是任意的，但如果对无向图中的某一个节点（例如 V_0）的度做出限制，即 $d(V_0) \leqslant k$，那么把 $d(V_0) = k$ 的最小生成树称为无向图的最小 k 度限制生成树，其权值和记为 tree[k]。显然求无向图的最小度限制生成树等价于求 min(tree[i])（$1 \leqslant i \leqslant k$）。

那么现在问题是，对于节点 V_0，k 有没有最小限制？观察图 5.125。

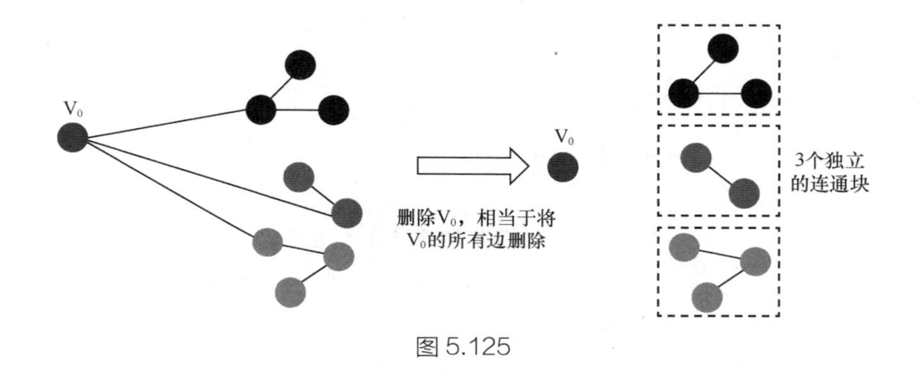

图 5.125

可以看到，将 V_0 的所有边删除后，右边出现了 3 个独立的连通块，可见，当 $d(V_0) < 3$ 时，问题无解，即 V_0 的度最小应为 3。

可知，对于任意一个无向图，将 V_0 去除后，原图剩余部分有 k_0 个连通块，那么当 $k < k_0$ 时肯定不存在 k 度最小度限制生成树。

现假设对于图 5.125 中的 V_0，已求出 tree[3] 的值，那么如何求 tree[4]、tree[5]、tree[6]……的值呢？换言之，已知 tree[m]，是否能求出 tree[$m+1$] 的值？

以图 5.126 为例，对于 V_0 来说，由于去掉 V_0 后的几个连通块相对独立，因此，不妨只考虑只有 1 个连通块的情况下的 tree[1] 的值如何求。

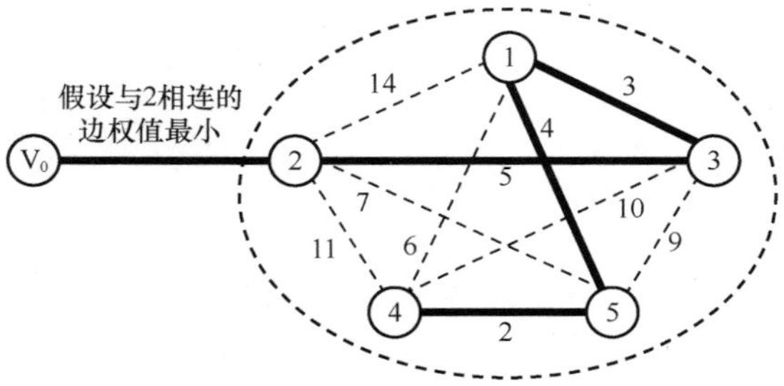

图 5.126

很显然，求该图的 1 度限制最小生成树等价于求连通块的最小生成树，再从 V_0 枚举一条到连通块中的边使得权值和最小即可。

那么 2 度限制最小生成树如何求呢？我们尝试在 1 度限制最小生成树的基础上增加一条边以达到度限制要求。显然在增加一条边后，图 5.127 中出现了环，因此我们需要删除一条边（不与 V_0 相关联）。

那么删除哪条边呢？显然删除环中的最大权值边（不与 V_0 相关联），即得到 2 度限制最小生成树，如图 5.128 所示。

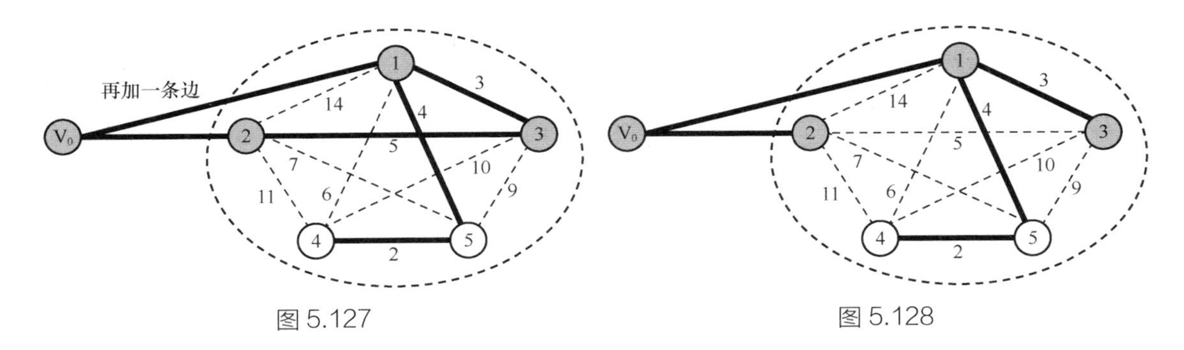

图 5.127　　　　　　　　　　图 5.128

由此可看出，求解 k 度限制最小生成树的关键步骤如下。

（1）增加一条从 V_0 出发的边，记作 (V_0,i)。

（2）删除环中的最大权值边 (a,b)。

（3）则 tree[k + 1] = tree[k] + cost[V_0,i] − cost[a,b]（cost[a,b] 表示边 (a,b) 的权值）。该操作称为差额最小添删操作。

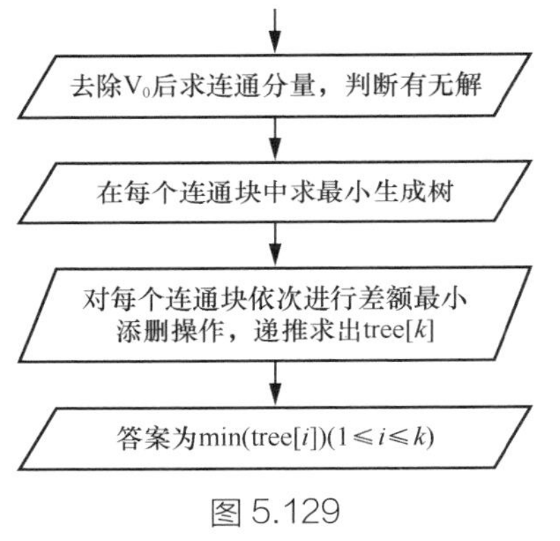

图 5.129

则可得算法流程如图 5.129 所示。

但该算法流程中，最大的瓶颈在于找到环中的边权最大值，我们需要使用 DP 进行预处理。

设 best[i] 为 V_0 到 i 路径上与 V_0 无关联的边的最大边权，则状态转移方程为 best[i] = max(best[pre[i]],g[pre[i]][i])，其中 pre[i] 为 i 的前驱。可以将图看作以 V_0 为根的一棵树，那么维护的时间为 $O(E)$，E 为边数。边界条件为 best[V_0] = −∞，best[V'] = −∞ | $(V_0,V') \in E(T)$。

算法总时间复杂度为 $O(n^2 + kE)$，n 为点数，E 为边数。

参考代码可在下载资源中查看，文件保存在“第 5 章　图”文件夹中，文件名为“度限制生成树”。

5.10.4　最小树形图

■ 405048 战时通信

【题目描述】战时通信（Net）POJ 3164

战斗中，指挥官需要将命令通过传输网络下达到各作战单位，命令是单向传输的，不需要下面的作战单位向指挥官报告。现在给出各个作战单位的位置和可以建立连接的作战单位，问最少需要多少通信电缆。

【输入格式】

输入包含多组测试数据，每组测试数据的第一行包含两个整数 N（$N \leqslant 100$，表示节点的个数）和 M（$M \leqslant 10000$，表示可以架设有向电缆的节点对的数量）。接下来的 N 行，每行包含

两个整数 x_i 和 y_i，表示第 i 个节点的位置。接下来的 M 行，每行包含两个整数 i 和 j，表示从第 i 个节点到第 j 个节点可以架设一条有向电缆。指挥官的指挥部在第 1 个节点。

【输出格式】

每组数据对应一行输出，包含一个整数，表示至少需要的电缆长度。如果不能建立通信网，只需要输出“poor snoopy”。

【输入样例】

```
4 6
0 6
4 6
0 0
7 20
1 2
1 3
2 3
3 4
3 1
3 2
4 3
0 0
1 0
0 1
1 2
1 3
4 1
2 3
```

【输出样例】

```
31.19
poor snoopy
```

【算法分析】

题目要求生成的最小生成树必须以某一节点为根，并且需要能够由根到达所有的节点，这就是有向图的最小树形图问题。

求最小树形图使用朱 - 刘算法，该算法基于贪心和缩点的思想。所谓缩点，就是指将几个点看作一个点，所有连到这几个点的边都视为连到缩点，所有从这几个点连出的边都视为从缩点连出。

以图 5.130 为例。

（1）求最短弧集合 A，从所有以 V_i（非根节点）为终点的弧中取一条最短的弧。若对于点 V_i，没有入边，则不存在最小树形图，算法结束。否则将得到由 n 个点和 $n-1$ 条边组成的子图，该子图取的权值一定最小，但不一定是一棵树。例如到 V_2 的边中最小的权值是 7，到 V_3 的边中最小的权值是 3，如图 5.131 所示。

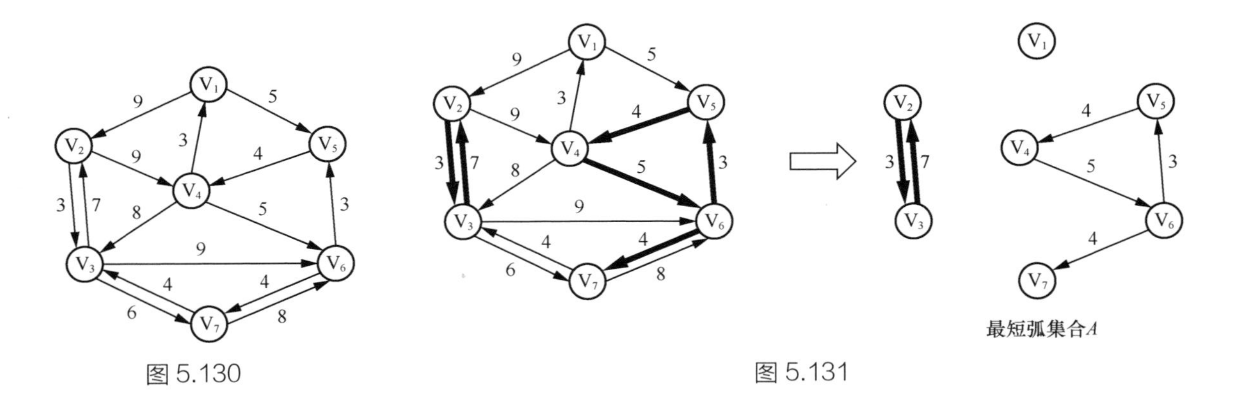

图 5.130

图 5.131

（2）若最短弧集合 A 中没有有向环且不含缩点，则 A 就对应最小树形图。若 A 没有环但含有缩点，则转向步骤（3）展开缩点，若 A 中含有向环，则收缩有向环。显然 A 中有两个环，下面以收缩 V_2 和 V_3 组成的环为例进行说明。

将 V_2 和 V_3 缩成一个点 V_2V_3，新点指向其他点的边权值不变，但从其他点指向 V_2V_3 点的边权值发生一定规则变化：新边权值 = 原边权值 − 指向原始点的最短弧权值。例如从 V_1 到 V_2 的原边权值为 9，指向 V_2 的最短弧权值为 7，故 V_1 指向 V_2V_3 的新边权值为 9 − 7 = 2，如图 5.132 所示。

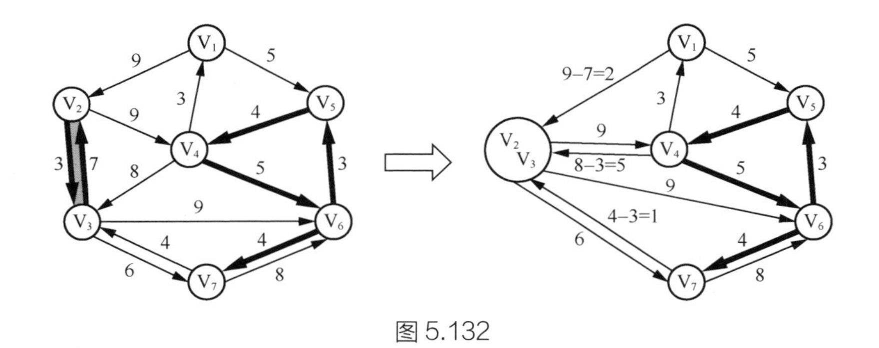

图 5.132

将 V_4、V_5、V_6 组成的环缩点为 $V_4V_5V_6$，可以发现，V_2V_3 到 $V_4V_5V_6$ 有重边，如图 5.133 所示。

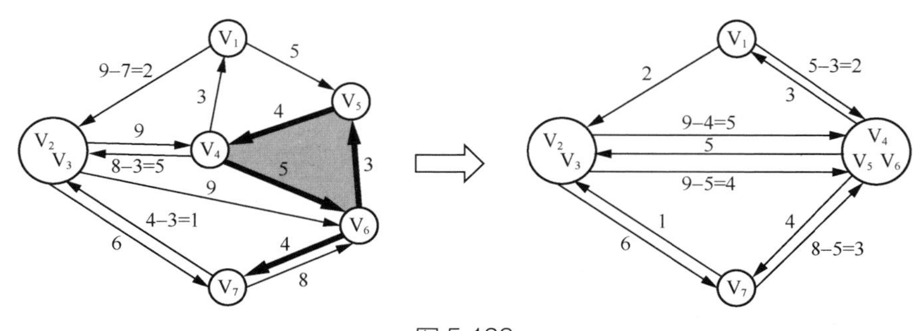

图 5.133

回到步骤（1），对生成的新图继续求最短弧集合，如图 5.134 所示。如果最小树形图没有求出，则如此反复操作直到最小树形图求出。

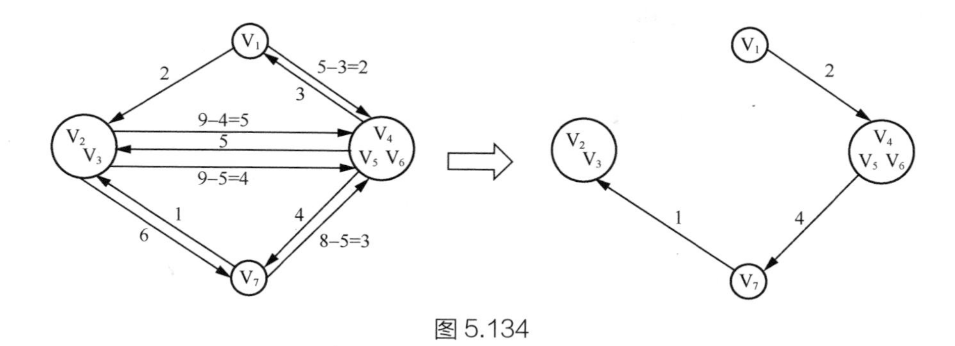

图 5.134

（3）如果最小树形图已经求出，将缩点展开成环，从环中去掉有相同终点的弧即可得到答案，如图 5.135 所示。

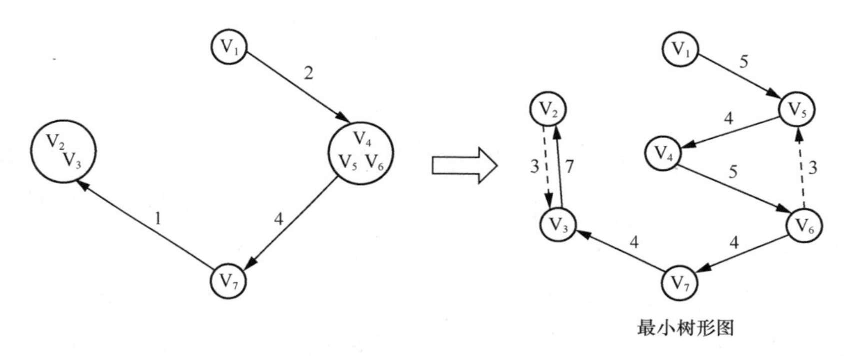

图 5.135

参考程序（只求权植，代码不含缩点的展开）可在下载资源中查看，文件保存在“第 5 章　图”文件夹中，文件名为“战时通信”。

朱 - 刘算法的时间复杂度为 $O(nm)$，Tarjan 优化朱 - 刘算法可以做到 $O((n+m)\log m)$，感兴趣的读者可以进一步研究。

■ 405049 指挥中心

【题目描述】指挥中心（city）HDU 2121

战斗进行得很顺利，指挥官希望在收复的城市中选择一个作为总部，要求该城市能够连通到其他城市，且道路花费要最少。已知道路都是单向的，请你找出最合适的城市及花费。

【输入格式】

输入数据有多组，每组数据的第一行为两个整数 N 和 M（$N \leqslant 1000$，$M \leqslant 10000$），表示城市数和道路数，城市编号为 0 ~ $N-1$。随后的 M 行中，每行有 3 个整数 S、T 和 C，表示从 S 到 T 对应城市的道路花费为 C。

【输出格式】

如果无解则输出“impossible”，否则输出最低花费和合适的城市编号。如果存在多个适合的城市，选择编号最小的城市。每组答案以一个空行结束。

【输入样例】

```
3 1
0 1 1

4 4
0 1 10
0 2 10
1 3 20
2 3 30
```

【输出样例】

```
impossible

40 0
```

【算法分析】

明显的最小树形图算法，但根不是固定的，如果使用枚举根的方式暴力求解肯定是不行的。

解决此类问题的方法一般是在原图上加一个虚根（原本不存在的点），并从这个虚根向每个节点都连一条边，其边的权值设为 sum，sum 大于图中所有边权值的和。然后以虚根为根求最小树形图，如果求出的最小树形图的权值和超过了 2sum，则说明从虚根至少连出去了两条边，即原图不存在最小树形图。如果差值小于 sum，说明虚根的出度只有 1，说明原图是连通图，那么权值和减去 sum 即答案。

编号最小的根节点可以在求最短弧集合的时候得到，即如果一条边被加入最短弧集合且这条边的起点是虚根，那么这条边的终点就是所求最小树形图的根。

如果有多解，必然存在一个环，环上的顶点都可以作为根。但根据最小入边的性质可知，如果没有缩点，必然找不到那个根，因为虚根连的边都非常大。但是缩点操作后，找到的必然是最小的那个编号的根。而且由于在使用朱 - 刘算法的过程中保留了所有的点，只是改了它们的 id，因此找到最小根 pos 后，最终的最小根就是 pos−m，其中 m 为原图上的边数。

参考程序如下。

```
1   //指挥中心
2   #include <bits/stdc++.h>
3   using namespace std;
4   const int MAXN=1005;
5   const int INF=0x7f7f7f7f;
6
7   int pre[MAXN],id[MAXN],vis[MAXN],n,m,pos;
8   long long in[MAXN];                        //存最小入边权，pre[v] 为该边的起点
9   struct node                                //边的权值和顶点
10  {
```

```
11	    int u,v;
12	    long long w;
13	} edge[MAXN * MAXN];
14	
15	long long Zhu_Liu(int root,int N,int E)
16	{
17	    long long Ans=0;                             //存最小树形图总权值
18	    while(true)
19	    {
20	        //1.找最短弧集合A
21	        for(int i=0; i<N; i++)
22	            in[i]=INF;                           //初始化为无穷大
23	        for(int i=0; i<E; i++)                   //遍历每条边
24	        {
25	            int u=edge[i].u;
26	            int v=edge[i].v;
27	            if(edge[i].w<in[v] && u != v)        //更新为权值更小的入边
28	            {
29	                pre[v]=u;                        //节点u指向v
30	                in[v]=edge[i].w;                 //最小入边
31	                if(u==root)                      //这个点就是实际的起点
32	                    pos=i;
33	            }
34	        }
35	        for(int i=0; i<N; i++)                   //判断是否存在最小树形图
36	            if(i!=root && in[i]==INF) return -1;//有点没有入边，无最小树形图
37	        //2.找环
38	        int Ring=0;                              //记录环数
39	        memset(id, -1, sizeof(id));
40	        memset(vis, -1, sizeof(vis));
41	        in[root]=0;
42	        for(int i=0; i<N; i++)                   //标记每个环
43	        {
44	            Ans+=in[i];                          //记录权值
45	            int v=i;
46	            while(vis[v] != i && id[v]==-1 && v != root)
47	            {
48	                vis[v]=i;
49	                v=pre[v];
50	            }
51	            if(v != root && id[v]==-1)
52	            {
53	                for(int u=pre[v]; u != v; u=pre[u])
54	                    id[u]=Ring;                  //标记节点u为第几个环
55	                id[v]=Ring++;
56	            }
57	        }
58	        if(Ring==0) break;                       //无环就执行break
59	        for(int i=0; i<N; i++)
60	            if(id[i]==-1)
61	                id[i]=Ring++;
62	        //3.建立新图，缩点，重新标记
```

```
63          for(int i=0; i<E; i++)
64          {
65            int u=edge[i].u;
66            int v=edge[i].v;
67            edge[i].u=id[u];
68            edge[i].v=id[v];
69            if(id[u] != id[v])
70              edge[i].w-=in[v];
71          }
72          N=Ring;
73          root=id[root];
74        }
75        return Ans;
76      }
77
78      int main()
79      {
80        while(scanf("%d%d", &n, &m) != EOF)
81        {
82          long long sum=0;
83          for(int i=0; i<m; i++)
84          {
85            scanf("%d%d%lld",&edge[i].u,&edge[i].v,&edge[i].w);
86            edge[i].u++;
87            edge[i].v++;
88            sum+=edge[i].w;
89          }
90          sum++;
91          for(int i=m; i<m+n; i++)                 // 增加虚根
92          {
93            edge[i].u=0;
94            edge[i].v=i-m+1;
95            edge[i].w=sum;                         // 虚根到其余各个节点的边权相同
96          }
97          long long ans=Zhu_Liu(0, n+1,m+n);     //n+1 为总节点数，m+n 为总边数
98          if(ans==-1 || ans-sum>=sum)
99            printf("impossible\n");
100         else
101           printf("%lld %d\n",ans-sum,pos-m);
102         printf("\n");
103       }
104       return 0;
105     }
```

■ **同步练习**

水井工程（网站题目编号：405050）

第 6 章 哈希

6.1 哈希

在编程过程中，常常面临着两个问题：存储和查找。存储和查找的效率往往决定了整个程序的执行效率。

理想的情况是不经过任何比较，一次就能找到所查的记录，那就必须在记录的存储位置和它的关键字之间建立一个确定的对应关系 H，使每个关键字和一个唯一的存储位置相对应，这个对应关系 H 为哈希（Hash）函数，按这个关系建立的表为哈希。例如使用康托展开式来作为对 n 个数的排列进行状态的压缩和存储的哈希函数，这种映射是一对一的关系，不会产生冲突。

但在更广泛的范围内，我们很难设计出均匀映射的哈希函数 $H(i)$ 来保证对于任意不同的 K_i 和 K_j，都有 $H(K_i) \neq H(K_j)$。$K_i \neq K_j$，而 $H(K_j) = H(K_i)$ 的现象称为冲突现象。由于冲突是难免的，当发生冲突时，必须要有相应的解决冲突的方法，因此构造合适的哈希函数和建立解决冲突的方法是哈希查找的两个任务。

现以一种简单易实现的哈希为例，通过模拟数据的插入与查找以进一步理解哈希。假设有 16 个数要插入哈希，分别为 13、7、15、21、58、89、25、87、92、33、74、65、97、14、18、37。

首先定义一个能容纳 19 个元素的数组，令哈希函数为 x%19，则哈希的建立过程如下。

插入 13、7、15、21、58 的过程非常顺利，但在插入 89 时，由于 89%19 = 13，而 13 的位置先前已经插入了 13 这个数，因此发生冲突，将 89 插入 13 后的空位上，如表 6.1 所示。

表 6.1

索引	0	1	2	3	4	5	6	7	8	9	10	11	12	13	14	15	16	17	18	19
值		58	21					7						13	89	15				

以后各数的插入过程类似，特别是在插入 37 时，冲突发生在表尾故 37 插入了表头，如表 6.2 所示。

表 6.2

索引	0	1	2	3	4	5	6	7	8	9	10	11	12	13	14	15	16	17	18	19
值	37	58	21	97	33		25	7	65			87		13	89	15	92	17	14	18

再来模拟哈希的查找过程，假设待查数列为 {7,24,89,14,34}，则查找过程如表 6.3 所示。

表 6.3

待查数	哈希值	查找过程	停止位置	查找结论
7	7	a[7] = 7	a[7] = 7	成功
24	5	a[5] = 0	a[5] = 0	失败
89	13	a[13] > 0 and a[13] ≠ 89	a[14] = 89	成功
14	14	a[14…17] ≠ 0 and a[14…17] ≠ 14	a[18] = 14	成功
93	17	a[17…19] ~ a[0…4] ≠ 0 and a[17…19] ~ a[0…4] ≠ 93	a[5] = 0	失败

由此可得出以下结论。

（1）应定义合适大小的哈希，表越大，发生冲突的可能性越小，查找速度越快，但浪费的空间也越多；表越小，发生冲突的次数就会增多，查找时间就会延长。最坏的情况是哈希中充满了数据，一个失败的查询可能永远无法完成。

（2）应尽可能设计好哈希函数使数据比较分散，例如，哈希的最大索引选择质数等。

实际应用中一般是使用类似邻接表的方式存储数据，以 13、7、15、21、58、89、25、87、92、33、74、65、97、14、18、37 共 16 个数为例，设哈希函数 $H(k) = k\%13$，则存储效果如图 6.1 所示。

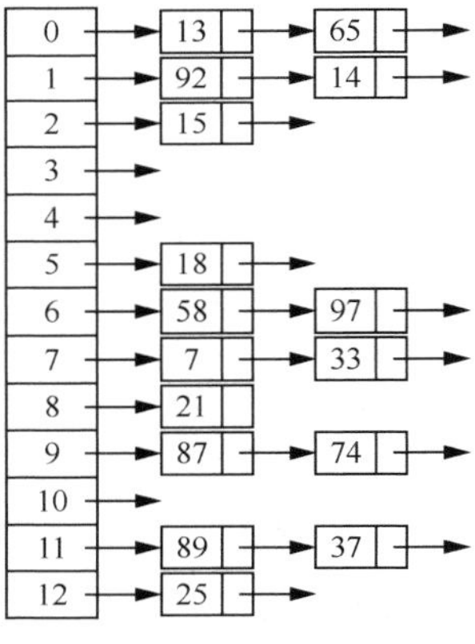

图 6.1

常用的哈希函数的构建方法有以下几种。

（1）数字分析法：从数据节点中提取数字分布比较均匀的若干位作为哈希地址。如对于 K_1~K_4 的数据序列 1100001134,1100001214,1000001316,1000001523，可以取第 7 位和第 8 位作为哈希地址，即 $H(K_1) = 11$，$H(K_2) = 12$，$H(K_3) = 13$，$H(K_4) = 15$。

（2）除留余数法：用关键字 K_i 除以一个合适的、不大于哈希大小的正整数 P，所得余数作为哈希地址。对应的哈希函数 $H(K_i)$ 为 $H(K_i) = K_i\%P$。由此方法产生的哈希函数的好坏由 P 决定，当 P 取小于哈希长的最大质数时，产生的哈希函数较好。该方法是一种简单而有效的构造哈希函数的方法。经验上一般选择在元素值域的 1 ~ 2 倍范围内的质数，例如当值域为 [0,600]，那么 701 是一个不错的选择。

（3）乘积取整法：用关键字 K 乘一个 0 ~ 1 的实数种子 A（最好是无理数），得到一个 $(0,k)$ 中的实数；取出其小数部分，乘表容量 M，再取积的整数部分，即得到关键字在哈希中的位置。例如表容量 $M = 12$，种子 $A = (\text{sqrt}(5)-1)/2$ 时，关键字 $K = 100$ 在哈希中的位置即 $H(100) = 9$。这个方法主要适用于小数。

■ 406001 单词拼写检查

【题目描述】单词拼写检查（word）

宠物机器人可以检查主人输入的单词是否有拼写错误。这是因为宠物机器人内置有一个单词库，里面存有常用的单词。待主人输入一个单词后，它就到库中查找是否有这种拼写，以判断输入单词的正误。

现给定一个单词库，库中存有 10000 个以内的单词（单词长度为 3~20），且单词没有按任何顺序排列。另给定 10000 个以内的待查单词，要求编程输出这些待查单词中有多少个单词拼写有误。题中单词均由小写字母组成。

【输入格式】

第一行为一个数字 N，表示单词库里有 N 个单词，随后是 N 行单词。紧接着一行为一个数 M，表示待查单词数，随后是 M 行待查单词。

【输出格式】

一行输出拼写错误的单词数。

【输入样例】

5
apple
be
love
up
down
3
up
down
bee

【输出样例】

1

【算法分析】

此题需建立哈希才可能在限定的时间里得出解。但建立哈希，仍需要一些技巧，例如，我们可以取单词的首、中、尾的字符顺序码加权。

参考程序如下。

```
1  //单词拼写检查
2  #include <bits/stdc++.h>
3  using namespace std;
4  const int MAXN=1123357;              //此处的质数过大，可选择更合适的质数
5  string h[MAXN+1];
6  int Total;
7
```

```
8   int Hash(string x)
9   {
10    int L=x.length();
11    return ((x[0]-65)*10000+(x[L/2]-65)*100+(x[L-1]-65))% MAXN;//取首、中、尾的字符顺序码
12  }
13
14  void Insert(string x)
15  {
16    int t=Hash(x);
17    while(h[t]!="" && h[t]!=x)
18    {
19      t++;
20      if(t== MAXN)
21        t=0;
22    }
23    h[t]=x;
24  }
25
26  void Find(string x)
27  {
28    int t=Hash(x);
29    while(h[t]!="" && h[t]!=x)
30    {
31      t++;
32      if(t== MAXN)
33        t=0;
34    }
35    if(h[t]=="")                              //没找到
36      Total++;
37  }
38
39  int main()
40  {
41    int n,m;
42    string wrd;
43    cin>>n;                                   //单词库中的单词数
44    for(int i=1; i<=n; i++)
45    {
46      cin>>wrd;
47      Insert(wrd);
48    }
49    cin>>m;                                   //待查单词数
50    for(int i=1; i<=m; i++)
51    {
52      cin>>wrd;
53      Find(wrd);
54    }
55    cout<<Total<<endl;
56    return 0;
57  }
```

■ 406002 相同的雪花

【题目描述】相同的雪花（snow）POJ 3349

“在真实的世界中，没有两片相同的雪花。”现在你的任务是编写一个程序比较你所处的世界中是否有相同的雪花，已知每片雪花有6瓣，如果两片雪花彼此对应的“花瓣”有相同的长度则说明它们是一样的。

【输入格式】

第一行包括一个整数 n（$0 < n \leqslant 100000$），表示雪花的数目。随后 n 行用于描述每一片雪花。每片雪花用6个整数描述，每个整数的取值范围为0～10000000，表示雪花6个花瓣的长度。6个整数的顺序可能是雪花花瓣的顺时针顺序也可能是逆时针顺序，并且可能是从任意一个花瓣位置开始的。比如，对同一片雪花，描述的方法可能是1 2 3 4 5 6也可能是4 3 2 1 6 5。

【输出格式】

如果没有相同的雪花，输出“No two snowflakes are alike.”，否则输出“Twin snowflakes found.”。

【输入样例】

2
1 2 3 4 5 6
4 3 2 1 6 5

【输出样例】

Twin snowflakes found.

【算法分析】

如果采用最简单的枚举，其时间复杂度为 $O(n^2)$。若采用哈希算法，即每读入一片雪花，就对该雪花进行哈希操作，并判断哈希里是否有相同的哈希值，若有相同的哈希值就从表中一一取出并判断是否同样即可。

参考代码如下。

```
1   //相同的雪花  哈希算法
2   #include <bits/stdc++.h>
3   using namespace std;
4   const int M=90001;                              //哈希取余的数
5
6   int snow[100005][6];                            //存储雪花信息
7   vector<int> Hash[M];                            //哈希存储snow[]数组元素的索引
8
9   bool IsSame(int a, int b)                       //判断a与b是否同样
10  {
11    for(int i=0; i<6; i++)
12    {
13
14      if((snow[a][0]==snow[b][i] &&               //顺时针
15          snow[a][1]==snow[b][(i+1)%6] &&
16          snow[a][2]==snow[b][(i+2)%6] &&
```

```
17            snow[a][3]==snow[b][(i+3)%6] &&
18            snow[a][4]==snow[b][(i+4)%6] &&
19            snow[a][5]==snow[b][(i+5)%6])
20            ||                                              //逆时针
21            (snow[a][0]==snow[b][i] &&
22             snow[a][1]==snow[b][(i+5)%6] &&
23             snow[a][2]==snow[b][(i+4)%6] &&
24             snow[a][3]==snow[b][(i+3)%6] &&
25             snow[a][4]==snow[b][(i+2)%6] &&
26             snow[a][5]==snow[b][(i+1)%6]))
27          return true;
28      }
29      return false;
30  }
31
32  int main()
33  {
34      int n;
35      cin>>n;
36      for( int i=0; i<n; i++)
37        for(int j=0; j<6; j++)
38          cin>>snow[i][j];
39      int sum, key;
40      for(int i=0; i<n; i++)
41      {
42        sum=0;                                              //求出雪花6个花瓣的和
43        for(int j=0; j<6; j++)
44          sum+=snow[i][j];
45        key=sum%M;                                          //求出key
46
47        //判断是否与哈希中Hash[key]存储的雪花相同
48        for(int j=0; j<Hash[key].size(); j++)
49          if(IsSame(Hash[key][j], i))                       //若相同
50          {
51            cout<<"Twin snowflakes found."<<endl;
52            exit(0);
53          }
54        Hash[key].push_back(i);                             //若没找到相同的
55      }
56      cout<<"No two snowflakes are alike."<<endl;
57      return 0;
58  }
```

■ 406003 零和游戏

【题目描述】零和游戏（zero）POJ 2785

有一个 N 行 4 列的数字矩阵，从 4 列中分别选取一个数使得总和为 0，问一共有多少种取法。

【输入格式】

第一行为一个数字 N，表示矩阵有 N 行，N 不大于 4000。N 行 4 列的矩阵中每个数的绝对值不大于 2^{28}。

【输出格式】

输出共有多少种和为 0 的取法。

【输入样例】

6
−45 22 42 −16
−41 −27 56 30
−36 53 −37 77
−36 30 −75 −46
26 −38 −10 62
−32 −54 −6 45

【输出样例】

5

【算法分析】

注意如果第一列有两个 0，取第一个 0 和第二个 0 是两种不同的取法。

可以先求出前两列任意两个数的和并将其存入哈希，再依次求出后两列任意两个数的和的相反数与哈希中的数匹配，参考程序如下。

```
1   //零和游戏  哈希
2   #include <bits/stdc++.h>
3   using namespace std;
4   const int MAX=1000000000;
5   const int SIZE=20345677;
6   const int KEY=745;
7
8   int n,a[4040],b[4040],c[4040],d[4040],ans;
9   int Hash[SIZE],sum[SIZE];
10
11  void Insert(int num)
12  {
13    int tmp=num;
14    num=(num+MAX)%SIZE;
15    while(Hash[num]!=MAX && Hash[num]!=tmp)       //寻找合适的存储位置
16      num=(num+KEY)%SIZE;
17    Hash[num]=tmp;
18    sum[num]++;
19  }
20
21  int Find(int num)
22  {
23    int tmp=num;
24    num=(num+MAX)%SIZE;
25    while(Hash[num]!=MAX && Hash[num]!=tmp)
26      num=(num+KEY)%SIZE;
27    if(Hash[num]==MAX)
28      return 0;
```

```
29      else
30        return sum[num];
31    }
32
33    int main()
34    {
35      cin>>n;
36      for(int i=0; i<n; i++)
37        cin>>a[i]>>b[i]>>c[i]>>d[i];
38      for(int i=0; i<SIZE; i++)
39        Hash[i]=MAX;
40      for(int i=0; i<n; i++)                                  //从前两列中取的两个数的和
41        for(int j=0; j<n; j++)
42          Insert(a[i]+b[j]);
43      for(int i=0; i<n; i++)                                  //从后两列中取的两个数的和的相反数
44        for(int j=0; j<n; j++)
45          ans+=Find(-(c[i]+d[j]));
46      cout<<ans<<endl;
47      return 0;
48    }
```

另一种方法是把4个数字分成两份，分别两两求和，得到两个长度为 $n \times n$ 的一维数组，排序后比较进行匹配即可。

```
1     //零和游戏2
2     #include <bits/stdc++.h>
3     using namespace std;
4     const int MAXN=4004;
5
6     int f1[MAXN * MAXN],f2[MAXN * MAXN];
7     int a[MAXN], b[MAXN], c[MAXN], d[MAXN];
8
9     int main()
10    {
11      int n;
12      cin>>n;
13      for (int i=0; i<n; i++)
14        cin>>a[i]>>b[i]>>c[i]>>d[i];
15      for (int i=0; i<n; i++)
16        for (int j=0; j<n; j++)
17          f1[i*n+j]=a[i]+b[j];
18      for (int i=0; i<n; i++)
19        for (int j=0; j<n; j++)
20          f2[i*n+j]=c[i]+d[j];
21      sort(f1, f1+n*n);
22      sort(f2, f2+n*n);
23      int r=n*n-1;
24      int ans=0;
25      for (int i=0; i<n*n; i++)                     //f1[]从左往右扫描
26      {
27        while (r>=0 && f1[i]+f2[r]>0)               //f2[]从右往左扫描
```

```
28          r--;
29        if (r<0)  break;
30        int temp=r;
31        while (temp>=0 && f1[i]+f2[temp]==0)
32          ans++, temp--;
33      }
34      cout<<ans<<endl;
35      return 0;
36    }
```

■ **同步练习**

- 古书密码（网站题目编号：406004）
- 矩阵（网站题目编号：406005）

6.2 字符串哈希

考虑使每一个字符串都能够映射到一个整数上，其做法是先将每个字符映射为一个整数，例如将 a 映射为 1（注意不要映射为 0），将 b 映射为 2，将 c 映射为 3……，即设 $C(\mathrm{a}) = 1$，$C(\mathrm{b}) = 2$，$C(\mathrm{c}) = 3$……

再设计哈希函数为 $H(i) = (H(i-1) \times p + C(i))\%m$，其中 p 和 m 两个数互质（$p < m$）。

例如将字符串“abc”映射为一个整数（索引从 0 开始），设 $p = 13$、$m = 101$，则有：

$H(0) = 1$，表示将 a 映射为 1；

$H(1) = (H(0) \times p + C(\mathrm{b}))\%m = (1 \times 13 + 2)\%101 = 15$，表示将“ab”映射为 15；

$H(2) = (H(1) \times p + C(\mathrm{c}))\%m = (15 \times 13 + 3)\%101 = 97$，表示将“abc”映射为 97。

这样，字符串“abc”就被映射为 97 这个数字了。

用同样的方法，可以把诸如“bbc”“aba”“aadaabac”这样的字符串都映射为一个整数，即：

“bbc”→64

“aba”→95

“aadaabac”→35

我们记录下每个字符串对应的整数，当下一次出现一个字符串时，查询整数是否出现过，就可以知道字符串是否重复出现了。

为了防止冲突，可以调整 p 和 m 的值，使得冲突概率降低。一般 p 取一个较大的质数（5 位到 8 位，如 13331），m 取 1000000007 和 1000000009 即可。

实际操作时可以不用对 m 取模，因为取模是个效率极低的运算。可以使用 unsigned long long 类型保存哈希值，这样当数据过大时就会自然溢出且不会出现负数，这相当于一个模 2^{64} 的过程。

如果担心出现冲突，可以考虑设计多组 p 与 m，判断时多判断几次，如果所有的哈希值都相等，即可得出匹配结论。实际操作时使用双哈希就可以将冲突的概率降到很低，例如 m 取 1000000007 和 1000000009，因为它们是一对“孪生质数”，可以使发生冲突的概率相当低。

哈希函数 $H(i) = (H(i-1) \times p + C(i))\%m$ 表示字符串第 i 个前缀的哈希值。怎么求字符串 S 的某一段子串，例如从索引 L 到索引 R（$R > L$）即 $S[L \cdots R]$ 这个子串的哈希值 $H(L \cdots R)$ 呢？很简单，其公式为：$H(L \cdots R) = (H(R) - H(L-1) \times p^{R-L+1})\%m$。

	a	a	d	a	a	b	a	c
前缀数组：	1	14	85	96	37	79	18	35
索引：	0	1	2	3	4	5	6	7

图 6.2

例如“aadaabac”存入的哈希值如图 6.2 所示（$p = 13$，$m = 101$），现在查找“aba”对应的哈希值。

则 $H(4 \cdots 6) = (H(6) - H(3) \times p^{6-4+1})\%m$

$= (18 - 96 \times 13^3)\%101$

$= -6$

由于 $H(4 \cdots 6)$ 的值不能为负数，解决方法是加 m 后 $\%m$，即 $(-6 + 101)\%101 = 95$。

■ 406006 面试

【题目描述】面试（interview）CDOJ 1092

面试官喜欢出的考题是：在时间限制和内存限制非常低的情况下，输入 2 万个字符串，每个字符串的长度都是 100，然后把 2 万个字符串存入一个 set< string >g 中，问最终 set 里含有多少个元素。

g 是一个用来存储字符串、具有去重功能的容器，即相同字符串在 g 中只能保留一个。

两个字符串相等的定义是：当且仅当长度一样且对应位置的字符都一样。

【输入格式】

第一行为一个整数 n，表示字符串的行数，字符串的行数最多不超过 2 万行，每一行包含一个字符串，每行字符串的长度都为 100（样例除外）。

字符集包括大写英文字母（A ~ Z）、小写英文字母（a ~ z）、数字（0 ~ 9）。

【输出格式】

输出一个整数，表示最终 set 里含有多少个元素。

【输入样例】

```
7
aaAa
aaAa
bbbb
1234
bbbb
bbbb
ee09
```

【输出样例】

4

【算法分析】

因为内存和空间有限，所以输入的字符串不能直接保存，而应将字符串转换为哈希值存入数组。

参考程序如下。

```
//面试
#include <bits/stdc++.h>
using namespace std;
const int MAXN=105;
const int P=1000000009;
const int MOD=1000000007;

int c[260], cnt[20000];
char ch[MAXN];
long long H[MAXN];

void Init()                                          //将字符映射为整数
{
  for (int i='a'; i<='z'; ++i)
    c[i]=i-'a'+1;
  for (int i='A'; i<='Z'; ++i)
    c[i]=i-'A'+27;
  for (int i='0'; i<='9'; ++i)
    c[i]=i-'0'+53;
}

int main()
{
  Init();
  int num;
  cin>>num;
  for (int i=0; i<num; ++i)
  {
    scanf("%s",ch);
    int n = strlen(ch);
    for (int j=1; j<=n; ++j)                         //计算每个字符串的哈希值
      H[j]=(H[j-1]*P+c[ch[j-1]]) % MOD;
    cnt[i]=H[n];                                     //将每个字符串的哈希值存入cnt[]
  }
  sort(cnt, cnt+num);//必须排序才能用unique()去重，重复元素将藏在后面
  printf("%d\n",unique(cnt,cnt+num)-cnt);    //输出去重后的数组长度
  return 0;
}
```

■ 406007 起名

【题目描述】起名（name）POJ 2752

每个机器人都有一个独特的名字，对它们来说，有一个寓意吉祥的名字会让它们找到一个好

的主人，那么什么是寓意吉祥的名字呢？

机器人是这么认为的：对于一个由字母组成的字符串，如果既是前缀又是后缀的子字符串越长，则名字越吉祥。例如有字符串“alala”，它的前缀分别为“a”“al”“ala”“alal”“alala”，后缀分别为“a”“la”“ala”“lala”“alala”，其中既是前缀又是后缀的有“a”“ala”“alala”，其长度分别为 1、3、5。

【输入格式】

输入数据有多组，每组数据为一行由字母组成的字符串，字符串长度不超过 400000。

【输出格式】

输出所有既是前缀又是后缀的子字符串的长度。

【输入样例】

ababcababababcabab

aaaaa

【输出样例】

2 4 9 18

1 2 3 4 5

【算法分析】

使用字符串哈希算法的参考代码如下。

```
1   //起名
2   #include <bits/stdc++.h>
3   using namespace std;
4   typedef unsigned long long ULL;
5   const int P=233;
6   const int MAXN=400005;
7
8   char c[MAXN];
9   ULL Hash[MAXN];                           //注意不能写成 hash[]，以防止名称冲突
10  ULL Pow[MAXN]= {1};                       //Pow[0]=1
11
12  int main()
13  {
14    for (int i=1; i<=MAXN; ++i)             //预处理计算 p^i
15      Pow[i]=Pow[i-1]*P;
16    while (~scanf("%s",c+1))
17    {
18      int l=strlen(c+1);
19      for (int i=1; i<=l; ++i)
20        Hash[i]=Hash[i-1]*P+c[i]-'a'+1;     //依次计算字符串的哈希值
21      for (int i=1; i<=l; ++i)
22        if(Hash[i]==Hash[l]-Hash[l-i]*Pow[i])  //将前缀与后缀依次比较
23          printf("%d ",i);
24      printf("\n");
25    }
26    return 0;
27  }
```

■ 406008 寻找子串

【题目描述】寻找子串（FindChar）POJ 3461

有两个全部由大写字母组成的字符串 S_1 和 S_2（长度不超过 10000 个字符），求 S_1 在 S_2 中出现的次数。

【输入格式】

输入有多组数据，每组数据的第一行为字符串 S_1、第二行为字符串 S_2。

【输出格式】

每行一个整数，表示匹配次数。

【输入样例】

3
BAPC
BAPC
AZA
AZAZAZA
VERDI
AVERDXIVYERDIAN

【输出样例】

1
3
0

【算法分析】

使用双哈希算法的参考代码如下。

```
1   //寻找子串
2   #include <bits/stdc++.h>
3   using namespace std;
4   typedef unsigned long long ull;
5   const ull P1=1000000007,P2=1000000007;
6   
7   char a[100001],b[100001*100];
8   
9   int Hash()
10  {
11    int len1=strlen(a);
12    int len2=strlen(b);
13    if(len1>len2) return -1;
14    ull Pow1=1,Pow2=1,ah1=0,ah2=0,bh1=0,bh2=0;
15    for(int i=0; i<len1; i++)                  //计算子串的哈希值
16    {
17      Pow1*=P1;                                //求 p^(R-L+1)，它是固定值
18      Pow2*=P2;
19      ah1=ah1*P1+a[i];
```

```
20        ah2=ah2*P2+a[i];
21        bh1=bh1*P1+b[i];
22        bh2=bh2*P2+b[i];
23      }
24      int ans=0;
25      for(int i=0; i+len1<=len2; i++)                    //依次比较匹配
26      {
27        if(ah1==bh1 && ah2==bh2) ans++;
28        if(i+len1<len2)
29          bh1=bh1*P1+b[i+len1]-b[i]*Pow1;
30        if(i+len1<len2)
31          bh2=bh2*P2+b[i+len1]-b[i]*Pow2;
32      }
33      return ans;
34    }
35
36    int main()
37    {
38      int t;
39      scanf("%d",&t);
40      getchar();                                          //消去回车符
41      while(t--)
42      {
43        cin.getline(a,100000);
44        cin.getline(b,100000);
45        cout<<Hash()<<endl;
46      }
47      return 0;
48    }
```

■ 同步练习

- 重复字符串（网站题目编号：406009）
- 朋友（网站题目编号：406010）
- 字符串（网站题目编号：406011）
- 字符循环节（网站题目编号：406012）

6.3 哈希树

线性表、树等数据结构记录数据的相对位置是随机的，其查找的效率依赖于查找过程中所进行的“比较”次数，且随着数据记录数的增长而下降。

哈希树能够在时间和空间上寻求一个平衡点，平均查找时间一般不超过 $O(10)$。在实际应用中，优化过的哈希树的平均查找时间不超过 $O(5)$。图 6.3 所示的是一个可能的哈希树结构。

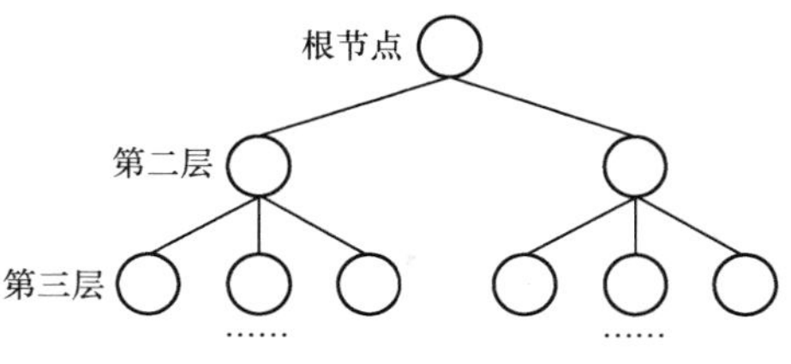

图 6.3

图 6.3 所示的哈希树是以从 2 开始的连续质数即 2、3、5、7、11、13、17、19、23、29……创建的，所以根节点的子树个数为 2，第二层中的每个节点的子树个数为 3，第三层中的每个节点的子树个数为 5……，这是基于质数分辨定理而构造的树。

所谓质数分辨定理，简单来说就是 n 个不同的质数可以“分辨”的连续整数的个数和它们的乘积相等。“分辨”就是指连续的整数不可能有完全相同的余数序列。例如从 2 开始的连续质数，连续 10 个质数就可以分辨大约 $2\times3\times5\times7\times11\times13\times17\times19\times23\times29=6469693230$ 个数，这已经超过 32 位整数的取值范围了，而连续 100 个质数就可以分辨大约 4.711930×10^{219} 个数。

那么数据是怎么插入哈希树的节点的呢？以随机的 8 个数 21、9、12、10、54、78、43、77 为例来说明，其插入过程如图 6.4 所示。

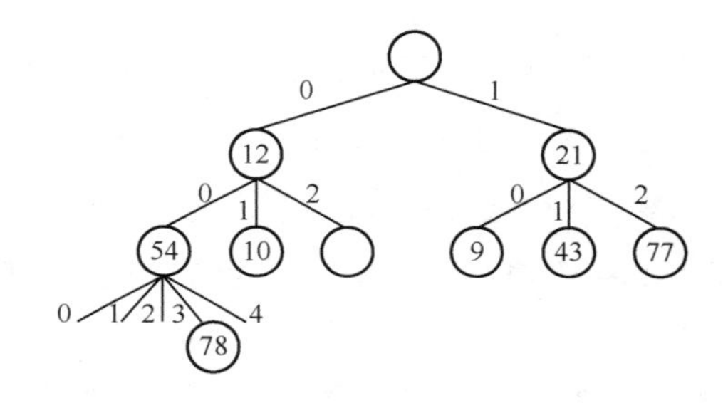

21%2=1，插入
9%2=1，与21冲突，9%3=0，插入
12%2=0，插入
10%2=0，与12冲突，10%3=1，插入
54%2=0，与12冲突，54%3=0，插入
78%2=0，与12冲突，78%3=0，与54冲突，78%5=3，插入
43%2=1，与21冲突，43%3=1，插入
77%2=1，与21冲突，77%3=2，插入

图 6.4

可以看到，子节点的建立是动态的，所以哈希树和其他树一样是动态结构。哈希树的节点查找过程和节点插入过程类似，就是对关键字用质数序列取余，根据余数确定下一节点的分叉路径，直到找到目标节点。

哈希树的节点删除过程也很简单，即只需要把要删除节点的“占位标记”设为 false 而无须进行物理删除。

哈希树结构简单，操作简单，查找迅速，不存在“结构”退化的问题，其缺点是不支持排序算法。

第 7 章　树状数组

7.1 树状数组介绍

例如有 n（$n \leqslant 100000$）个数组成的序列 a[1],a[2],a[3],…,a[n]。要求完成两种操作 100000 次：一是能随时修改某个数的值，二是能随时查询某段数的和（如 a[3] + a[4] + a[5] + a[6]）。我们发现：如果仅用一个普通数组按顺序存储 n 个数，那么查询某段数的和的时间复杂度将过高，这是因为普通数组包含的信息太少了，导致查询困难；如果使用辅助数组 t[n]，使得 t[i] = a[1] + a[2] + a[3] + … + a[i]，则 a[i] + a[i + 1] + … + a[j] = t[j]−t[i−1]，这又会导致修改某个数的值的时间复杂度过高，这是因为辅助数组包含的信息太多了，导致修改困难。

那么，如何让辅助数组 t[n] 存储适当的信息呢？这就要用到树状数组（binary indexed tree，也称二叉索引树），其结构如图 7.1 所示。

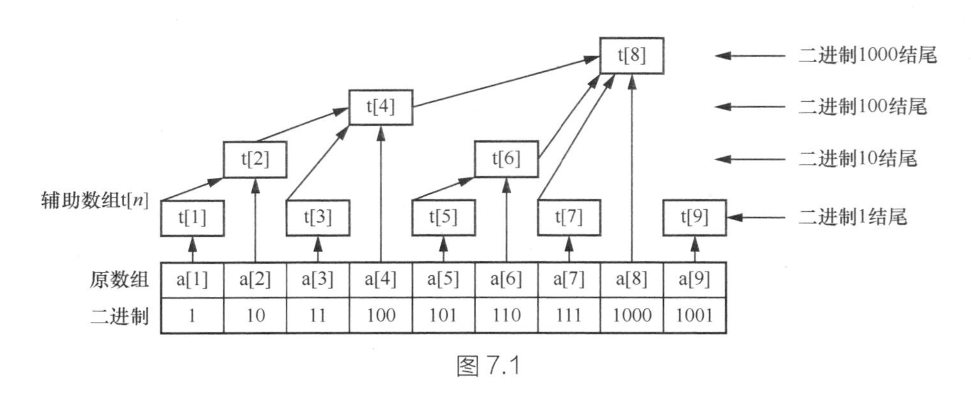

图 7.1

可以看出：

t[1] = a[1]

t[2] = t[1] + a[2] = a[1] + a[2]

t[3] = a[3]

t[4] = t[2] + t[3] + a[4] = a[1] + a[2] + a[3] + a[4]

t[5] = a[5]

t[6] = t[5] + a[6] = a[5] + a[6]

t[7] = a[7]

t[8] = t[4] + t[6] + t[7] + a[8] = a[1] + a[2] + a[3] + a[4] + a[5] + a[6] + a[7] + a[8]

t[9] = a[9]

…

t[2^n] = a[1] + a[2] + … + a[2^n]

即以二进制 1 结尾的节点 t[1]、t[3]、t[5]、t[7]、t[9] 的叶节点只有 1 个，代表区间范围为 1 的元素和；以二进制 10 结尾的节点 t[2]、t[6] 的叶节点有 2 个，代表区间范围为 2 的元素和；以二进制 100 结尾的节点 t[4] 的叶节点有 4 个，代表区间范围为 4 的元素和；以二进制 1000 结尾的节点 t[8] 的叶节点有 8 个，代表区间范围为 8 的元素和。

由此可得到一个有趣的性质：t[x] 管辖的区间中有 2^k（其中 k 为 x 的二进制数末尾 0 的个数）个元素。例如 4 的二进制数为 100，末尾有 2 个 0，且 $2^2 = 4$，则 t[4] = a[1] + … + a[4] 的管辖区间中共 4 个元素；8 的二进制数为 1000，末尾有 3 个 0，且 $2^3 = 8$，则 t[8] = a[1] + … + a[8] 的管辖区间中共 8 个元素。因为管辖区间的最后一个元素必然为 a[x]，所以很明显：t[n] = a[$n-2^k+1$] + a[$n-2^k+2$] + … + a[n]。

那么如何计算 2^k 呢？很简单，计算 $x\&(-x)$ 的值即可。其中 $-x$ = (x 的取反 + 1)，也就是 x 的补码，因为负数在计算机中是以补码的形式存储的。例如 6 的二进制数表示为 110，变为反码后为 001，再加 1 为 010（即它的补码）。

则有 110&010 = $10_{(2)} = 2_{(10)}$，即 t[6] 的管理区域为 2 个元素。

其代码片段为：

```
1  int Lowbit(int x)            //返回x的二进制表达式中最低位的1所对应的值
2  {
3    return x&(-x);             //return x&(x^(x-1))也是可以的
4  }
```

可以看出，Lowbit(x) 返回的值是 x 的二进制表达式中最低位的 1 所对应的值。

比如，6 的二进制是 110，所以 Lowbit(6) = 2。

下面的代码片段用于计算 a[1] + a[2] + … + a[x]，这是由 t[n] = a[$n-2^k+1$] + a[$n-2^k+2$] + … + a[n] 即 t[n] = a[n−Lowbit(n) + 1] + a[n−Lowbit(n) + 2] + … + a[n] 推导而来的。

```
1  int GetSum(int x)                 //计算a[1]+a[2]+…+a[x]
2  {
3    int sum=0;
4    for(int i=x;i>0;i-=Lowbit(i))
5      sum+=t[i];
6    return sum;
7  }
```

例如计算 a[1] + a[2] + … + a[7] 的值 sum 时，因为 7 的二进制数为 111，sum + = t[7]；

Lowbit(7) = 001，7−Lowbit(7) = 6(110)，sum + = t[6]；

Lowbit(6) = 010，6−Lowbit(6) = 4(100)，sum + = t[4]；

Lowbit(4) = 100，4−Lowbit(4) = 0(000)。

故 sum = a[1] + a[2] + ⋯ + a[7] = t[7] + t[6] + t[4]。

当修改某个元素 a[*i*] 时，就需要修改所有包含 a[*i*] 的 t[*j*]，例如修改了 a[6]，则 t[6] 和 t[8] 都需要修改；修改了 a[1]，则 t[1]、t[2]、t[4]、t[8] 都需要修改。显然最坏情况为修改第一个元素，最多有 log(*n*) 个值需要修改。我们称这些需要修改的值为父节点，即比它大的，离它最近的，末位连续 0 比它多的数（每一个数的父节点就是右边比自己末尾 0 个数多的最近的一个），*x* 的父节点编号 = *x* + Lowbit(*x*)。

其代码如下。

```
1  void Modify(int x,int ChangeValue)              //将a[x]改为a[x]+ChangeValue
2  {
3    for(int i=x;i<=n;i+=Lowbit(i))                //n为数组长度
4      t[i]+=changeValue;
5  }
```

树状数组是基于二进制划分与倍增思想的优化。

树状数组优化了求区间和的运算，例如计算 a[1] + a[2] +⋯+ a[7] 时，只需计算 t[7] + t[6] + t[4] 即可。

7.2 树状数组的简单应用

■ 407001 星星

【题目描述】星星（stars）POJ 2352

天文学家经常要检查星星的位置，每颗星星用平面上的一个点来表示，每颗星星都有坐标。我们定义一颗星星的“级别”为给定的星星中不高于它并且不在它右边的星星的数目。天文学家想知道每颗星星的级别。

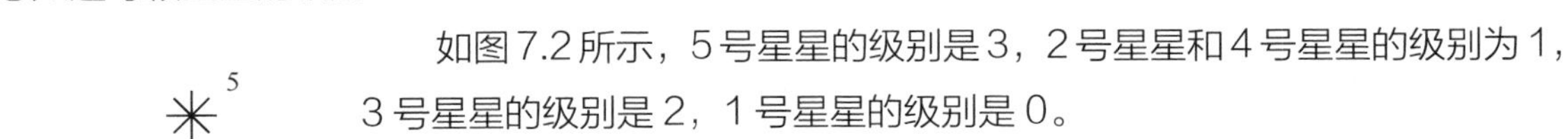

如图 7.2 所示，5 号星星的级别是 3，2 号星星和 4 号星星的级别为 1，3 号星星的级别是 2，1 号星星的级别是 0。

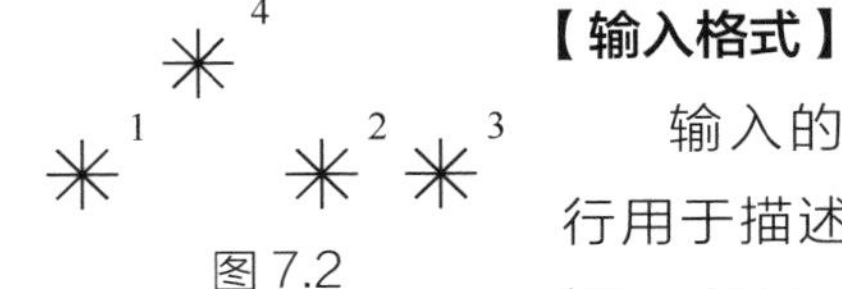

图 7.2

【输入格式】

输入的第一行是星星的数目 *N*（1 ≤ *N* ≤ 15000），接下来的 *N* 行用于描述星星的坐标，每一行有用一个空格隔开的两个整数 *X*、*Y*（0 ≤ *X*,*Y* ≤ 32000）。星星的位置互不相同。星星的描述按照 *Y* 值递增的顺序列出，*Y* 值相同的星星按照 *X* 值递增的顺序列出。

【输出格式】

输出包含 *N* 行，每一行一个数。第 *i* 行表示级别为 *i*−1 的星星个数。

【输入样例】

5
1 1
5 1
7 1
3 3
5 5

【输出样例】

1
2
1
1
0

【算法分析】

由题意可知，只要横坐标小于或等于当前 X 坐标（因为 Y 是由小到大输入的），就是当前 X 坐标星星，它们的级别都比当前级别小，且前面所有星星的数目就是当前 X 星星的级别，因此可以使用树状数组求和。

参考程序如下。

```
1   //星星
2   #include <bits/stdc++.h>
3   using namespace std;
4
5   int t[32010],Ans[15010];  //使用树状数组t[]保存星星，使用数组Ans[]保存相同级别的星星数目
6
7   int Lowbit(int x)
8   {
9     return x&(-x);
10  }
11
12  void Modify(int x,int value)
13  {
14    for(int i=x; i<=32001; i+=Lowbit(i))
15      t[i]+=value;
16  }
17
18  int Getsum(int x)
19  {
20    int sum=0;
21    for(int i=x; i>0; i-=Lowbit(i))
22      sum+=t[i];
23    return sum;
24  }
25
```

```
26  int main()
27  {
28    int n,x,y;
29    scanf("%d",&n);
30    for(int i=0; i<n; i++)
31    {
32      scanf("%d%d",&x,&y);// 索引可能从 0 开始，故要 x+1，因为 Lowbit(0)=0 会进入死循环
33      Ans[Getsum(x+1)]++; // 求出横坐标小于 x 的所有星星数目，并将其记录到 Ans[] 中
34      Modify(x+1,1);       // 加 1 颗星星后的区间更新
35    }
36    for(int i=0; i<n; i++)
37      printf("%d\n",Ans[i]);// 输出第 i 行表示级别为 i-1 的星星数目
38    return 0;
39  }
```

■ 407002 校门外的树

【题目描述】校门外的树（tree）vijos 1448

校门外有很多种树，现在学院决定在某个时刻在某一段区间种上一种树，保证任意一个时刻不会出现两段区间相同种类的树，现有如下两种操作。

（1）$k=1$，读入 l、r 表示在 $[l,r]$ 中种上一种树，每次操作种的树的种类都不同。

（2）$k=2$，读入 l、r 表示询问 $l \sim r$（$l,r>0$）能见到多少种树。

【输入格式】

第一行输入 n 和 m 表示道路总长为 n，共有 m 种操作。

接下来的 m 行为 m 种操作。

【输出格式】

对于每个 $k=2$ 输出一个答案。

【输入样例】

```
5 4
1 1 3
2 2 5
1 2 4
2 3 5
```

【输出样例】

```
1
2
```

【数据范围】

对于 20% 的数据，$n,m \leqslant 100$；

对于 60% 的数据，$n \leqslant 1000$，$m \leqslant 50000$；

对于 100% 的数据，$n,m \leqslant 50000$。

【算法分析】

本题是典型的区间问题，可以使用树状数组＋括号序列法求解。

假设有一个长度为 10 的线段，我们要在 [3,6] 种树，则在 3 处放一个左括号“(”，在 6 处放一个 “)”，表示在 [3,6] 种了一种树…… 。图 7.3 所示的是种了 5 种树后的可能情形。

查询某个区间例如 [5,9] 中树的种类时，只需统计 9 之前（包括 9）有多少个 “(”，统计 5 之前（不包括 5）有多少个 “)”。答案即左括号数－右括号数。

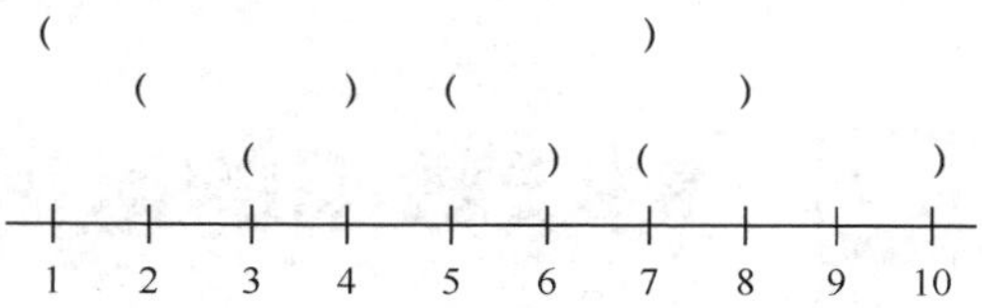

这样我们就可以将左括号的统计和右括号的统计分别用树状数组来存储了。

图 7.3

参考代码如下。

```
1   //校门外的树
2   #include <bits/stdc++.h>
3   using namespace std;
4   const int N=50000;
5
6   int a[N],b[N];                                          //a[] 添左括号，b[] 添右括号
7
8   int Lowbit(int x)
9   {
10    return x&(-x);
11  }
12
13  int GetSum(int n,int c[])
14  {
15    int sum=0;
16    for(; n>0; n-=Lowbit(n))
17      sum+=c[n];
18    return sum;
19  }
20
21  void Add(int i,int c[])
22  {
23    for(; i<=N; i+=Lowbit(i))
24      c[i]++;
25  }
26
27  int main()
28  {
29    int m,k,option,x,y;
30    cin>>m>>k;
31    while(k--)
32    {
33      cin>>option>>x>>y;
34      if(option==1)
35      {
36        Add(x,a);                                         //a[] 数组添加左括号
37        Add(y,b);                                         //b[] 数组添加右括号
```

```
38        }
39        else
40           cout<<GetSum(y,a)-GetSum(x-1,b)<<"\n";
41     }
42     return 0;
43  }
```

7.3 树状数组的区间更新

■ 407003 简单数组操作

【题目描述】简单数组操作（simple）POJ 3468

给你 N 个整数 $A_1,A_2,\cdots,A_N$，有两种操作，一种是给任意区间的数加一个值，另一种是询问某区间的数值的和。

【输入格式】

第一行为两个整数 N 和 Q（$1 \leqslant N,Q \leqslant 100000$）。

第二行为 N 个数即 $A_1,A_2,\cdots,A_N$（$-1000000000 \leqslant A_i \leqslant 1000000000$）。

随后是 Q 行操作。

“C a b c”表示给 $A_a,A_{a+1},\cdots,A_b$ 中的每个数加上一个 c（$-10000 \leqslant c \leqslant 10000$）。

“Q a b”表示询问 $A_a,A_{a+1},\cdots,A_b$ 的和，保证结果不超过 32 位整数范围。

【输出格式】

对每一个询问操作输出结果。

【输入样例】

```
10 5
1 2 3 4 5 6 7 8 9 10
Q 4 4
Q 1 10
Q 2 4
C 3 6 3
Q 2 4
```

【输出样例】

```
4
55
9
15
```

【算法分析】

树状数组常用于动态维护数组前缀和，计算 A[s] ~ A[t] 的和只需计算 sum[t]−sum[s−1] 的值即可。

更新一个元素的值也很简单，但本题的关键点是如何批量更新某一区间内元素的值，如果一个元素一个元素地更新显然会超时，所以这就需要进行特别处理。

以 Update(s,t,c) 为例，即把 A[s] ~ A[t] 的每一个元素都增加 c 的操作，我们引入一个数组 D[ ]，D[i] 表示 A[i] ~ A[n] 的共同增量，n 是数组的大小。

令 D[s] = D[s] + c，表示将 A[s] ~ A[n] 的每一个元素都增加 c，如图 7.4 所示。

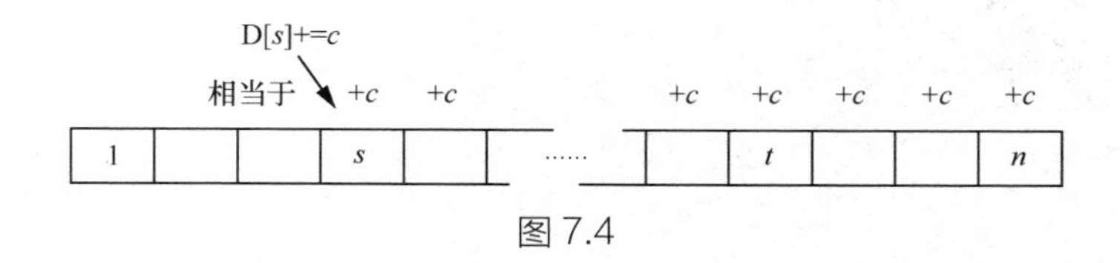

图 7.4

但这样 A[t + 1] ~ A[n] 就多加了 c，所以再令 D[t + 1] = D[t + 1]−c，表示将 A[t + 1] ~ A[n] 同时减 c，如图 7.5 所示。

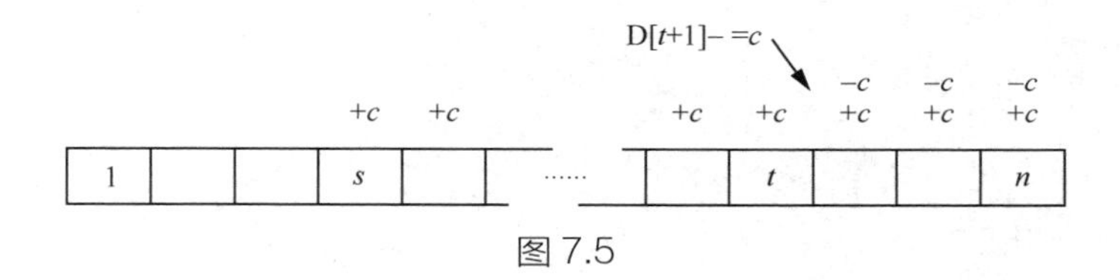

图 7.5

显然前缀和 sum[x] 的值由两部分组成，一部分是数组的原始和，另一部分是累计增量和。其公式为：

$$\begin{aligned}\text{sum}[x] &= (A[1] + A[2] + \cdots + A[x]) + (D[1]\times x + D[2]\times(x-1) + \cdots + D[x-1]\times 2 + D[x]) \\ &= \sum A[i] + \sum (D[i]\times(x+1-i)) \\ &= \sum A[i] + (x+1)\sum D[i] - \sum (D[i]\times i) \quad (1 \leqslant i \leqslant x)\end{aligned}$$

因为 $\sum$A[i] 的前缀和是不变的，所以读入数据时直接处理成前缀和数组就好。因为 D[i] 和 D[i]×i 的值是动态变化的，所以用两个树状数组来维护即可。

参考程序如下。

```
1   //简单数组操作
2   #include <bits/stdc++.h>
3   using namespace std;
4   typedef long long ll;
5   const int N=100010;
6
7   ll D[N];                                         //树状数组 D[]，保存增量
8   ll Dxi[N];                                       //树状数组，Dxi[] 的前缀和
9   ll A[N];                                         //存放的前缀和
10  ll n,m;
11
12  ll Lowbit(ll x)
```

```
13  {
14    return x&(-x);
15  }
16
17  void Modify(ll x,ll val,ll *c)
18  {
19    for(int i=x; i<=n; i+=Lowbit(i))            //n 为数组长度
20      c[i]+=val;
21  }
22
23  ll Getsum(ll x,ll *c)
24  {
25    ll sum=0;
26    for(int i=x; i>0; i-=Lowbit(i))
27      sum+=c[i];
28    return sum;
29  }
30
31  int main()
32  {
33    scanf("%lld%lld",&n,&m);
34    for(int i=1; i<=n; i++)
35    {
36      scanf("%lld",&A[i]);
37      A[i]+=A[i-1];                            // 直接处理为前缀和数组
38    }
39    getchar();                                 // 消除换行符
40    string option;
41    for(int i=1; i<=m; i++)
42    {
43      cin>>option;
44      ll a,b,val;
45      if(option=="C")
46      {
47        scanf("%lld%lld%lld",&a,&b,&val);
48        Modify(a,val,D);                       //D[] 前缀和更新
49        Modify(b+1,-val,D);
50        Modify(a,a*val,Dxi);                   //Dxi[] 的前缀和更新
51        Modify(b+1,-(b+1)*val,Dxi);
52      }
53      if(option=="Q")
54      {
55        scanf("%lld%lld",&a,&b);
56        ll Ans=A[b]-A[a-1];
57        Ans+=Getsum(b,D)*(b+1)-Getsum(b,Dxi);
58        Ans-=Getsum(a-1,D)*(a)-Getsum(a-1,Dxi);
59        printf("%lld\n",Ans);
60      }
61    }
62    return 0;
63  }
```

7.4 树状数组维护区间最值

■ 407004 会长的爱好

【题目描述】会长的爱好（score）HDU 1754

魔法师公会会长的一个爱好是询问部分魔法师中最高的任务积分是多少。有的时候，会长还会更新某位魔法师的任务积分。

【输入格式】

输入包含多组测试数据。每组测试数据的第一行有两个正整数 N 和 M（$0 < N \leqslant 200000$，$0 < M < 5000$），分别代表魔法师的人数和操作数。魔法师编号范围为 1~N。

每组测试数据的第二行包含 N 位整数，代表 N 位魔法师的初始积分，其中第 i 个数代表编号为 i 的魔法师的任务积分。

每组测试数据接下来的 M 行，每一行有一个字符（只取“Q”或“U”）和两个正整数 A、B。

当字符为“Q”的时候，表示询问操作，它询问从编号 A 到编号 B（包括 A、B）的魔法师当中，最高的任务积分是多少。

当字符为“U”的时候，表示更新操作，要求把编号为 A 的魔法师的任务积分更改为 B。

【输出格式】

对于每一次询问操作，用一行输出最高积分。

【输入样例】

```
5 6
1 2 3 4 5
Q 1 5
U 3 6
Q 3 4
Q 4 5
U 2 9
Q 1 5
```

【输出样例】

```
5
6
5
9
```

【算法分析】

在树状数组维护和查询区间和的算法中，t[x] 中存储的是 [x−Lowbit(x) + 1,x] 中每个数的和，例如 t[6] 存储的是 a[5] 和 a[6] 的值，t[4] 存储的是 a[1]~a[4] 的值，如图 7.6 所示。

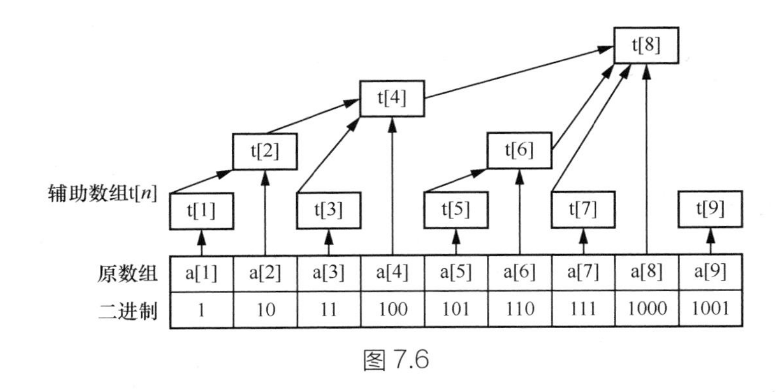

图 7.6

如果用树状数组求区间最值，t[x] 要存储 [x–Lowbit(x) + 1,x] 中的最大值。

更新某个值的算法类似于树状数组维护区间和算法。以更新 a[4] 的值为例，先设 t[4] = a[4]，然后比较 $t[4-2^0]$ 即 t[3] 的值，比较 $t[4-2^1]$ 即 t[2] 的值后取最大值给 t[4]，接着跳到 t[4 + Lowbit(4)] 即 t[8]，比较 $t[8-2^0]$ 即 t[7] 的值，比较 $t[8-2^1]$ 即 t[6] 的值，比较 $t[8-2^2]$ 即 t[4] 的值后取最大值给 t[8]……，如此直到更新完整个 t[n] 数组。

参考代码如下。

```
1   void Updata(int x,int n)
2   {
3     while (x<=n)
4     {
5       t[x]=a[x];
6       for (int i=1; i<Lowbit(x); i<<=1)            //在管辖区间内更新最值
7         t[x]=max(t[x], t[x-i]);
8       x+=Lowbit(x);                                 //跳转到 x 的父节点
9     }
10  }
```

但是使用树状数组求区间最值显然是不能照搬求区间和的方法的。可以进行如下思考。

假设 Query(x,y) 表示询问 [x,y] 的最大值，因为 t[y] 表示的是 [y–Lowbit(y) + 1,y] 的最大值。

（1） 若 y–Lowbit(y) ≥ x， 则 Query(x,y) = max(t[y] , Query(x, y–Lowbit(y)))， 如图 7.7 所示。

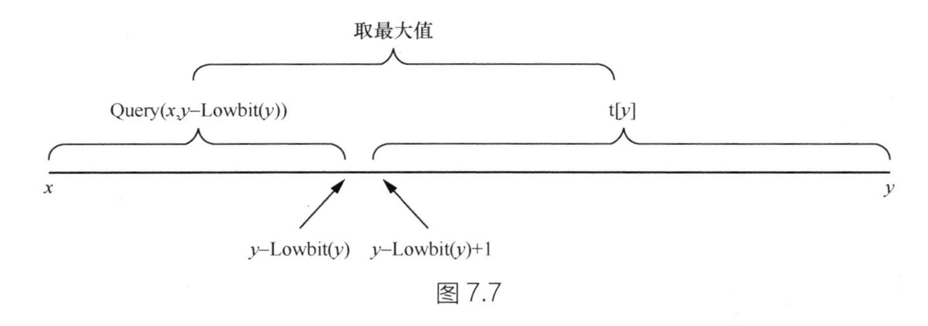

图 7.7

（2）若 y–Lowbit(y) < x，则 Query(x,y) = max(a[y] , Query(x, y–1)，如图 7.8 所示。

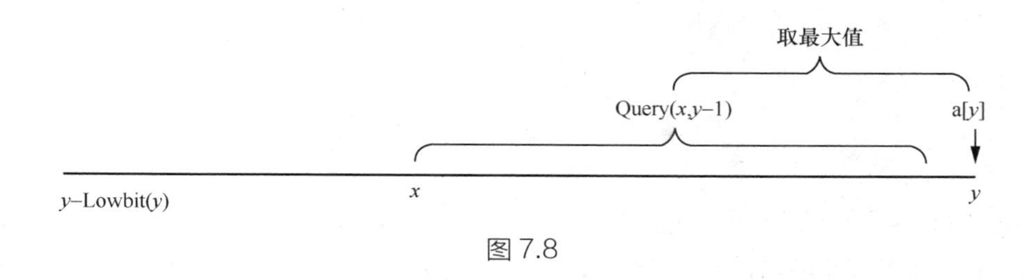

图 7.8

参考代码如下。

```
1   int Query(int x, int y)
2   {
3     int ans=0;
4     while(y>=x)
5     {
6       ans=max(a[y], ans);                          //若 y-Lowbit(y) < x，只能单点比较
7       for(--y;y-Lowbit(y)>=x;y-=Lowbit(y))//若 y-Lowbit(y) ≥ x
8         ans=max(t[y], ans);                        //则一个区间一个区间地比较后更新最值
9     }
10    return ans;
11  }
```

■ 407005 任务排行榜

【题目描述】任务排行榜（task）NYOJ 123

N 位魔法师的编号依次为 1~N，魔法师工会会长经常会询问某一段编号内完成任务数最多的魔法师和完成任务数最少的魔法师，并计算出两位魔法师完成任务数的差值。

现在，请你写一个程序，回答会长每次的询问吧。

【输入格式】

只有一组测试数据。

第一行是两个整数 N、Q（$1 < N \leqslant 100000$，$1 < Q \leqslant 1000000$），其中 N 表示魔法师的总数，Q 表示会长询问的次数。

随后的一行有 N 个整数 V_i（$0 \leqslant V_i < 100000000$），分别表示每位魔法师的完成任务数。

之后的 Q 行，每行有两个正整数 m 和 n，表示会长询问的是第 m 号魔法师到第 n 号魔法师。

【输出格式】

对于每次询问，输出第 m 号魔法师到第 n 号魔法师之间所有魔法师完成任务数的最大值与最小值的差。

【输入样例】

```
5 2
1 2 6 9 3
1 2
2 4
```

【输出样例】

1

7

【算法分析】

快速求区间最值的 RMQ（Range Minimum/Maximum Query）问题除了可以使用树状数组算法解决外，还可以使用 ST（Sparse Table）算法解决。ST 算法是一个比较高效的在线算法，以 $O(n\log n)$ 的预处理代价，换取 $O(1)$ 的查询性能。所谓在线算法，是指每当用户输入一个查询便马上处理一个查询。在线算法一般用较长的时间做预处理，待信息充足以后便可以用较少的时间处理每个查询。

设 dp[*i*][*j*] 表示从 *i* 开始的 2^j 范围内的最值，例如有数组为 {3,2,4,5,6,8,1,2,9,7}，以求最大值为例，则 dp[1][0] 表示从第 1 个数起，长度为 $2^0 = 1$ 的最大值，即 3 这个数。dp[1][1] = max(3,2) = 3; dp[1][2] = max(3,2,4,5) = 5; dp[1][3] = max(3,2,4,5,6,8,1,2) = 8。

状态转移方程为

dp[*i*][*j*] = max(dp[*i*][*j*−1],dp[*i* + (1<<(*j*−1))][*j*−1]) 或 min(dp[*i*][*j*−1],dp[*i* + (1<<(*j*−1))][*j*−1])。

这实际上是将以 *i* 为起点的 2^j 范围的数由中间数 2^{j-1} 分为左右两个部分（dp[*i*][*j*] 一定包含偶数个数），如图 7.9 所示，分别求最值得到的。

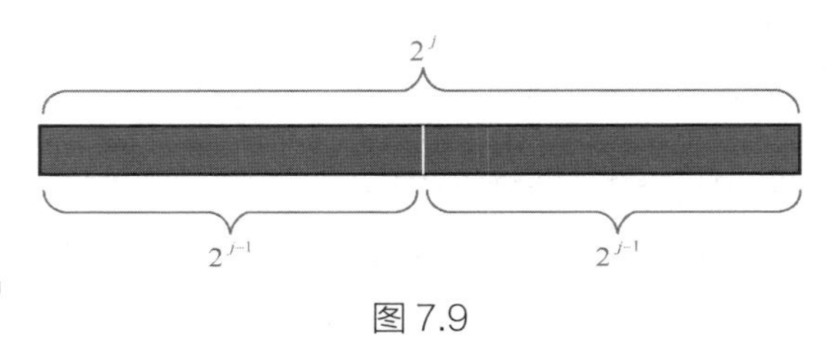

图 7.9

预处理代码如下。

```
1  void RMQ_init(int n)
2  {
3    for(int j=1; j<20; j++)
4      for(int i=1; (i+(1<<j)-1)<=n; i++)
5      {
6        dp1[i][j]=max(dp1[i][j-1],dp1[i+(1<<(j-1))][j-1]);
7        dp2[i][j]=min(dp2[i][j-1],dp2[i+(1<<(j-1))][j-1]);
8      }
9  }
```

由于 dp[*i*][*j*] 存储的是从 *i* 开始的 2^j 范围内的最值，而查询 [*L*,*R*] 区间的最值时，区间的长度 $R-L+1$ 不一定刚好就等于 2^j，所以需要选一个尽可能大的 *k* 值，使得 $2^k < (R-L+1)$，将 [*L*,*R*] 区间分为 $[L,L+2^k]$ 区间和 $[R-2^k, R]$ 区间两部分来统计。使用这种方法时虽然统计区域可能有重叠，但不影响结果的正确性。

k 值可以通过 while((1<<k)<=R−L+1) k++; 代码来获得，但实际上只要取 $k = \log_2(R-L+1)$ 即 $k = \ln(R-L+1)/\ln 2$ 即可。（这种写法代码速度略慢，自然对数是以 e 为底数的对数，记作 ln*N*，$N > 0$，e 代表数学中的一个无理常数，约等于 2.71828。）

查询区间最值的代码如下。

```
int RMQ(int L,int R, bool f)                    //f 用于标记求最大值还是求最小值
{
  int k=(int)(log(R-L+1.0)/log(2.0));     //log(n)：返回以常数 e 为底数的对数
  if(f==true)
    return max(dp1[L][k],dp1[R-(1<<k)+1][k]);
  else
    return min(dp2[L][k],dp2[R-(1<<k)+1][k]);
}
```

本题的完整参考代码如下。

```
//任务排行榜
#include <bits/stdc++.h>
using namespace std;
const int N=100010;

int dp1[N][20];                                 //存放区间中的最大值
int dp2[N][20];                                 //存放区间中的最小值
int n,m;

void RMQ_init(int n)
{
  for(int j=1; j<20; j++)
    for(int i=1; (i+(1<<j)-1)<=n; i++)
    {
      dp1[i][j]=max(dp1[i][j-1],dp1[i+(1<<(j-1))][j-1]);
      dp2[i][j]=min(dp2[i][j-1],dp2[i+(1<<(j-1))][j-1]);
    }
}

int RMQ(int L,int R)
{
  int k=(int)(log(R-L+1.0)/log(2.0));
  int Max=max(dp1[L][k],dp1[R-(1<<k)+1][k]);
  int Min=min(dp2[L][k],dp2[R-(1<<k)+1][k]);
  return Max-Min;
}

int main()
{
  scanf("%d %d",&n,&m);
  for(int i=1; i<=n; i++)
  {
    scanf("%d",&dp1[i][0]);
    dp2[i][0]=dp1[i][0];
  }
  RMQ_init(n);
  int l,r;
  for(int i=1; i<=m; i++)
  {
    scanf("%d%d",&l,&r);
```

```
41        printf("%d\n",RMQ(l,r));
42      }
43      return 0;
44    }
```

7.5 树状数组求逆序对

■ 407006 求逆序对

【题目描述】求逆序对（reverse）

对于一个包含 n 个非负整数的数组 A[1,…,n]，如果有 $i<j$，且 A[i] > A[j]，则称 (A[i], A[j]) 为数组 A 的一个逆序对。

例如，数组 {3,1,4,5,2} 的逆序对有 (3,1)、(3,2)、(4,2)、(5,2) 共 4 个。

【输入格式】

输入包括两行，第一行是一个整数 n（$1 \leqslant n \leqslant 1000$），表示数的个数。第二行包含 n 个整数，用空格分隔，即每个数的值，其范围均在 int 范围内。

【输出格式】

输出包括一行，这一行只包含一个整数，即逆序对的个数。

【输入样例】

5

3 1 4 5 2

【输出样例】

4

【算法分析】

使用树状数组求逆序对的操作过程如下。

（1）根据数组元素中的最大值开辟一个树状数组。例如有 6 个数，分别为 5、3、6、6、7、8，则开辟树状数组 t[9]（若数组元素过大，可考虑离散化，例如有 4 个数 999999、9997、9996、100，将之转换为 4、3、2、1 这 4 个数并不影响结果的正确性），如图 7.10 所示。

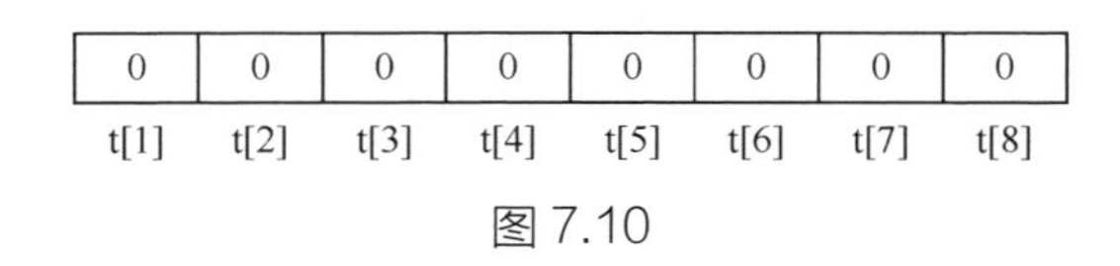

图 7.10

（2）读取一个数组元素 x，则更新树状数组，即在 t[x] 及 t[x] 的父节点上均加 1，这样我们就可以利用树状数组求和（即 GetSum() 函数）的优势迅速地统计前面有多少个数是比 x 小的了。而 x 是第 i 个读入的元素，故 i–GetSum (x) 即逆序对个数。以读入 5,3,4,2,1 这 5 个元素为例，读入 5 时如图 7.11 所示。

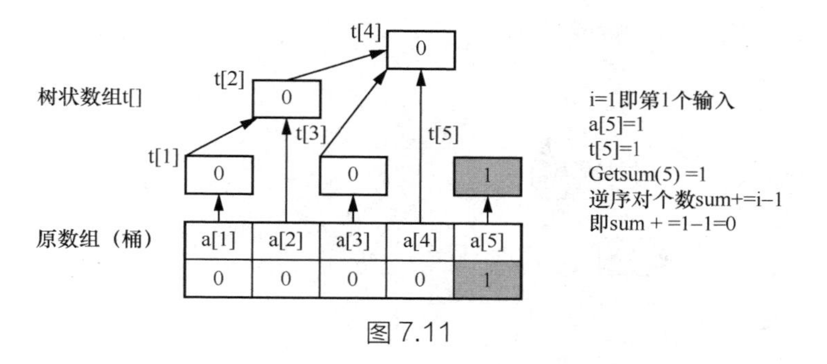

图 7.11

读入 3 时如图 7.12 所示。

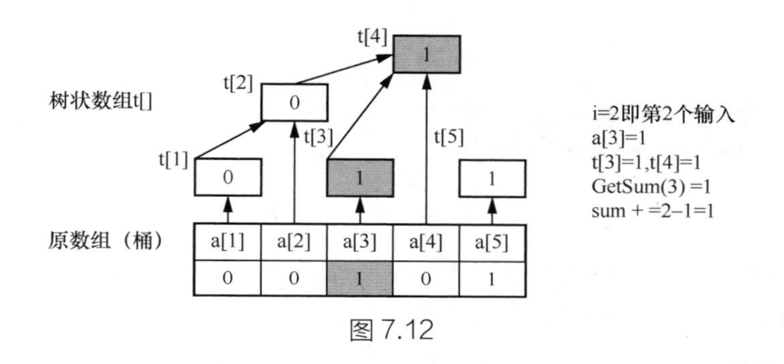

图 7.12

读入 4 时如图 7.13 所示。

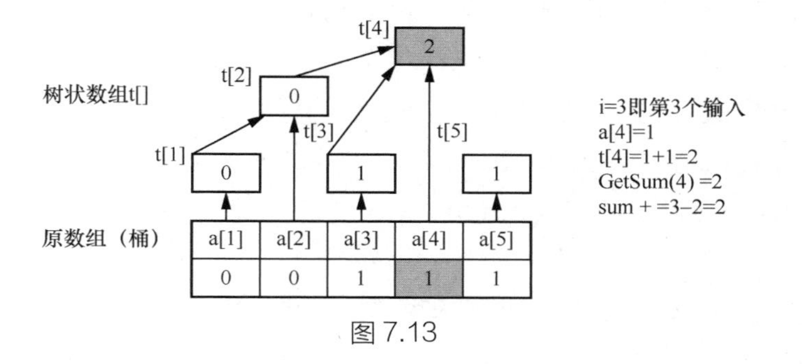

图 7.13

读入 2 时如图 7.14 所示。

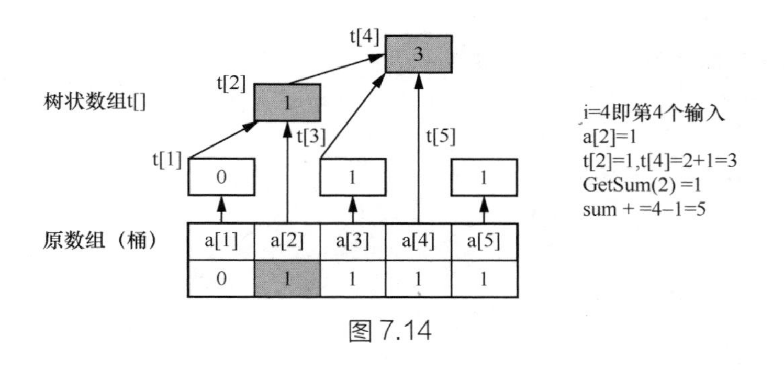

图 7.14

读入 1 时如图 7.15 所示。

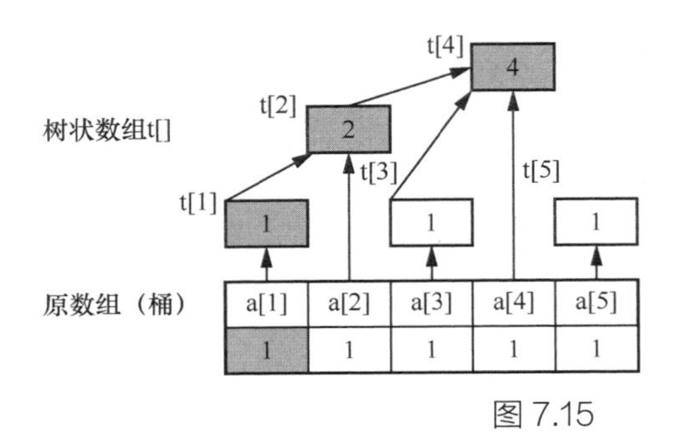

图 7.15

7.6 树状数组的应用

■ 407007 苹果树

【题目描述】苹果树（apple）POJ 3321

如图 7.16 所示，有一棵 N 叉苹果树，将分叉用 1~N 编号，1 为根，每个分叉点或末梢可能有一个苹果。有两种操作：修改（即修改某一个节点，修改时这一个节点上的苹果从有到无，或从无到有）和查询（查询某一个节点的子树上有多少个苹果）。

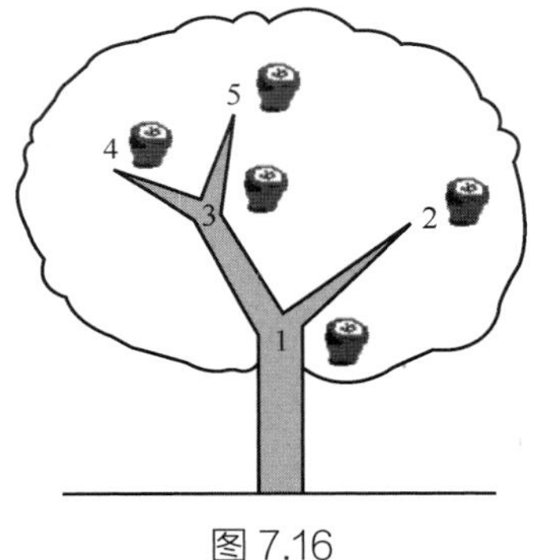

图 7.16

【输入格式】

第一行为一个整数 N（$N \leqslant 100000$），表示树的分叉数。随后 N−1 行每行包括两个整数 u 和 v，表示 u 和 v 对应的分叉通过枝干连接。接下来一行是一个整数 m（$m \leqslant 100000$），表示操作数。

随后 m 行是操作，其中“C x”意味着苹果在 x 对应分叉上的存在已经改变。也就是说，如果分叉上有一个苹果，那么就“摘”下它；否则，一个新的苹果就在空洞的分叉上生长。“Q x”表示询问 x 对应分叉及其子树上的苹果数量，初始时苹果树上满是苹果。

【输出格式】

对每一个询问输出答案。

【输入样例】

```
3
1 2
1 3
3
Q 1
```

C 2
Q 1

【输出样例】

3
2

【算法分析】

具体做法是做一次 DFS，记下节点 i 的开始时间 Start[i] 和结束时间 End[i]，则 i 节点的所有子节点的开始时间和结束时间都位于 Start[i] 和 End[i] 之间，即管辖区间为 Start[i] 和 End[i] 之间，并对应 DFS 序列上连续的一段区间（见图 7.17）。所以求子树的苹果数，只需求该区间的和即可。

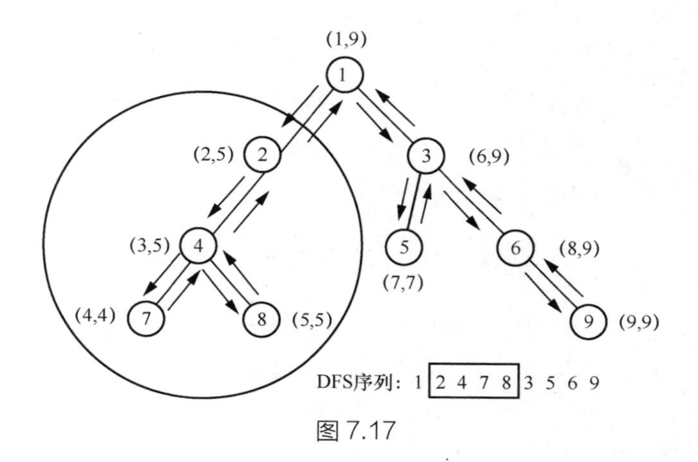

图 7.17

将 DFS 序列存入树状数组，如图 7.18 所示，Update(begin[a]) 为改变起点节点 a 的状态，Getsum(end[a])−Getsum(begin[a]−1) 为求 a 及子树的苹果数。

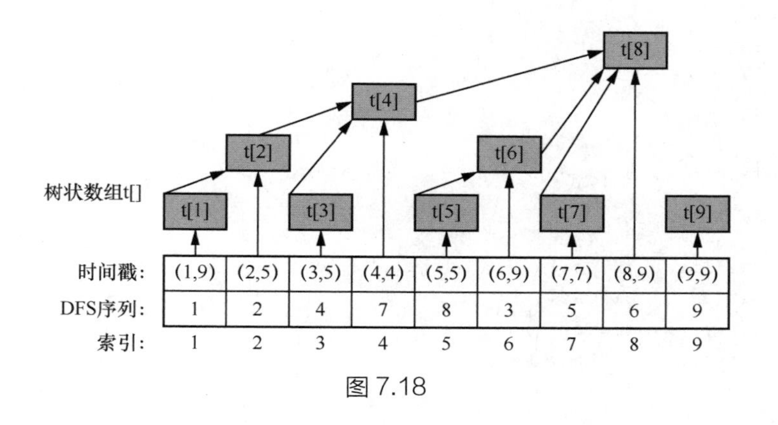

图 7.18

参考程序如下。

```
1    // 苹果树
2    #include <bits/stdc++.h>
```

```
3   using namespace std;
4   const int MAXN=100005;
5
6   int t[MAXN], a[MAXN],Left[MAXN], Right[MAXN];
7   vector<vector<int> >Edge(MAXN);      //POJ 网站卡 vector，要这样写，或不用 vector
8   int N,M,Time;
9
10  int LowBit(int x)
11  {
12    return x&(-x);
13  }
14
15  void DFS(int node)                    //为每一个节点添加时间戳（左值和右值）
16  {
17    Left[node]=Time;
18    for(int i=0; i<Edge[node].size(); i++)
19    {
20      Time++;
21      DFS(Edge[node][i]);
22    }
23    Right[node]=Time;
24  }
25
26  void Update(int k, int num)           //修改节点 k，添加为 1，删除为 -1
27  {
28    for(int i=k; i<=N; i+=LowBit(i)) //N 为数组长度
29      t[i]+=num;
30  }
31
32  int GetSum(int x)
33  {
34    int sum=0;
35    for(int i=x; i>0; i-=LowBit(i))
36      sum+=t[i];
37    return sum;
38  }
39
40  int main()
41  {
42    while(~scanf("%d", &N))
43    {
44      memset(Left, 0, sizeof(Left));
45      memset(Right, 0, sizeof(Right));
46      memset(a, 0, sizeof(a));
47      memset(t, 0, sizeof(t));
48      for(int i=0; i<MAXN; i++)
49        Edge[i].clear();
50      int x,y;
51      for(int i=1; i<N; i++)            //存入 (x,y) 边
52      {
53        scanf("%d%d", &x, &y);
54        Edge[x].push_back(y);
```

```
55        }
56        Time=1;
57        DFS(1);
58        for(int i=1; i<=N; i++)
59        {
60          a[i]=1;                          //最初每个节点上都有一个苹果，即节点都是一样的
61          Update(i,1);                     //同时更新树状数组的值
62        }
63        scanf("%d%*c", &M);                //%*c 中的 * 表示忽略此输入数据
64        char ch;
65        for(int i=0; i<M; i++)
66        {
67          scanf("%c %d%*c", &ch, &y);
68          if(ch=='Q')
69            printf("%d\n", GetSum(Right[y]) - GetSum(Left[y]-1));
70          else
71          {
72            a[y]?Update(Left[y],-1):Update(Left[y],1);
73            a[y]=!a[y];                  // 变为相反的状态
74          }
75        }
76      }
77      return 0;
78    }
```

7.7 二维树状数组

■ 407008 电信网络

【题目描述】电信网络（cell）POJ 1195

可以把电信网络看作由数字构成的大矩阵，开始全为 0，能进行以下两种操作。

（1）为矩阵里的某个数加上一个整数（可正可负）。

（2）查询某个子矩阵里所有数字的和，要求对每次查询输出结果。

【输入格式】

输入有以下 4 种格式。

（1）0 S：初始化矩阵，维数是 $S \times S$（$1 \times 1 \leqslant S \times S \leqslant 1024 \times 1024$），值全为 0，这种操作只在最开始出现一次。

（2）1 X Y A：将矩阵的 x、y 坐标增加 A（$-32768 \leqslant A \leqslant 32767$）。

（3）2 L B R T：询问 $[L,B]$ 到 $[R,T]$（$L \leqslant X \leqslant R$，$B \leqslant Y \leqslant T$）内值的总和。

（4）3 结束对这个矩阵的操作。

【输出格式】

输出查询的结果。

【输入样例】

0 4

1 1 2 3

2 0 0 2 2

1 1 1 2

1 1 2 -1

2 1 1 2 3

3

【输出样例】

3

4

【算法分析】

本题需要反复修改、查询二维区间的值，可以考虑用二维树状数组或二维线段树。二维树状数组和二维线段树虽时间复杂度相同，但二维树状数组比二维线段树结构简单且常数较小。

原始二维矩阵转换为对应的二维树状数组的过程如图 7.19 所示。

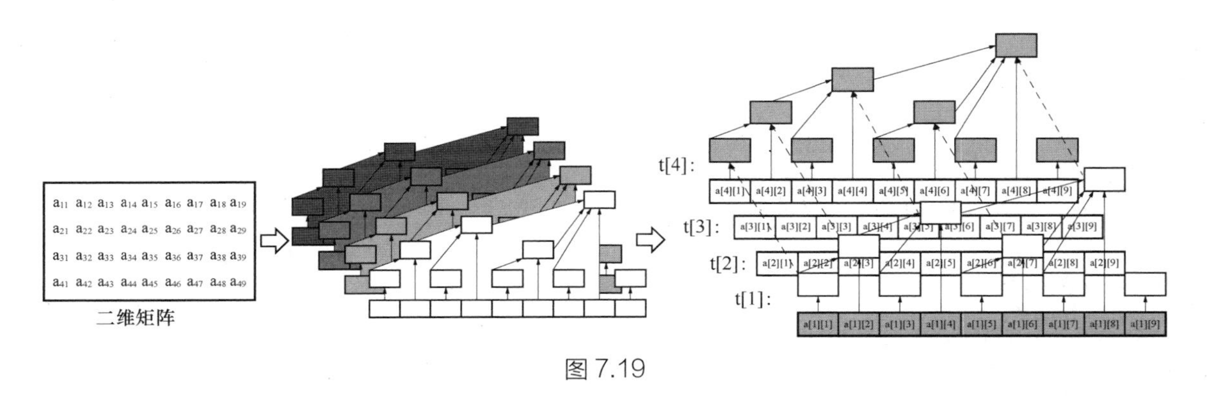

图 7.19

可见二维矩阵的每一行都是一个树状数组。但是 t[1]~t[4] 中的各元素值并不是简单的以各自行的值产生生成的，除 t[1] 中各元素值为

t[1][1] = a_{11}，t[1][2] = a_{11} + a_{12}，t[1][3] = a_{13}，t[1][4] = a_{11} + a_{12} + a_{13} + a_{14}，t[1][5] = a_{15}，t[1][6] = a_{15} + a_{16}……

其他各行的元素值为

t[2][1] = a_{11} + a_{21}，t[2][2] = a_{11} + a_{12} + a_{21} + a_{22}，t[2][3] = a_{13} + a_{23}，t[2][4] = a_{11} + a_{12} + a_{13} + a_{14} + a_{21} + a_{22} + a_{23} + a_{24}，t[2][5] = a_{15} + a_{25}，t[2][6] = a_{15} + a_{16} + a_{25} + a_{26}……，这是第一行加第二行的结果。

t[3][1] = a_{31}，t[3][2] = a_{31} + a_{32}，t[3][3] = a_{33}，t[3][4] = a_{31} + a_{32} + a_{33} + a_{34}，t[3][5] = a_{35}，t[3][6] = a_{35} + a_{36}。想一想，这一行为什么不是 3 行相加的结果？

t[4][1] = a_{11} + a_{21} + a_{31} + a_{41}，t[4][2] = a_{11} + a_{12} + a_{21} + a_{22} + a_{31} + a_{32} + a_{41} + a_{42}，t[4][3] = a_{13} + a_{23} + a_{33} + a_{43}……，这是 4 行相加的结果。

至此我们可以看出，以行为元素，整个列也是一个树状数组。

修改单个元素的代码如下。

```
1  void Update(int x,int y,int value)
2  {
3    while(x<=n)                                    //按行
4    {
5      for(int i=y; i<=m; i+=lowbit(i))             //按列
6        t[x][i]+=value;
7      x+=lowbit(x);
8    }
9  }
```

以原点为一个端点、(x,y) 为另一个端点的子矩阵求和代码如下。

```
1  int GetSum(int x,int y)
2  {
3    int sum=0;
4    while(x>0)
5    {
6      for(int i=y; i>0; i-=lowbit(i))
7        sum+=t[x][i];
8      x-=lowbit(x);
9    }
10   return sum;
11 }
```

以 (x_1,y_1) 为一个端点、(x_2,y_2)（$x_1 \leqslant x_2$，$y_1 \leqslant y_2$）为另一个端点的子矩阵的求和代码如下。

```
1  int GetSum(int x1,int y1,int x2,int y2)
2  {
3    return sum(x2,y2)+sum(x1-1,y1-1)-sum(x2,y1-1)-sum(x1-1,y2);
4  }
```

其原理如图 7.20 所示。

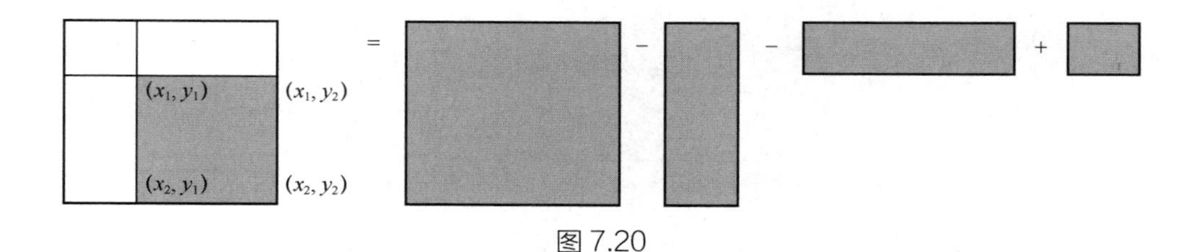

图 7.20

完整的参考代码如下。

```
1  //电信网络
2  #include <bits/stdc++.h>
3  using namespace std;
4  const int MAXN=1025;
```

```
5
6   int t[MAXN][MAXN];
7   int lowbit[MAXN];
8   int s;                                    //矩阵的维数
9
10  void Update(int x,int y,int value)
11  {
12    for(int i=x; i<=s; i+=lowbit[i])
13      for(int j=y; j<=s; j+=lowbit[j])
14        t[i][j]+=value;
15  }
16
17  int GetSum(int x,int y)                   //查询第1行到第x行、第1列到第y列的和
18  {
19    int sum=0;
20    for(int i=x; i>0; i-=lowbit[i])
21      for(int j=y; j>0; j-=lowbit[j])
22        sum+=t[i][j];
23    return sum;
24  }
25
26  int main()
27  {
28    int X,Y,A,L,B,R,T;
29    for(int i=1; i<=MAXN; i++)              //预处理lowbit[]
30      lowbit[i]=i&(-i);
31    int Option;
32    while(true)
33    {
34      scanf("%d",&Option);
35      if(Option==0)                         //初始化
36      {
37        scanf("%d",&s);
38        memset(t,0,sizeof(t));
39      }
40      else if(Option==1)                   //对于矩阵的x、y坐标增加A
41      {
42        scanf("%d%d%d",&X,&Y,&A);
43        Update(X+1,Y+1,A);
44      }
45      else if(Option==2)                   //询问[L,B]到[R,T]内值的总和
46      {
47        scanf("%d%d%d%d",&L,&B,&R,&T);
48        L++,B++,R++,T++;
49        printf("%d\n",GetSum(R,T)+GetSum(L-1,B-1)-GetSum(R,B-1)-GetSum(L-1,T));
50      }
51      else
52        return 0;
53    }
54  }
```

7.8 课后练习

1. 气球涂色（网站题目编号：407009）
2. 楼兰图腾（网站题目编号：407010）
3. 01 矩阵（网站题目编号：407011）
4. 晋升者（网站题目编号：407012）
5. 弱对（网站题目编号：407013）
6. 区间互质（网站题目编号：407014）

第 8 章　并查集

8.1 基础并查集

并查集是一种树形的数据结构，用于处理一些不相交集合（disjoint set）的合并及查询问题。

■ 408001 亲戚

【题目描述】亲戚（relation）

对于一个庞大的家族来说，要判断家族中的两个人是否是亲戚，是很不容易的一件事。现在给出亲戚关系图，求任意给出的两个人是否具有亲戚关系。

规定：如果 x 和 y 是亲戚，y 和 z 是亲戚，那么 x 和 z 也是亲戚；如果 x 和 y 是亲戚，那么 x 的亲戚都是 y 的亲戚，y 的亲戚也都是 x 的亲戚。

【输入格式】

输入第一行为 3 个整数 n、m、p（$n \leqslant 20000$，$m \leqslant 1000000$，$p \leqslant 1000000$），分别表示有 n 个人，m 个亲戚关系，询问 p 对亲戚关系。

随后 m 行中，每行有两个数 m_i 和 m_j（$1 \leqslant m_i$，$m_j \leqslant n$），表示 m_i 和 m_i 具有亲戚关系。

随后 p 行中，每行有两个数 p_i 和 p_j，询问 p_i 和 p_j 是否具有亲戚关系。

【输出格式】

输出 p 行，每行有一个“YES”或“NO”，表示询问的答案为“具有”或“不具有”亲戚关系。

【输入样例】

```
6 5 3
1 2
1 5
3 4
5 2
1 3
1 4
2 3
5 6
```

【输出样例】

YES

YES

NO

【算法分析】

经初步分析，本题是图论中判断两个节点是否在同一个连通子图中的问题。以样例建立无向图（人为节点，关系为边），如图 8.1 所示。

当判断两人是否为亲戚时，只需检查相应的两个节点是否在同一个连通子图中即可。如果两个节点在同一个连通子图中，则它们对应的人是亲戚，否则就不是。显然除 6 以外，1、2、3、4、5 互为亲戚。

图 8.1

但是这种算法的最大问题是无法存下多至 2000000 条边的图，更不可能在规定的时限内算出结果。

并查集算法首先给每个人建立一个集合，集合的元素只有那个人自己，表示初始时没有任何人是他的亲戚。以后每次给出一个亲戚关系 a、b，就将 a 所在的集合与 b 所在的集合合并，表示 a 及其亲戚与 b 及其亲戚互为亲戚。对于样例数据的全部操作过程如下。

（1）初始时每个人均为一个集合，如图 8.2 所示。

（2）根据 1 和 2 是亲戚的条件，合并 1 所在的集合和 2 所在的集合，如图 8.3 所示。

图 8.2　　　　图 8.3

（3）根据 1 和 5 是亲戚的条件，合并 1 所在的集合和 5 所在的集合，如图 8.4 所示。

（4）根据 3 和 4 是亲戚的条件，合并 3 所在的集合和 4 所在的集合，如图 8.5 所示。

图 8.4　　　　图 8.5

（5）由于 5 和 2 已在同一集合，因此无须合并，再根据 1 和 3 是亲戚的条件，合并 1 所在的集合和 3 所在的集合，最后结果如图 8.6 所示。

观察图 8.6，可以发现 1、2、3、4、5 形成的树分布不平均，很多节点在树的较深层次，这样当我们查找某个节点时，会花费较多时间，这种树即“退化树”。解决该问题有两种优化方法。

（1）路径压缩，即找到最久远的祖先节点时“顺便”把祖先节点的子孙节点直接连接到祖先节点下面。这样搜索某个节点的时间复杂度将降为 $O(1)$，如图 8.7 所示。

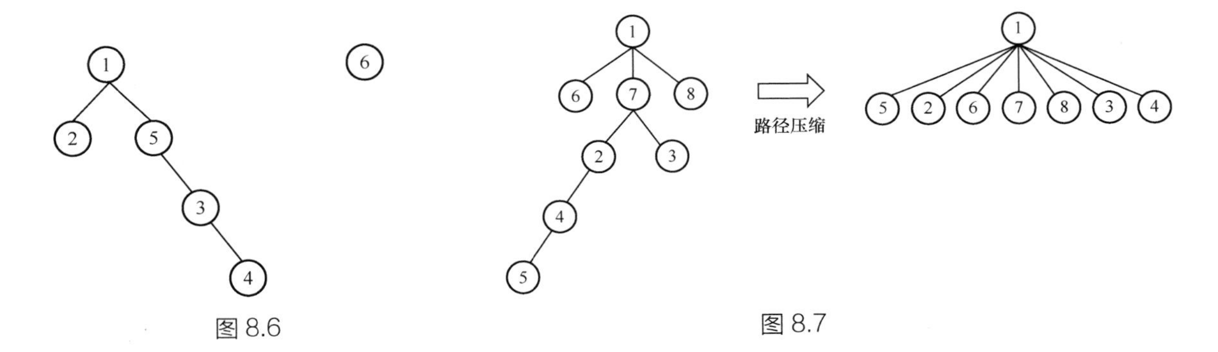

图 8.6　　　　图 8.7

（2）启发式合并，即在合并两个集合（树）时，将节点少的树合并到节点多的树上，也可以把深度小的树合并到深度大的树上，其中后者与路径压缩会有少许冲突。

可以发现并查集的主要操作有以下两个。

（1）合并两个不相交的集合。

（2）判断两个元素是否属于同一集合。

设 father[i] 用于保存节点 i 的父节点，查找节点 x 的父节点的朴素代码如下。

```
1  int Find(int x)
2  {
3    while(father[x]!=x)
4      x=father[x];
5    return x;
6  }
```

精简后的代码（运行速度慢）如下。

```
1  int Find(int x)
2  {
3    return father[x]==x?x:Find(father[x]);
4  }
```

使用了路径优化的代码如下。

```
1  int Find(int x)
2  {
3    return father[x]==x?x:father[x]=Find(father[x]);
4  }
```

完整的参考程序如下。

```
1  //亲戚
2  #include <bits/stdc++.h>
3  using namespace std;
4
5  int father[20001];
6  int n,m,q,x,y;
7
8  int Find(int x)                         //注意某些题用递归会超时
```

```
 9  {
10    return father[x]==x?x:father[x]=Find(father[x]);
11  }
12
13  void Union(int X,int Y)                  //合并两个集合
14  {
15    father[Y]=X;
16  }
17
18  int main()
19  {
20    cin>>n>>m>>q;
21    for(int i=1; i<=n; i++)
22      father[i]=i;                         //初始化，新集合仅有的成员是自己
23    for(int i=1; i<=m; i++)
24    {
25      scanf("%d%d",&x,&y);
26      int X=Find(x);
27      int Y=Find(y);
28      if(X!=Y)
29        Union(X,Y);
30    }
31    for(int i=1; i<=q; i++)
32    {
33      scanf("%d%d",&x,&y);
34      printf("%s\n",Find(x)==Find(y)?"YES":"NO");
35    }
36    return 0;
37  }
```

包含 n 个元素的并查集，进行 m 次合并或查找操作的时间复杂度是 $O(n+m)\alpha(n)$。其中 α 是阿克曼函数（Ackermann function）的某个反函数，是个增长极其缓慢的函数，它可以看作小于 5 的，所以可以认为并查集的时间复杂度几乎是线性的。

■ 408002 爱好

【题目描述】爱好（hobby）POJ 2524

学院有 $n(0 < n \leqslant 50000)$ 个学生，已知有 $m(0 \leqslant m \leqslant n(n-1)/2)$ 对爱好相同的学生，请估算这 n 个学生最少有多少种爱好。

【输入格式】

输入数据有多组，每一组以两个数字 n、m 开始，代表有 n 个学生，m 对爱好相同的学生。随后的 m 行中，每行包含两个数字 i 和 j，表示 i 和 j 对应学生的爱好相同。最后一行有两个 0 代表输入结束。

【输出格式】

输出整数 ans 表示最少有多少种爱好，注意在 ans 前面加上 Case 和组数和“:”。

【输入样例】

10 9
1 2
1 3
1 4
1 5
1 6
1 7
1 8
1 9
1 10
10 4
2 3
4 5
4 8
5 8
0 0

【输出样例】

Case 1: 1
Case 2: 7

【算法分析】

本题为并查集的简单应用，先设爱好的数量为学生数 n，对给出的每对学生，如果他们在不同的集合，那么就合并，并将爱好的数量减 1。

集合的合并过程可以考虑采用集合的层高为启发函数，即定义数组 Rank[ ] 记录每个集合的层高，初始层高均为 0，合并时，将层高较小的集合合并到层高较大的集合中。程序片段如下。

```
1   void Union(int x,int y)                         // 合并
2   {
3     int r1=Find(x);
4     int r2=Find(y);
5     if(Rank[r1]>Rank[r2])                         //Rank 较小的集合合并到 Rank 较大的集合中
6       father[r2]=r1;
7     else
8     {
9       if(Rank[r1]==Rank[r2]&&r1 != r2)            //Rank 值相等的集合合并
10        Rank[r2]++;                               //Rank[r2] 加 1
11      father[r1]=r2;
12    }
13  }
```

为什么层高相同，新的集合的层高要加1？请参见两个深度均为2的树的合并过程，如图8.8所示。

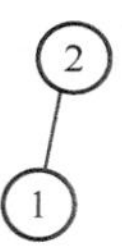

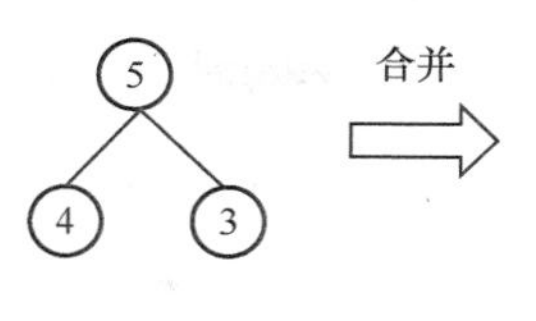

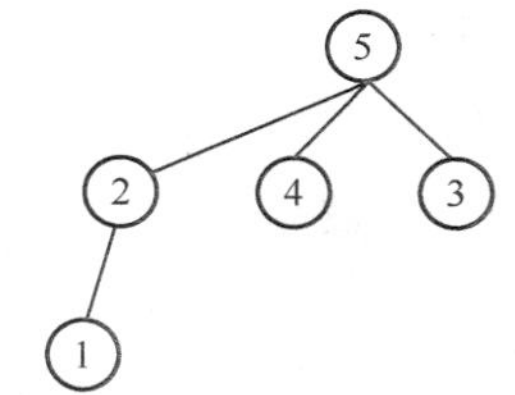

图 8.8

8.2 带权并查集

■ 408003 星际争霸

【题目描述】星际争霸（galaxy）NOI 2002

第一次大规模星际争霸演习正式开始，由红方琳琳、蓝方小光各率领大量的太空战舰模拟对抗。

小光将星域战场划分成30000列，每列依次编号为1,2,…,30000。之后，他把自己的战舰也依次编号为1,2,…,30000，让第i（i = 1,2,…,30000）号战舰处于第i列，形成“一字长蛇阵”（这是初始阵形），诱敌深入。当进犯之敌到达时，小光会多次发布合并指令，将大部分战舰集中在某几列上，实施密集攻击。合并指令为M i j，含义为让第i号战舰所在的整个战舰队列作为一个整体（头在前尾在后）接至第j号战舰所在的战舰队列的尾部。显然战舰队列是由处于同一列的一个或多个战舰组成的，合并指令的执行会使队列增大。

但琳琳早已在战略上取得了主动。在交战过程中，她可以通过庞大的情报网络随时监听小光的舰队调动指令。

在小光发布指令调动舰队的同时，琳琳为了及时了解当前小光的战舰分布情况，也会发出一些询问指令：C i j。该指令会询问计算机，小光的第i号战舰与第j号战舰当前是否在同一队列中，如果在同一队列中，那么它们之间布置了多少战舰。

作为一名资深程序员，你被要求编写程序以分析小光的指令，以及回答琳琳的询问。

【输入格式】

输入的第一行有一个整数T（$1 \leqslant T \leqslant 500000$），表示总共有$T$条指令。

以下有T行，每行有一条指令，指令有两种格式。

（1）M i j：i和j（$1 \leqslant i, j \leqslant 30000$）是两个整数，表示指令涉及的战舰编号。该指令是琳琳监听到的小光发布的舰队调动指令，并且保证第i号战舰与第j号战舰不在同一队列。

（2）C i j：i和j（$1 \leqslant i, j \leqslant 30000$）是两个整数，表示指令涉及的战舰编号。该指令是琳琳发布的询问指令。

【输出格式】

你的程序应当依次对输入的每一条指令进行分析和处理。

如果是小光发布的舰队调动指令，则表示舰队排列发生了变化，你的程序要注意到这一点，但是不要输出任何信息。

如果是琳琳发布的询问指令，你的程序要输出一行，该行仅包含一个整数，在同一队列中，

第 i 号战舰与第 j 号战舰之间布置的战舰数目。如果第 i 号战舰与第 j 号战舰当前不在同一队列中，则输出 −1。

【输入样例】

4
M 2 3
C 1 2
M 2 4
C 4 2

【输出样例】

−1
1

【算法分析】

本题是带权并查集的典型应用，带权并查集就是指在并查集中加入一维或更多维以维护更多的信息，本题中加入的是战舰的数量。

计算同一队列里第 i 号战舰与第 j 号战舰之间有多少战舰（即距离），最简单的方法就是一个个地数，但这个方法太低效。可以考虑使用前缀和思想来实现：定义一个数组 sum[ ]，sum[i] 表示第 i 号战舰到其所在队列队首的距离，则第 i 号战舰和第 j 号战舰之间的距离即它们到队首的距离之差减 1，即 abs(sum[i]−sum[j])−1。

参考程序如下。

```
1   //星际争霸
2   #include <bits/stdc++.h>
3   using namespace std;
4   const int MAXN=30010;
5
6   int father[MAXN],sum[MAXN],cnt[MAXN]; //cnt[]:队列中的战舰数
7
8   int Find(int x)
9   {
10    if(father[x]==x)
11      return x;
12    int px=Find(father[x]);            //先找到根（祖先），否则计算会出错
13    sum[x]+=sum[father[x]];            //x 到根的距离 + 父节点到根的距离
14    return father[x]=px;               //进行路径压缩并返回父节点即 px
15  }
16
17  void Union(int i,int j)
18  {
19    int RootI=Find(i);
20    int RootJ=Find(j);
21    if(RootI==RootJ)
22      return;
23    father[RootI]=RootJ;                   //i 队列指向 j 队列的根（路径压缩）
24    sum[RootI]+=cnt[RootJ];                // 计算 i 队列队首到根节点的距离
```

```
25    cnt[RootJ]+=cnt[RootI];                //队列合并，战舰数增加
26  }
27  
28  int main()
29  {
30    int N,x,y;
31    scanf("%d\n",&N);
32    for(int i=1; i<=30000; i++)
33      father[i]=i,cnt[i]=1;              //每列根节点初始是它自己，战舰数为 1
34    while(N--)
35    {
36      char s;
37      scanf("%c%d %d%*c",&s,&x,&y);
38      if(s=='M')
39        Union(x,y);
40      else
41        printf("%d\n",Find(x)^Find(y)?-1:abs(sum[x]-sum[y])-1);
42    }
43    return 0;
44  }
```

8.3 种类并查集

■ 408004 食物链

【题目描述】食物链（food）POJ 1182

假设动物世界中有3类动物A、B、C，这3类动物的食物链为有趣的环形：A吃B，B吃C，C吃A。现有N个动物，以1 ~ N编号。每个动物都是A、B、C中的一种，但是我们并不知道它到底是哪一种。

有人用两种说法对这N个动物所构成的食物链进行描述：第一种说法是1 X Y，表示X和Y是同类；第二种说法是2 X Y，表示X吃Y。

此人对N个动物，用上述两种说法说了K句话，这K句话有的是真的，有的是假的。当一句话满足下列3个条件之一时，这句话就是假话，否则就是真话。

（1）当前的话与前面的某些真的话冲突。

（2）当前的话中X或Y比N大。

（3）当前的话表示X吃X。

你的任务是根据给定的N（$1 \leqslant N \leqslant 50000$）个动物和$K$（$0 \leqslant K \leqslant 100000$）句话，输出假话的总数。

【输入格式】

输入的第一行是两个整数N和K，以一个空格分隔，N表示动物数量。以下K行中，每行有3个正整数D、X、Y，其中D表示说法的种类。若$D = 1$，则表示X和Y是同类。若$D = 2$，则表示X吃Y。

【输出格式】

输出只有一个整数，表示假话数。

【输入样例】

100 7

1 101 1

2 1 2

2 2 3

2 3 3

1 1 3

2 3 1

1 5 5

【输出样例】

3

【算法分析】

可以用一个带权值的并查集来确定动物之间“相对”的关系。设 father[x] 表示 x 的根节点，rank[x] 表示 father[x] 与 x 的关系。rank[x] = 0 表示 father[x] 与 x 是同类；rank[x] =1 表示 father[x] 吃 x；rank[x] =2 表示 x 吃 father[x]。进行路径压缩的方法如图 8.9 所示。

那么为什么 rank[山羊]=1 呢？我们设 y 为 x 的父节点，z 为 y 的父节点，如图 8.10 所示。

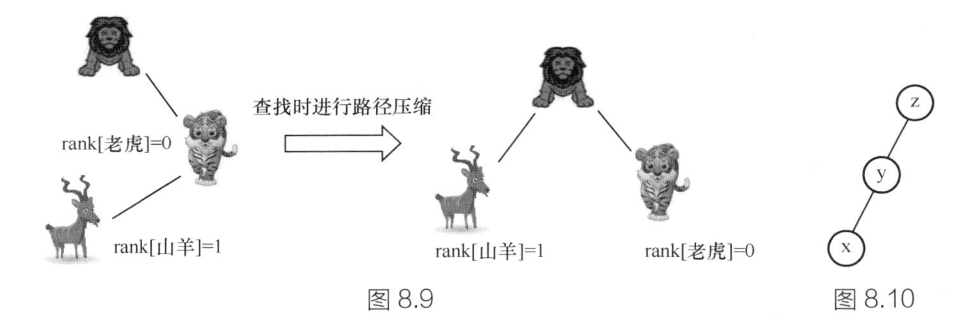

图 8.9　　图 8.10

穷举所有的 9 种情况。

（1）rank[x] = 0，rank[y] = 0，即 x 和 y 是同类，y 和 z 是同类，则 x 和 z 是同类，路径压缩后 rank[x] = 0。

（2）rank[x] = 0，rank[y] = 1，即 x 和 y 是同类，y 被 z 吃，则 x 被 z 吃，路径压缩后 rank[x] = 1。

（3）rank[x] = 0，rank[y] = 2，即 x 和 y 是同类，y 吃 z，则 x 吃 z，路径压缩后 rank[x] = 2。

（4）rank[x] = 1，rank[y] = 0，即 x 被 y 吃，y 和 z 是同类，则 x 被 z 吃，路径压缩后 rank[x] = 1。

（5）rank[x] = 1，rank[y] = 1，即 x 被 y 吃，y 被 z 吃，由题意形成环形，即 x 吃 z，路

径压缩后 rank[x] = 2。

（6）rank[x] = 1，rank[y] = 2，即 x 被 y 吃，y 吃 z，则 x 和 z 是同类，路径压缩后 rank[x] = 0。

（7）rank[x] = 2，rank[y] = 0，即 x 吃 y，y 和 z 是同类，则 x 吃 z，路径压缩后 rank[x] = 2。

（8）rank[x] = 2，rank[y] = 1，即 x 吃 y，y 被 z 吃，则 x 和 z 是同类，路径压缩后 rank[x] = 0。

（9）rank[x] = 2，rank[y] = 2，即 x 吃 y，y 吃 z，由题意形成环形，即 x 被 z 吃，路径压缩后 rank[x] = 1。

略观察即可得出结论：*x* 与 *z* 的关系值为 (rank[x]+rank[y])%3。

在已有狮子、豹子、老虎和山羊的关系中，合并豹子和山羊即输入“2 豹子 山羊”时，将山羊的原始根节点即老虎指向豹子的根节点即狮子上，具体操作如图 8.11 所示。

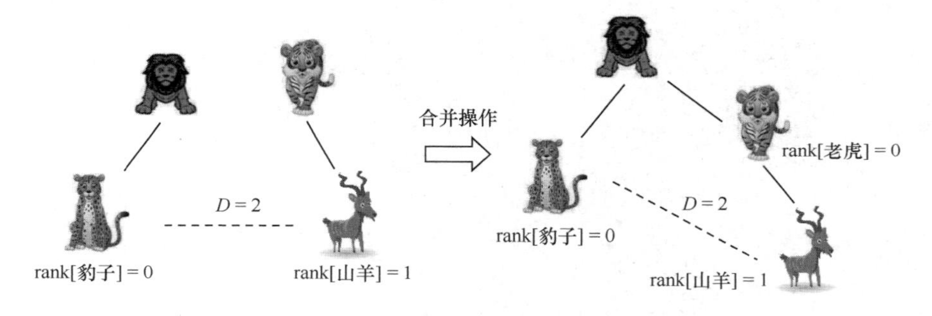

图 8.11

图 8.11 中 rank[老虎] = 0 的值由 (rank[山羊]−rank[豹子] + *D* + 3)%3 推导而来（括号中加 3 是为了防止出现负数，模 3 是为了保证偏移量取值始终在 [0,2]）。这可以通过找规律发现，但使用向量偏移法证明更为合适，向量偏移法原理如图 8.12 所示。

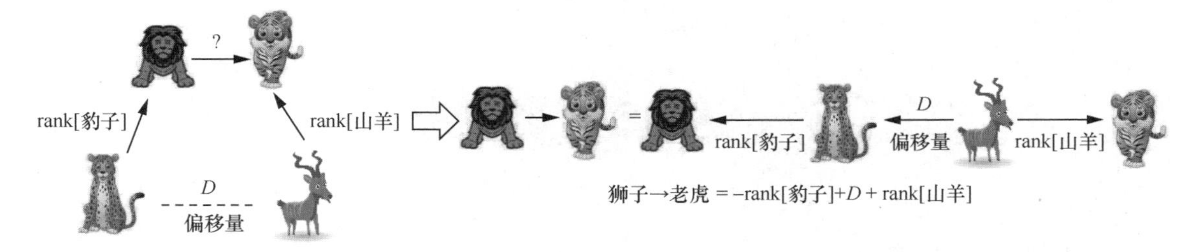

图 8.12

那么怎样判断某句话是不是假话呢？

假设已读入 *D X Y*，先利用 FindFather() 函数得到 *X*、*Y* 所在集合的代表元素 xf、yf，若它们在同一集合（即 xf == yf），则可以判断话的真假。

若 *D* == 1 而 rank[*X*] ≠ rank[*Y*]，则此话为假。（*D* == 1 表示 *X* 与 *Y* 为同类，而从 rank[*X*] ≠ rank[*Y*] 可以推出 *X* 与 *Y* 不为同类，矛盾。）

若 $D == 2$ 而 rank[X] == rank[Y]（即 X 与 Y 为同类）或者 rank[X] ==（rank[Y] + 1）% 3（即 Y 吃 X），则此话为假。

rank[X] ==（rank[Y] + 1）% 3 推导过程是：假设有 Y 吃 X，那么 rank[X] 和 rank[Y] 的值是怎样的？

我们来列举一下：rank[X] = 0 && rank[Y] = 2

rank[X] = 1 && rank[Y] = 0

rank[X] = 2 && rank[Y] = 1

稍微观察一下就知道 rank[X] =（rank[Y] + 1）% 3。事实上，对于上个问题有更一般的判断方法：

若（rank[Y]−rank[X] + 3）% 3 $\neq D-1$，则此话为假。

参考代码如下。

```
1   //食物链  带权并查集+向量偏移法
2   #include <bits/stdc++.h>
3   using namespace std;
4
5   int father[50005],Rank[50005];
6
7   int FindFather(int x)
8   {
9     if(x!=father[x])
10    {
11      int t=father[x];
12      father[x]=FindFather(father[x]);      //压缩路径
13      Rank[x]=(Rank[x]+Rank[t])%3;         //更新 x 与 father[x] 的关系
14    }
15    return father[x];
16  }
17
18  void Union(int x,int y,int d)             //合并 x、y 所在的集合
19  {
20    int xf=FindFather(x);
21    int yf=FindFather(y);
22    father[xf]=yf;                         //将集合 xf 合并到 yf 集合上
23    Rank[xf]=(Rank[y]-Rank[x]+3+d)%3;      //更新 xf 与 father[xf] 的关系
24  }
25
26  int main()
27  {
28    int total=0,n,k;
29    cin>>n>>k;
30    for(int i=1; i<=n; ++i)
31      father[i]=i;
32    while(k--)
33    {
34      int d,x,y;
35      cin>>d>>x>>y;
36      if(x>n || y>n || (d==2 && x==y))    //如果 x 或 y 比 n 大或 x 吃 x，是假话
37        total++;                           //假话数加一
```

```
38      else
39        if(FindFather(x)== FindFather(y)) //如果 x、y 的父节点相同
40        {
41          if((Rank[x]-Rank[y]+3)%3 != d-1)// 则可判断给的关系是否正确的
42            total++;
43        }
44        else
45          Union(x,y,d-1);                    //否则合并 x、y 所在的集合
46    }
47    cout<<total<<endl;
48    return 0;
49  }
```

一般的并查集，维护的是具有连通性、传递性的关系，例如亲戚的亲戚是亲戚。但是有时候要维护的是“朋友的朋友是朋友，朋友的敌人是敌人，敌人的敌人是朋友”的关系。这种关系往往体现出循环对称，如图 8.13 所示，这种关系的维护通常用种类并查集来实现。

本题是种类并查集的一个经典例题，其解法是将 1~n 个元素扩大为 1~3n 个元素，使用 [1,3n] 个并查集（因为不断合并后的并查集数量只有这么多）。这 3n 个并查集需要维护“同类”“猎物”“天敌”3 种关系，即 3n 个并查集分为 3 类：第一类维护“同类”关系、第二类维护“猎物”关系、第三类维护“天敌”关系。可用 X、$X+n$、$X+2n$ 来表示不同的种类如图 8.14 所示。

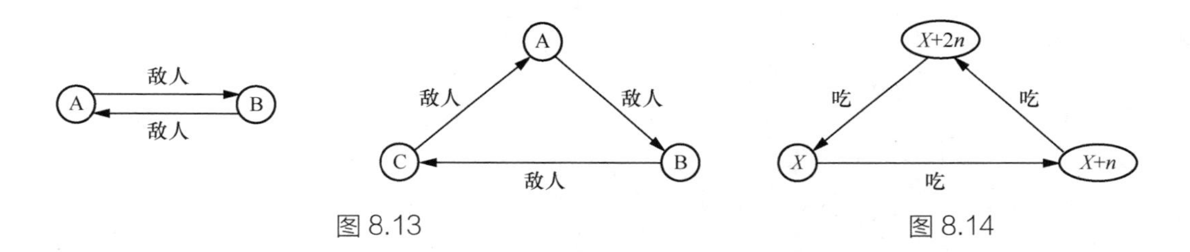

图 8.13　　　　图 8.14

我们知道以下判断。

（1）同类的天敌集合是同一个集合，同类的猎物集合也是同一个集合。

（2）天敌的天敌是猎物。

（3）猎物的猎物是天敌。

所以对于每一句真话，当 X 和 Y 是同类时，将它们两者的天敌集合（$X+n$ 与 $Y+n$ 所在集合）和猎物集合（$X+2n$ 与 $Y+2n$ 所在集合）以及自身所在的集合分别合并。当 X 是 Y 的天敌时，将 X 所在集合与 Y 的天敌集合合并，将 Y 所在集合和 X 的猎物集合合并，将 X 的天敌集合和 Y 的猎物集合合并即可。

参考程序如下。

```
1  //食物链　种类并查集
2  #include <bits/stdc++.h>
3  using namespace std;
4
5  int n,k,X,Y,D,ans;
6  int father[150010];
7
```

```
8   int Find(int x)
9   {
10    return father[x]==x?x:father[x]=Find(father[x]);
11  }
12
13  int Union(int x,int y)
14  {
15    int a=Find(father[x]);
16    int b=Find(father[y]);
17    father[a]=b;
18  }
19
20  int main()
21  {
22    cin>>n>>k;
23    for(int i=3*n; i>=1; i--)
24      father[i]=i;
25    for(int i=1; i<=k; i++)
26    {
27      cin>>D>>X>>Y;
28      if(D==1)
29        if(X>n || Y>n || Find(X+n)==Find(Y) || Find(X+2*n)==Find(Y))
30          ans++;
31        else
32        {
33          Union(X,Y);
34          Union(X+n,Y+n);
35          Union(X+2*n,Y+2*n);
36        }
37      else if(D==2)
38        if(X>n || Y>n || X==Y || Find(X)==Find(Y) || Find(X+n)==Find(Y))
39          ans++;
40        else
41        {
42          Union(X+2*n,Y);
43          Union(X+n,Y+2*n);
44          Union(X,Y+n);
45        }
46    }
47    cout<<ans<<endl;
48    return 0;
49  }
```

8.4 课后练习

1. 超市（网站题目编号：408005）
2. 冷战（网站题目编号：408006）
3. 奇偶博弈（网站题目编号：408007）
4. 天使与恶魔（网站题目编号：408008）

第 9 章　线段树

9.1 线段树的基本操作

409001 太空堡垒

【题目描述】太空堡垒（fort）HDU 1166

小光的太空舰队在太空中沿直线布置了 N 个太空堡垒（后文简称堡垒），由于琳琳的太空舰队采取了某种先进的监测手段，所以小光的每个堡垒的飞船数琳琳都掌握得一清二楚。每个堡垒的飞船数都有可能发生变动，可能增加或减少若干飞船，但这些都逃不过琳琳的监视。

作为演习总指挥的琪儿，需要经常了解某一段连续的堡垒一共有多少飞船，例如琪儿问："红方指挥官，马上汇报第 3 个堡垒到第 10 个堡垒共有多少飞船！"红方指挥官琳琳就要派你马上计算这一段的总飞船数并汇报。但堡垒的飞船数经常变动，而琪儿每次询问的段都不一样，所以你不得不每次一个个地数，因此很快就筋疲力尽了，为了避免这种情况的发生，你能编写个程序来完成这项工作吗？

【输入格式】

第一行有一个整数 T，表示有 T 组数据。

每组数据的第一行为一个正整数 N（$N \leqslant 50000$），表示有 N 个堡垒，接下来一行有 N 个正整数，第 i 个正整数 a_i（$1 \leqslant a_i \leqslant 50$）代表第 i 个堡垒里开始时有 a_i 个飞船。

接下来每行有一条命令，命令有以下 4 种形式。

（1）Add i j，i 和 j 为正整数，表示第 i 个堡垒增加 j 个飞船（j 不超过 30）。

（2）Sub i j，i 和 j 为正整数，表示第 i 个堡垒减少 j 个飞船（j 不超过 30）。

（3）Query i j，i 和 j 为正整数，$i \leqslant j$，表示询问第 i 到第 j 个堡垒的总飞船数。

（4）End 表示结束，这条命令在每组数据最后出现。

每组数据最多有 40000 条命令。

【输出格式】

对第 i 组数据，首先输出"Case i:"并换行，对于每个 Query 询问，输出一个整数并换行，表示询问的段中的总飞船数，这个数保持在 32 位整型取值范围之内。

【输入样例】

```
1
10
1 2 3 4 5 6 7 8 9 10
Query 1 3
Add 3 6
Query 2 7
Sub 10 2
Add 6 3
Query 3 10
End
```

【输出样例】

```
Case 1:
6
33
59
```

【算法分析】

类似这种与区间操作有关的题目，除了可以使用树状数组解决外，使用线段树这种数据结构也可以解决，它们的时间复杂度是相同的。虽然树状数组的常数优于线段树且代码简短，但是使用线段树可以解决使用树状数组能解决的所有问题，而使用树状数组未必能解决使用线段树能解决的问题。

使用线段树将每个长度不为 1 的区间划分成左右两个区间递归求解，把整个线段划分为一个树形结构，通过合并左右两个区间来求得该区间的信息。使用这种数据结构可以方便地进行大部分的区间操作。

例如根据该题的输入样例，可作典型的线段树如图 9.1 所示，其中每个节点的 val 为该区间要维护的值（例如区间和、区间最值等）。

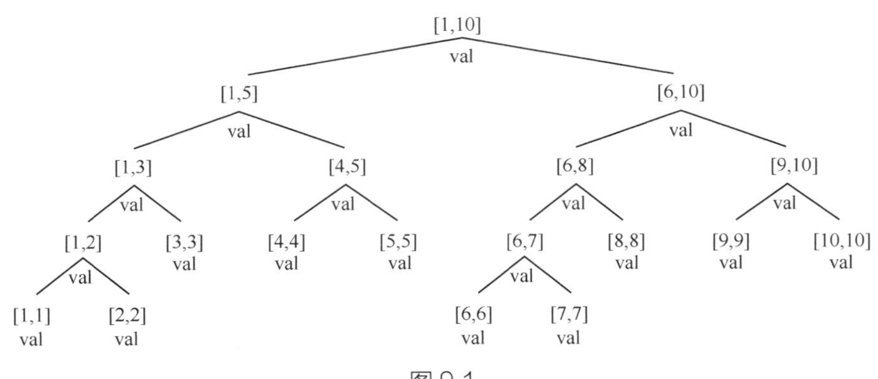

图 9.1

线段树的每个节点可用结构体表示如下，并使用数组 people[50010] 保存每个堡垒的飞船数。

```
struct
{
  int a,b,sum;          //a 为左端点，b 为右端点，sum 为 a、b 端点之间的总飞船数
}t[200040];             // 使用数组
int people[50010];      // 存放每个堡垒的飞船数
```

可以看出，线段树是一种二叉平衡树，记为 T[a,b]，参数 a、b 表示 [a,b]。b–a 称为区间的长度，记为 L。线段树 T[a,b] 可递归定义如下。

若 $L>0$，则 [a,($a+b$)/2] 为 T 的左子节点，[($a+b$)/2 + 1,b] 为 T 的右子节点。

若 $L=0$，则 T 为叶节点。

线段树的深度不超过 $\log_2 L$，线段树把区间上的任意一条线段都分成不超过 $2\log_2 L$ 条线段。所以线段树能在 $O(\log_2 L)$ 的时间内完成一条线段的插入、删除和查找等工作。

假设线段树底层是满的且叶节点数为 n（空间利用率最优的情况）（易证最后一层叶节点数等于原数组元素个数），则叶节点总数为：$n + n/2 + n/2/2 + \cdots + 2 + 1 = 2n-1$。

考虑到可能发生的极端情况，通常要再加一层以防溢出，这一层的叶节点数为 $2n$，故线段树的空间大小设置为 $4n$ 更为保险（舍去了影响较小的 -1）。

由于使用了结构体数组 t[ ] 保存树节点，因此当父节点索引为 i 时，其左子节点索引为 $2i$，其右子节点索引为 $2i+1$。例如当根节点 [1,10] 设为 t[1] 时，则其左子节点 [1,5] 和右子节点 [6,10] 分别为 t[2] 和 t[3]。

初始的线段树由根节点开始依次往下递归构造，代码如下。

```
void BuildTree(int x,int y,int num)          // 构造线段树
{
  t[num].a=x;                                // 确定左端点为 x
  t[num].b=y;                                // 确定右端点为 y
  if(x==y)                                   // 如果 x==y，说明已经是叶节点了
    t[num].sum=people[y];                    // 则人数为单个堡垒的飞船数
  else
  {
    int Lson=num<<1,Rson=Lson|1;             // 左、右子节点数分别为 num*2、num*2+1
    BuildTree(x,((x+y)>>1),Lson);            // 递归构造左子树
    BuildTree(((x+y)>>1)+1,y,Rson);          // 递归构造右子树
    t[num].sum=t[Lson].sum+t[Rson].sum;      // 父节点维护的值等于左、右子节点维护的值的和
  }
}
```

则当堡垒总数为 n 时，执行 BuildTree(1,n,1) 语句，即 t[1] 为根节点。根据本题的输入样例，构造的线段树如图 9.2 所示，可以看出，每个节点所维护的值就是这个节点所表示的区间总和。

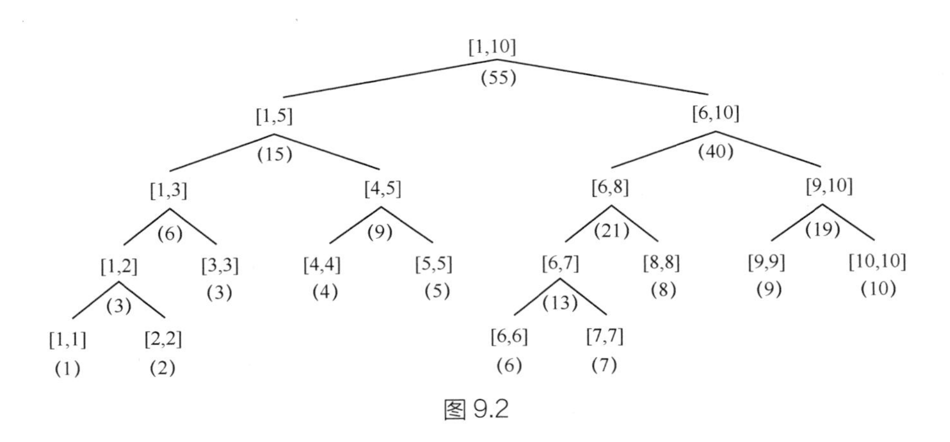

图 9.2

当第 i 个堡垒增加或减少 j 个飞船时，从根节点 t[1] 开始，不断往下递归更改飞船数，即只要包含点 i 的线段都增加或减少相应的飞船数 j。函数代码如下。

```
1   void Update(int i,int j,int num)            //第 i 个堡垒增加或减少 j 个飞船
2   {
3     t[num].sum+=j;
4     if(t[num].a==i && t[num].b==i)            //如果找到叶节点 i，则停止
5       return;
6     if(i>(t[num].a+(t[num].b)>>1))            //如果点 i 在该线段的右边
7       Update(i,j,num<<1|1);                   //则递归进入右子节点单点修改
8     else
9       Update(i,j,num<<1);                     //否则递归进入左子节点单点修改
10  }
```

查询从第 L 到第 R 个堡垒的总飞船数的代码如下，参数 num 的初始值为 1，即每次都从根节点 t[1] 开始递归查找。

```
1   int Query(int L,int R,int num)              //初始化 num 为 1，即从根节点开始查找
2   {
3     if(L<=t[num].a && R>=t[num].b)            //如果在包含区间内，则返回值
4       return t[num].sum;
5     int min=(t[num].a+t[num].b)>>1;           //取左、右端点的中间
6     int ans=0;
7     if(L<=min)
8       ans+=Query(L, R, num<<1);               //递归左子树
9     if(R>min)
10      ans+=Query(L, R, num<<1|1);             //递归右子树
11    return ans;
12  }
```

例如查询 [3,7] 中的总飞船数，递归查找的过程如图 9.3 中的粗线所示。可以看到，查询过程无须一个堡垒一个堡垒地累加，因为在建树过程中，各区间和已经预处理完毕了，只需累加相应的区间和就可以了。

初学者往往很担心第 3 到第 4 行代码中可能返回了比所求区间更小的区间的值，但其实程序在递归过程中，如果找到的区间大小不够，会继续查找其兄弟节点的区间值的，这只要简单模拟一下程序运行过程即可理解。

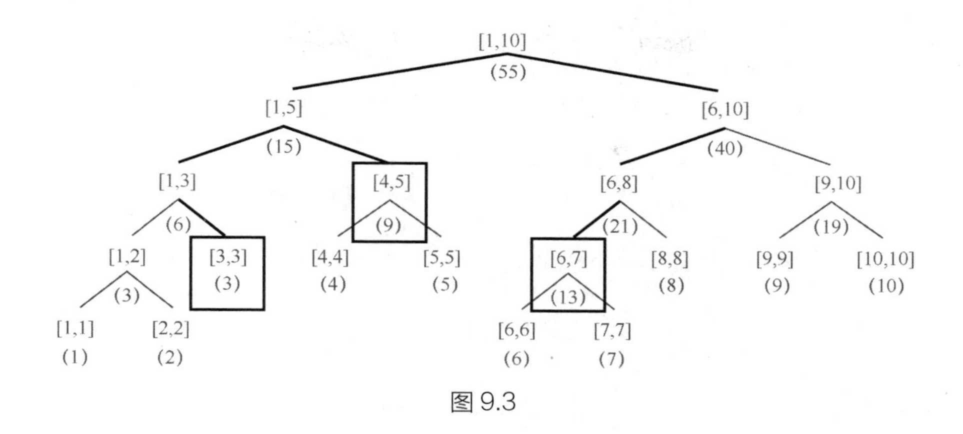

图 9.3

本题完整的参考代码如下。

```
//太空堡垒
#include <bits/stdc++.h>
using namespace std;

struct
{
  int a,b,sum;
} t[200040];
int people[50010];                         //people[50010] 存每个堡垒上的飞船数

void BuildTree(int x,int y,int num)        //构造线段树
{
  t[num].a=x;                              //确定左端点为 x
  t[num].b=y;                              //确定右端点为 y
  if(x==y)                                 //如果 x==y，说明已经是叶节点了
    t[num].sum=people[y];                  //则人数为单个堡垒的飞船数
  else
  {
    int Lson=num<<1,Rson=Lson|1;           //左、右子节点数分别为 num*2、num*2+1
    BuildTree(x,((x+y)>>1),Lson);          //递归构造左子树
    BuildTree(((x+y)>>1)+1,y,Rson);        //递归构造右子树
    t[num].sum=t[Lson].sum+t[Rson].sum;    //父节点维护的值等于左、右子节点维护的值的和
  }
}

int Query(int L,int R,int num)             //初始化 num 为 1，即从根节点开始查找
{
  if(L<=t[num].a && R>=t[num].b)           //如果在包含区间内，则返回值
    return t[num].sum;
  int min=(t[num].a+t[num].b)>>1;          //取左、右端点的中间
  int ans=0;
  if(L<=min)
    ans+=Query(L, R, num<<1);              //递归左子树
  if(R>min)
    ans+=Query(L, R, num<<1|1);            //递归右子树
  return ans;
```

```
37 }
38 
39 void Update(int i,int j,int num)            //第i个堡垒增加或减少j个飞船
40 {
41   t[num].sum+=j;
42   if(t[num].a==i && t[num].b==i)            //如果找到i的叶节点，则停止
43     return;
44   if(i>(t[num].a+(t[num].b)>>1))            //如果点i在该线段的右边
45     Update(i,j,num<<1|1);                   //则递归进入num的右子节点单点修改
46   else
47     Update(i,j,num<<1);                     //否则递归进入num的左子节点单点修改
48 }
49 
50 int main()
51 {
52   int a,b,n,t,Case=0;
53   cin>>t;
54   while(t--)
55   {
56     scanf("%d",&n);                         //注意读写要加速，否则会超时
57     people[0]=0;
58     for(int i=1; i<=n; i++)
59       scanf("%d",&people[i]);
60     BuildTree(1,n,1);                       //从根节点t[1]开始构造线段树
61     printf("Case %d:\n",++Case);
62     getchar();                              //用于忽略换行符
63     for(string command; cin>>command;)
64     {
65       if(command=="End")
66         break;
67       cin>>a>>b;
68       if(command=="Query")
69         printf("%d\n",Query(a,b,1));        //从根节点t[1]开始
70       if(command=="Add")
71         Update(a,b,1);                      //从根节点t[1]开始
72       if(command=="Sub")
73         Update(a,-b,1);                     //从根节点t[1]开始
74     }
75   }
76   return 0;
77 }
```

■ 409002 天网

【题目描述】天网（SkyNet）HDU 1754

除了了解小光舰队的某一段连续的堡垒一共有多少飞船以外，琪儿还会询问从某堡垒到某堡垒，飞船数最多的堡垒有多少飞船。

现在请你编写一个程序，模拟回复琪儿的询问。当然，小光有时候会改变某个堡垒中的飞船数。

【输入格式】

本题目包含多组测试，请处理到文件结束。

在每组测试的第一行，有两个正整数 N 和 M（$0 < N \leqslant 200000$，$0 < M < 5000$），分别代表堡垒的数目和操作的数目。

堡垒编号为 1 到 N。

第二行包含 N 个整数，代表 N 个堡垒的初始飞船数，其中第 i 个数代表 ID 为 i 的堡垒的飞船数。

接下来有 M 行，每一行有一个字符（只取“Q”或“U”）和两个正整数 A、B。

当字符为“Q”的时候，表示询问操作，它询问 ID 从 A 到 B（包括 A、B）的堡垒当中，飞船数最多的是堡垒有多少飞船。

当字符为“U”的时候，表示更新操作，要求把 ID 为 A 的堡垒的飞船数更改为 B。

【输出格式】

对于每一次询问操作，在一行里面输出最多飞船数。

【输入样例】

```
5 6
1 2 3 4 5
Q 1 5
U 3 6
Q 3 4
Q 4 5
U 2 9
Q 1 5
```

【输出样例】

```
5
6
5
9
```

【算法分析】

本题是线段树的一个基础应用，即构造一个静态树，然后维护各个区间上的最值，用到了 3 个基本操作即构造树、更新和查询。其关键点是节点更新、求区间最值。

核心参考代码如下。

```
1   void BuildTree(int left,int right,int num)    //构造树
2   {
3     node[num].l=left;
4     node[num].r=right;
5     if(left==right)
```

```
6        node[num].max=score[left];
7      else
8      {
9        BuildTree(left,(left+right)>>1,num<<1);
10       BuildTree(((left+right)>>1)+1,right,num<<1|1);
11       node[num].max=max(node[num<<1].max,node[num<<1|1].max);
12     }
13   }
14
15   void Update(int stu,int val,int num)                        //更新操作
16   {
17     if(node[num].l==node[num].r)
18     {
19       node[num].max=val;
20       return;
21     }
22     if(stu<=node[num<<1].r)
23       Update(stu,val,num<<1);                               //左区间单点修改
24     else
25       Update(stu,val,num<<1|1);                             //右区间单点修改
26     node[num].max=max(node[num<<1].max,node[num<<1|1].max); //更新最大值
27   }
28
29   int Query(int left,int right,int num)                       //查询操作
30   {
31     if(node[num].l==left && node[num].r==right)
32       return node[num].max;
33     if(right<=node[num<<1].r)
34       return Query(left,right,2*num);
35     if(left>=node[num<<1|1].l)
36       return Query(left,right,num<<1|1);
37     int mid=(node[num].l+node[num].r)>>1;
38     return max(Query(left,mid,num<<1),Query(mid+1,right,num<<1|1));
39   }
```

■ 409003 致命武器

【题目描述】致命武器（terminator）HDU 1698

让很多人想不到的是，在“星际争霸”演习中双方舰队所使用的最强大的武器并不是暗物质炮，也不是黑洞炸弹，更不是时空粉碎机，而是一种绰号为“屠夫的肉钩”的致命武器。这让人不由联想起一个流传已久的游戏—— DOTA。

在 DOTA 中，“屠夫”的“肉钩”是最可怕的武器，它由一系列连续的相同长度的金属棒组成，金属棒编号为 1 到 N。初始时金属棒质地为铜。

“屠夫”可以改变从 X 到 Y 的连续金属棒的质地为铜、银或金。

“肉钩”的总价值为 N 根金属棒的值的总和。更确切地说，每一种金属棒的价值如下。

每根铜棒，价值为 1。

每根银棒，价值为 2。

每根金棒，价值为 3。

现在计算每次操作后的“肉钩”的总价值。

【输入格式】

输入包括多组数据，第一行为组数，组数不超过 10。

每一组数据中，第一行为金属棒数量 N（$1 \leqslant N \leqslant 100000$），第二行为操作数量 Q（$0 \leqslant Q \leqslant 100000$）。

接下来的 Q 行，每一行包括 3 个整数 X、Y（$1 \leqslant X \leqslant Y \leqslant N$）、$Z$（$1 \leqslant Z \leqslant 3$），表示将从 X 到 Y 的金属棒的质地变为 Z，其中 $Z = 1$ 表示铜，$Z = 2$ 表示银，$Z = 3$ 表示金。

【输出格式】

对于每一组数据，输出操作后的“肉钩”的总价值。

【输入样例】

```
1
10
2
1 5 2
5 9 3
```

【输出样例】

```
Case 1: The total value of the hook is 24.
```

【算法分析】

解题的关键点是成段更新，总区间求和。其线段树的每个节点保存颜色值，即 0、1、2、3，其中 0 表示杂色。设 st[1] 为线段树根节点，则其左子节点为 st[2]，右子节点为 st[3]，即父节点为 st[i] 时，其左、右子节点分别为 st[2i] 和 st[2i + 1]。更新时，当某段节点为纯色时，其左、右子节点也为纯色。

参考程序（非结构体形式）如下。

```
1   //致命武器
2   #include <bits/stdc++.h>
3   using namespace std;
4   #define lson l,m,pos<<1                //pos<<1 相当于 pos*2
5   #define rson m+1,r,pos<<1|1            //pos<<1|1 相当于 pos*2+1
6   #define N 100001
7
8   int st[N<<2];                           //记录金属标记 0、1、2、3，0 代表杂色
9
10  void BuildTree(int l,int r,int pos,int Metal)
11  {
12    st[pos]=Metal;
13    if(l^r)                               //如果 l 和 r 不等
14    {
15      int m=l+r>>1;                       //二分递归左、右子节点
16      BuildTree(lson,Metal);
17      BuildTree(rson,Metal);
```

```
18      }
19  }
20
21  void Updata(int L,int R,int l,int r,int pos,int Metal)// 更新
22  {
23    if(L<=l && R>=r)                        // 如果更新部分恰好被包含
24      st[pos]=Metal;                        // 则整个一段都更新为新颜色
25    else
26    {
27      if(st[pos])                           // 若节点为纯色，但又要修改部分材质
28      {
29        st[pos<<1]=st[pos<<1|1]=st[pos];// 则左子节点和右子节点均设为该纯色
30        st[pos]=0;                          //st[pos] 设为杂色
31      }
32      int m=l+r>>1;
33      if(L<=m)
34        Updata(L,R,lson,Metal);             // 递归更新左子节点
35      if(R>m)
36        Updata(L,R,rson,Metal);             // 递归更新右子节点
37    }
38  }
39
40  int Query(int l,int r,int pos)
41  {
42    if(st[pos])                             //st[pos] 为纯色时
43      return st[pos]*(r-l+1);               // 直接返回成段相乘的结果
44    int m=l+r>>1;
45    return Query(lson)+Query(rson);
46  }
47
48  int main()
49  {
50    int T,L,R,n,q,Metal,Case=0;
51    scanf("%d",&T);
52    while(T--)
53    {
54      scanf("%d%d",&n,&q);
55      BuildTree(1,n,1,1);
56      while(q--)
57      {
58        scanf("%d%d%d",&L,&R,&Metal);
59        Updata(L,R,1,n,1,Metal);
60      }
61    printf("Case %d: The total value of the hook is %d.\n",++Case,Query(1,n,1));
62    }
63    return 0;
64  }
```

■ 409004 序列的逆序对

【题目描述】序列的逆序对（samsara）HDU 1394

序列 $a_1,a_2,\cdots,a_n$ 的逆序对是这么一对数 (a_i,a_j)，其中 $i<j$ 并且 $a_i>a_j$。如序列 2,4,3,1 中，

(2,1)、(4,3)、(4,1)、(3,1) 是逆序对，逆序对是 4。

对于一个给定的序列 $a_1, a_2, \cdots, a_n$，如果我们移动第 m（$m \geqslant 0$）个数到序列末尾，则会获得另一个序列，如下：

$a_1, a_2, \cdots, a_{n-1}, a_n$（初始序列，即 $m = 0$）

$a_2, a_3, \cdots, a_n, a_1$（当 $m = 1$ 时）

$a_3, a_4, \cdots, a_n, a_1, a_2$（当 $m = 2$ 时）

…

$a_n, a_1, a_2, \cdots, a_{n-1}$（当 $m = n-1$ 时）

请从上述所有序列中，找出最少的逆序对。

【输入格式】

每组测试数据包括两行，第一行为整数 n（$n \leqslant 5000$），代表序列元素个数，第二行为从 0 到 $n-1$ 的 n 个整数的排列。

【输出格式】

对于每一组测试数据，输出最少逆序对。

【输入样例】

10

1 3 6 9 0 8 5 7 4 2

【输出样例】

16

【样例说明】

当序列为 4,2,1,3,6,9,0,8,5,7 时，有 (4,2)、(4,1)、(4,3)、(4,0)、(2,1)、(2,0)、(1,0)、(3,0)、(6,0)、(6,5)、(9,0)、(9,8)、(9,5)、(9,7)、(8,5)、(8,7) 共 16 对逆序对。

【算法分析】

由于测试数据范围较小，此题可以使用暴力枚举法，如图 9.4 所示。

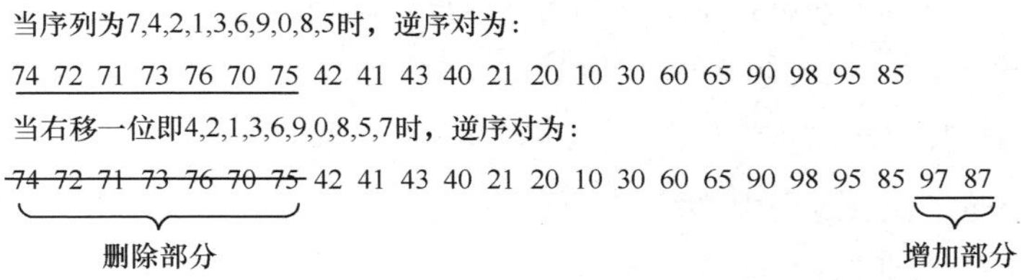

当序列为7,4,2,1,3,6,9,0,8,5时，逆序对为：

74 72 71 73 76 70 75 42 41 43 40 21 20 10 30 60 65 90 98 95 85

当右移一位即4,2,1,3,6,9,0,8,5,7时，逆序对为：

~~74 72 71 73 76 70 75~~ 42 41 43 40 21 20 10 30 60 65 90 98 95 85 97 87

删除部分　　　　增加部分

图 9.4

由于给定的序列实际上是 0 ~ $n-1$ 的 n 个连续数的某种排列，因此如果用数组 a[n−1] 来存原始序列。只需求出原始序列的逆序对 sum，然后对于 a[i]（$0 \leqslant i < n-1$），每挪动一个，就用 sum 减去挪动之前它右边比它小的数的个数（也就是 a[i]，因为序列由 0~$n-1$ 组成），再用 sum 加上挪动之后左边比它大的数的个数（也就是 n−a[i]−1），就是挪了 a[i] 后的逆序对，即

sum = sum−a[i] + (n−a[i]−1)。

参考代码如下。

```
//序列的逆序对  暴力枚举
#include <bits/stdc++.h>
using namespace std;

int a[5005];

int main()
{
  int n;
  while (scanf ("%d",&n)!=-1)
  {
    for (int i=0; i<n; i++)
      scanf ("%d",&a[i]);
    int sum=0;
    for (int i=0; i<n; i++)          //计算原始序列的逆序对
      for (int j=i+1; j<n; j++)
        if (a[i]>a[j])
          sum++;
    int minn=sum;
    for (int i=0; i<n; i++)
    {
      sum=sum-a[i]+(n-a[i]-1);
      minn=min(sum,minn);
    }
    printf ("%d\n",minn);
  }
  return 0;
}
```

此代码分为两个主要步骤，第一步是暴力穷举，用 sum 把原始序列的逆序对统计出来，第二步是使用公式推出结果。第二步已很难进行优化，但第一步还可以使用线段树优化时间复杂度到 $O(n\log n)$。

我们以序列 3,2,5,4,0,1 为例，由从左到右的顺序枚举每一个数，可以看出：

3 之前没有数大于它，所以逆序对 $V_1 = 0$；

2 之前有 3 大于它，所以逆序对 $V_2 = 1$；

5 之前没有数大于它，所以逆序对 $V_3 = 0$；

4 之前有 5 大于它，所以逆序对 $V_4 = 1$；

0 之前有 3、2、5、4 大于它，所以逆序对 $V_5 = 4$；

1 之前有 3、2、5、4 大于它，所以逆序对 $V_6 = 4$；

则该序列的逆序对 sum = $V_1 + V_2 + V_3 + V_4 + V_5 + V_6 = 10$。

这一过程怎么利用线段树来优化呢?

答案是用线段树的每个节点保存当前区间已经包含多少个数（权值线段树），则每枚举（插入）一个数 a[i] 到线段树之前，前面比它大的数，也就是逆序对，不就是 [a[i],n−1] 的值吗？显然，依此法，依次累加起来所有的逆序对对数就是该序列逆序对 sum 的值。

以输入样例 1,3,6,9,0,8,5,7,4,2 为例，建立初始线段树如图 9.5 所示。

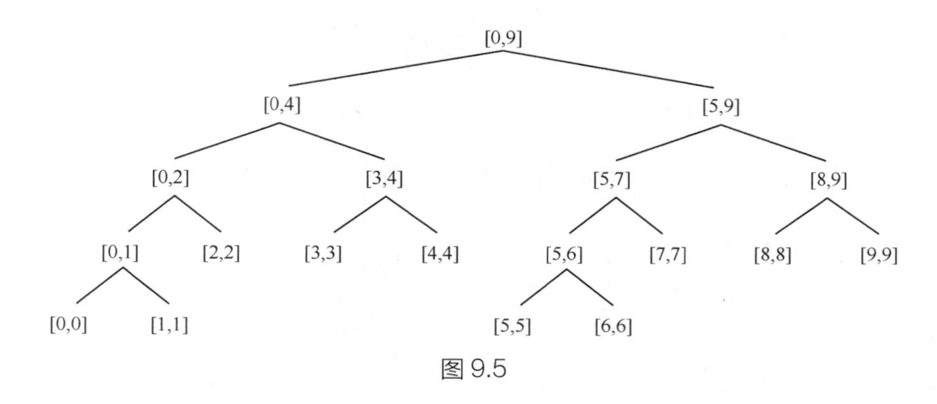

图 9.5

当插入第一个元素 1 时，首先判断出比它大的数即 [2,9] 的权值为 0，即逆序对 sum 为 0，接下来更新所有包含 1 的区间的逆序对，更新的线段树如图 9.6 所示。

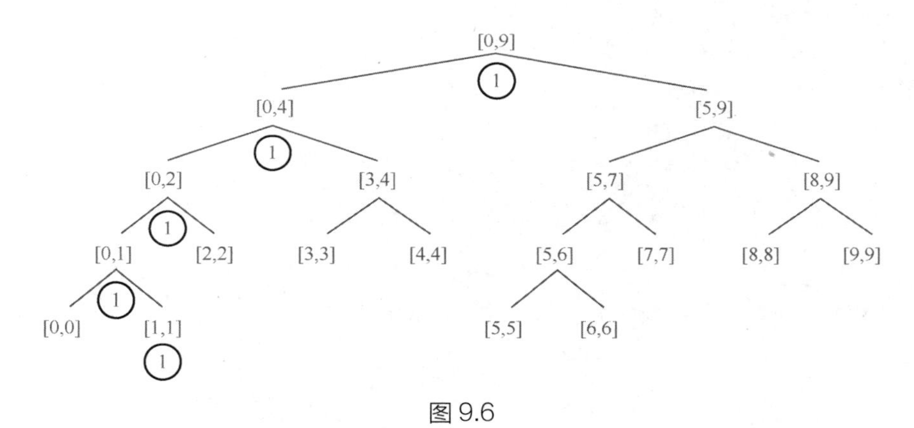

图 9.6

当插入第二个元素 3 时，首先判断出比它大的数即 [4,9] 的权值为 0，即逆序对 sum = 0 + 0 = 0，接下来更新所有包含 3 的区间的数的个数，更新的线段树如图 9.7 所示。

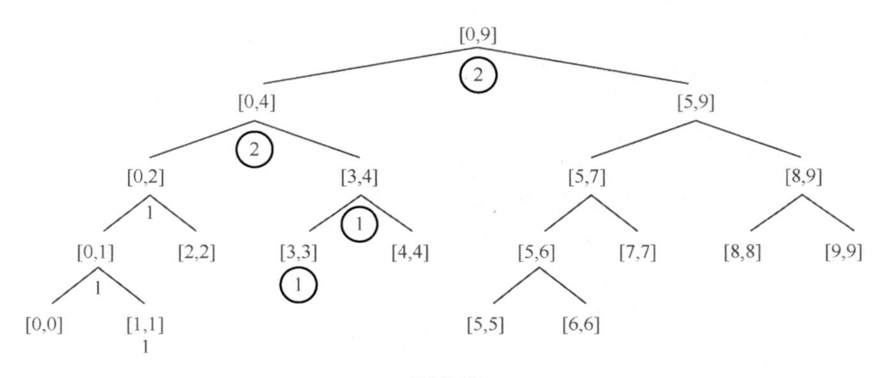

图 9.7

当插入第三个元素 6 时，首先判断出比它大的数即 [7,9] 的权值为 0，即逆序数对 sum = 0 + 0 = 0，接下来更新所有包含 6 的区间的数的个数，更新的线段树如图 9.8 所示。

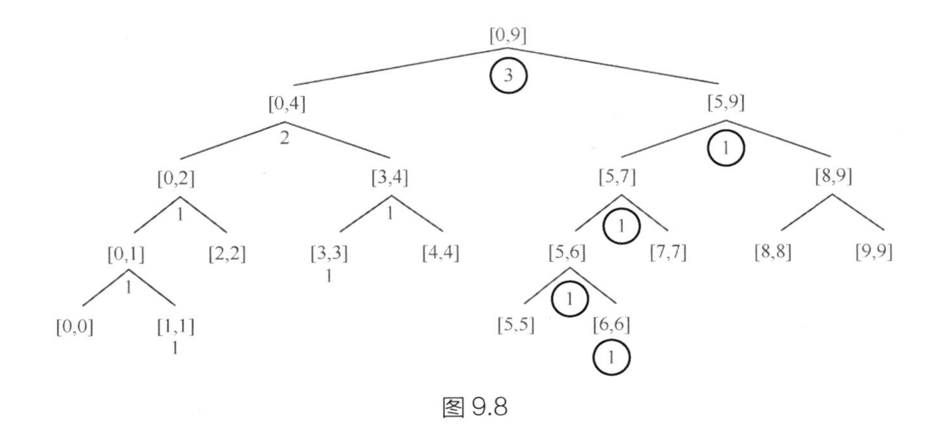

图 9.8

依此类推累加 sum 的值即可。

参考代码如下。

```
1   //序列的逆序对  线段树
2   #include <bits/stdc++.h>
3   using namespace std;
4
5   struct Seg_Tree
6   {
7     int left,right,val;
8     int calmid()
9     {
10      return left+right>>1;
11    }
12  } t[15000];
13  int val[5001];                              //保存序列
14
15  void BuildTree(int left,int right,int pos)
16  {
17    t[pos].left=left;
18    t[pos].right=right;
19    t[pos].val=0;                             //这一句不能省
20    if(left ^ right)
21    {
22      int mid=t[pos].calmid();
23      BuildTree(left,mid,pos<<1);
24      BuildTree(mid+1,right,pos<<1|1);
25    }
26  }
27
28  int Query(int L,int R,int pos)              //统计 [L,R] 比 L 大的逆序对
29  {
```

```
30    if(L<=t[pos].left && R>=t[pos].right)        // 如果在包含区间内，则返回值
31      return t[pos].val;
32    int min=(t[pos].left+t[pos].right)>>1;       // 取左、右端点的中间
33    int ans=0;
34    if(L<=min)
35      ans+=Query(L, R, pos<<1);                  // 递归左子树
36    if(R>min)
37      ans+=Query(L, R, pos<<1|1);                // 递归右子树
38    return ans;
39  }
40
41  void Update(int id,int pos)                    // 更新所有包含 id 这个数的区间的 val 值
42  {
43    t[pos].val++;                                // 加 1
44    if(t[pos].left ^ t[pos].right)               //pos 的左、右边界不相等
45    {
46      int mid=t[pos].calmid();
47      if(id<=mid)
48        Update(id,pos<<1);
49      else
50        Update(id,pos<<1|1);
51    }
52  }
53
54  int main()
55  {
56    int n;
57    while(scanf("%d",&n)==1)
58    {
59      BuildTree(0,n-1,1);
60      int sum=0;
61      for(int i=0; i<n; i++)
62      {
63        scanf("%d",&val[i]);
64        sum+=Query(val[i],n-1,1);                // 此时 val[i] 还未插入树中
65        Update(val[i],1);                        // 此时插入 val[i]，即更新树
66      }
67      int Ans=sum;
68      for(int i=0; i<n; i++)
69      {
70        sum=sum-val[i]+(n-val[i]-1);
71        Ans=min(Ans,sum);
72      }
73      printf("%d\n",Ans);
74    }
75    return 0;
76  }
```

此题也可以使用树状数组、归并排序等解决。

9.2 懒惰标记的使用

■ 409005 锁链

【题目描述】锁链（chain）POJ 2777

魔法师展开一个长为 L 的锁链（我们可以将之看作一根很长的管子），其中 L 是整数，所以我们可以将该锁链分为 L 段，并从左到右标记为 1、2……L。现在对锁链有以下两种操作。

（1）C A B C：将 A 到 B 的数都标记为 C（我们可形象地看作染成 C 这种颜色）。

（2）P A B：输出 A 和 B 之间不同颜色的数目。

颜色有 T 种，标记为 1、2、3……T。T 是一个很小的值，初始时锁链的颜色为 1。

【输入格式】

可能有多组数据，每组数据的第一行为 L（$1 \leqslant L \leqslant 100000$）、$T$（$1 \leqslant T \leqslant 30$）和 O（$1 \leqslant O \leqslant 100000$），其中 O 表示操作数。随后 O 行为操作命令，即“C A B C”或“P A B”，其中 A 可能比 B 大。

【输出格式】

输出操作的结果。

【输入样例】

```
2 2 4
C 1 1 2
P 1 2
C 2 2 2
P 1 2
```

【输出样例】

```
2
1
```

【算法分析】

因颜色数不超过 30，用一个 int 类型的数就可以表示当前区间段的颜色情况，所以可巧妙运用二进制位运算。比如 $(110001)_2$，从右向左数，第 1、5 和 6 位均为 1，就表示该区间有 1、5、6 这 3 种颜色。如果要把某区间染为颜色 6，则把颜色值设为 $(100000)_2$，染为颜色 4，则颜色值设为 $(1000)_2$。

如果左子树的当前颜色情况是 101，而右子树的颜色情况是 011，那么父节点的颜色情况就是两者颜色的叠加，使用或运算得到 111 即可。

更新时，如果每次都更新所有节点值，极端情况下就会需要 $O(n)$ 个子段要更新，这是不现实的，因为很多修改根本不会被询问到。如果只更新那些组成该线段的子段呢？这就用到了 lazy 思想——暂时不处理，等到需要用到的时候再进行处理的思想。

所谓 lazy，就是指“懒惰”，每次不想做太多，只要插入的区间完全覆盖了当前节点所管理的区间就不再往下做了，在当前节点上打上一个懒惰标记，然后直接返回。下次如果遇到当前节点有懒惰标记的话，直接传递给两个子节点（叶节点无须下传标记），自己的标记清空。

举例来说，假设 [3,9] 被更新，那么图 9.9 中的所有涂色的节点的值都要得到重新计算。

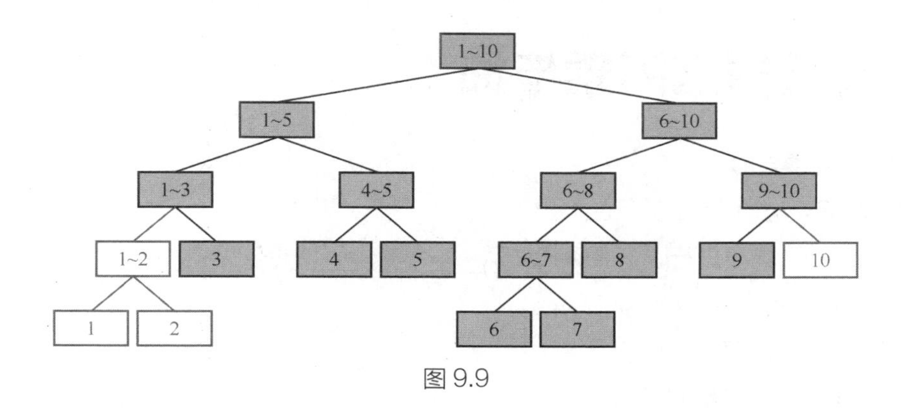

图 9.9

但实际上是没有必要这么做的，可以只修改图 9.10 中的涂色节点，并在 [3,9] 分解出的 4 个区间（[3,3]、[4,5]、[6,8]、[9,9]）所对应的节点上做一个懒惰标记即可。

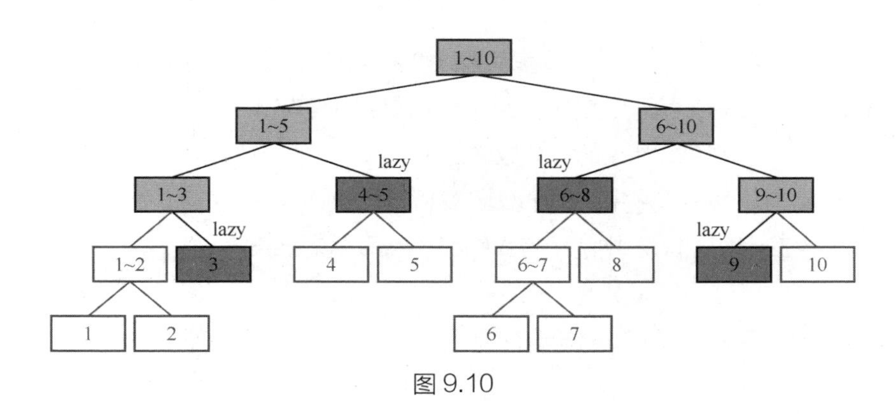

图 9.10

假设现在又有对 [6,7] 的操作，从上往下分解时发现 [6,8] 上有一个懒惰标记，则执行懒惰标记的“下放操作”，即修改 [6,8] 对应节点的左、右子节点的值，并且同时给左、右子节点添加上新的懒惰标记，然后将 [6,8] 的懒惰标记去掉。

为什么可以将懒惰标记直接传递给两个子节点呢？以染色为例：如果当前节点和它的子节点都有懒惰标记的话，必定是子节点先被标记，因为如果自己先被标记，那么在访问子节点的时候，必定会将自己的标记下传给子节点，而自己的标记必定会被清空，那么懒惰标记也就不存在了，所以可以肯定，当前的懒惰标记必定覆盖了子节点的。因此直接下传，不需要做任何判断。

本题在查询的时候，如果当前节点有懒惰标记，那么就返回当前节点的数据，而不能继续向下查询，因为下面的节点还未更新（也无须更新，因为打上懒惰标记后的父节点的颜色为 C，所以其包含的子节点的颜色肯定也为 C)。

参考代码可在下载资源中查看，文件保存在“第 9 章　线段树”文件夹中，文件名为“锁链”。

本题的关键点是成段更新、区间统计和位运算加速。

9.3 线段树区间乘与加

■ 409006 区间乘与加

【题目描述】区间乘与加（cal）

已知一个数列，需要进行以下 3 种操作。

（1）将某区间中的每一个数乘上 x。

（2）将某区间中的每一个数加上 x。

（3）求出某区间所有数的和。

【输入格式】

第一行包含 3 个整数 n、m、p（$n \leqslant 10^5$，$m \leqslant 10^5$），分别表示该数列的数字个数、操作数和模数。

第二行包含 n 个用空格分隔的整数，其中第 i 个数字表示数列第 i 项的初始值。

接下来的 m 行每行包含若干个整数，表示一个操作，具体如下。

操作 1：1 x y k 表示将 $[x,y]$ 中的每个数乘上 k。

操作 2：2 x y k 表示将 $[x,y]$ 中的每个数加上 k。

操作 3：3 x y 表示输出 $[x,y]$ 中的所有数的和对 p 取模的结果。

【输出格式】

输出包含若干行整数，即所有操作 3 的结果。

【输入样例】

```
5 5 38
1 5 4 2 3
2 1 4 1
3 2 5
1 2 4 2
2 3 5 5
3 1 4
```

【输出样例】

```
17
2
```

【算法分析】

因为涉及区间的乘法和加法，设置 Len[*i*] 和 Sum[*i*] 表示第 *i* 个节点的区间长度和区间和，再考虑设置 Mul[*i*] 和 Add[*i*] 分别表示第 *i* 个节点的乘法懒惰标记（初始化为 1）和加法懒惰标记（初始化为 0），则构造线段树后的各节点值如图 9.11 所示。

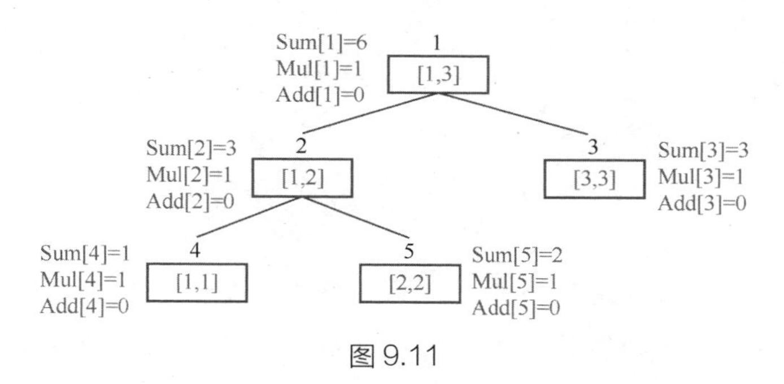

图 9.11

构造线段树的参考代码如下。

```
1   void Build(ll rt,ll L,ll R)
2   {
3     Mul[rt]=1;                                    //乘法懒惰标记初始化为 1
4     Len[rt]=R-L+1;
5     if(L==R)
6     {
7       scanf("%lld",&Sum[rt]);                     //输入叶节点值
8       return;
9     }
10    Build(lson,L,mid);
11    Build(rson,mid+1,R);
12    Sum[rt]=(Sum[lson]+Sum[rson])%p;
13  }
```

假设将 [1,3] 的所有值加 2，则 Add[1] = Add[1] + 2 = 2，Sum[1] = Sum[1] + Len[1]×2 = 6 + 3×2 = 12，如图 9.12 所示。

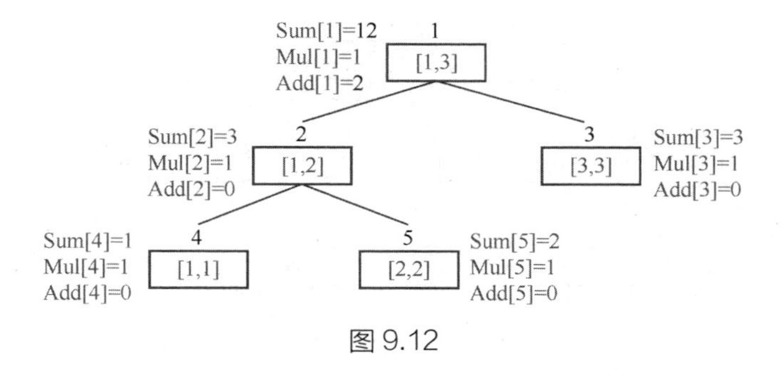

图 9.12

加法操作的参考代码如下。

```
1   void UpAdd(ll rt,ll L,ll R,ll x,ll y,ll k)
2   {
```

```
3      if(x>R || y<L)                              //不在区间内则退出
4        return;
5      if(x<=L && y>=R)                            //包含在区间内,更新后退出
6      {
7        Sum[rt]=(Sum[rt]+Len[rt]*k)%p;
8        Add[rt]=(Add[rt]+k)%p;
9        return;
10     }
11     PushDown(rt,L,R);                           //没退出就向下传值更新
12     UpAdd(lson,L,mid,x,y,k);
13     UpAdd(rson,mid+1,R,x,y,k);
14     Sum[rt]=(Sum[lson]+Sum[rson])%p;
15   }
```

可以看到,因为加法操作是在 [1,3] 上进行操作的,而节点 1 对应的区间恰好完美包含 [1,3],所以只对节点 1 的各个值进行了计算和更新后,做好懒惰标记即结束。否则会执行函数 PushDown() 继续计算和更新子节点的各个值。函数 PushDown() 的参考代码如下。

```
1    void PushDown(ll rt,ll L,ll R)
2    {
3      if(Mul[rt]==1 && Add[rt]==0)                          //值已算过则退出
4        return;
5      Sum[lson]=(Sum[lson]*Mul[rt]+Add[rt]*Len[lson])%p;//左子节点计算 Sum 值
6      Sum[rson]=(Sum[rson]*Mul[rt]+Add[rt]*Len[rson])%p;//右子节点计算 Sum 值
7      Mul[lson]=(Mul[lson]*Mul[rt])%p;                      //向左子节点下放乘法懒惰标记
8      Mul[rson]=(Mul[rson]*Mul[rt])%p;                      //向右子节点下放乘法懒惰标记
9      Add[lson]=(Add[lson]*Mul[rt]+Add[rt])%p;              //向左子节点下放加法懒惰标记
10     Add[rson]=(Add[rson]*Mul[rt]+Add[rt])%p;              //向右子节点下放加法懒惰标记
11     Mul[rt]=1;                                            //下放完毕,懒惰标记归 1
12     Add[rt]=0;                                            //下放完毕,懒惰标记归 0
13   }
```

假设将 [1,3] 中的所有元素乘 3,则 Sum[1] = 12×3 = 36,Mul[1] = Mul[1]×3 = 3,如图 9.13 所示。此时的关键点在于,根据乘法分配率,Add[1] 也要乘 3 即得 6,以备后续的下传子节点操作时计算用。

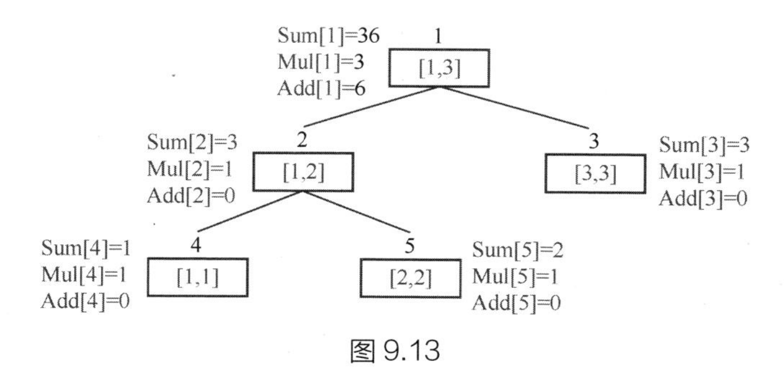

图 9.13

乘法操作的参考代码如下。

```
1    void UpMul(ll rt,ll L,ll R,ll x,ll y,ll k)
2    {
```

```
3      if(x>R || y<L)                              //不在区间内则退出
4        return;
5      if(x<=L && y>=R)                            //包含在区间内，更新后退出
6      {
7        Sum[rt]=(Sum[rt]*k)%p;
8        Mul[rt]=(Mul[rt]*k)%p;
9        Add[rt]=(Add[rt]*k)%p;
10       return;
11     }
12     PushDown(rt,L,R);                           //没退出则向下传值更新
13     UpMul(lson,L,mid,x,y,k);
14     UpMul(rson,mid+1,R,x,y,k);
15     Sum[rt]=(Sum[lson]+Sum[rson])%p;
16   }
```

同理，在查询某区间的元素和时，若查询区间的值之前已经计算好了，则直接返回结果，否则执行函数 PushDown() 继续递归计算即可。查询操作的参考代码如下。

```
1    ll Query(ll rt,ll L,ll R,ll x,ll y)
2    {
3      if(x>R || y<L)                                        //不在区间内则返回 0
4        return 0;
5      if(x<=L && y>=R)                                      //包含在区内则返回值
6        return Sum[rt];
7      PushDown(rt,L,R);                                     //没退出则向下传值更新
8      return (Query(lson,L,mid,x,y)+Query(rson,mid+1,R,x,y))%p;
9    }
```

9.4 课后练习

1. 弱点（网站题目编号：409007）
2. 胜利（网站题目编号：409008）
3. 涂色问题（网站题目编号：409009）
4. 海报（网站题目编号：409010）

第 10 章　二分图

10.1　二分图的概念及判定

■ 410001 染色问题

【题目描述】染色问题（color）

二分图的定义是：给定一个具有 n 个顶点的图，要给图上每个顶点上色（最多两种颜色），并且使相邻的顶点颜色不相同。

试判断输入的图是否能用最多两种颜色进行染色？

【输入格式】

第一行为一个整数 T（$T<15$），表示有 T 组数据，每组数据的第一行为两个整数，分别为顶点数 V（$V \leqslant 10000$）和边数 E。随后 E 行，每行有两个整数 a 和 b，表示 a 和 b 对应顶点间有边。

【输出格式】

如果是二分图，输出“Yes”，否则输出“No”。

【输入样例】

```
1
4 2
1 2
3 4
```

【输出样例】

```
Yes
```

【算法分析】

图 G = (V,E) 是一个无向图，顶点集合 V 分成两部分 X 和 Y，G 中每条边的两个端点一定是一个属于 X 而另一个属于 Y 的。例如将学生分成两部分，一部分是男生，另一部分是女生，只能在男女生之间连线，相同性别的学生之间无连线。其二分图可简记为 G = (X,Y,E)。图 10.1 就是一个二分图。

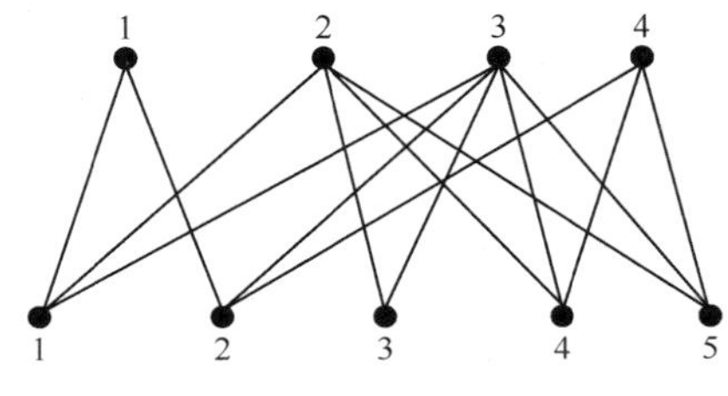

图 10.1

完全二分图是一种特殊的二分图，可以把图中的顶点分成两个集合，使得第一个集合 X 中的所有顶点都与第二个集合 Y 中的所有顶点相连，记作 $K_{x,y}$，如图 10.2 所示。

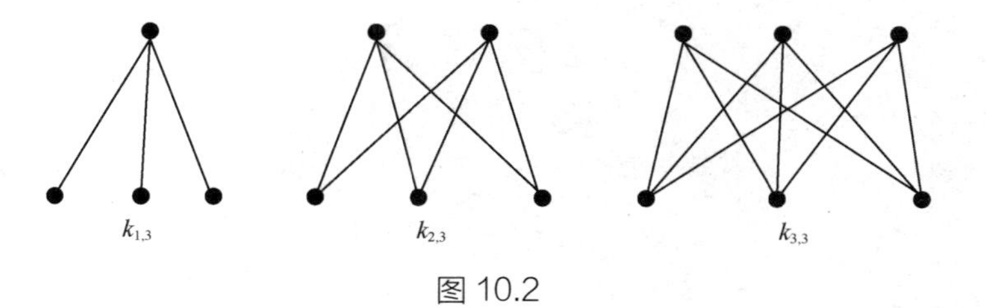

图 10.2

定理：当且仅当无向图 G 中的每一个回路的长度均为偶数时，G 才是一个二分图。如果无回路，相当于任意一个回路的长度为 0，0 为偶数。

但此题根据定义比根据定理更好判定，其解法是：找寻所有没染色的顶点染色，如果发现相邻的顶点颜色相同，则不是二分图；全部顶点染色且相邻顶点颜色不同则是二分图。

DFS 算法的参考代码如下。

```
1   //染色问题　DFS 算法
2   #include <bits/stdc++.h>
3   using namespace std;
4   const int MAXN=10010;
5   
6   vector <int> G[MAXN];
7   int color[MAXN];                                      //0 为未染色，1 或 -1 为染色
8   int V,E;
9   
10  bool Dfs(int v, int c)
11  {
12    color[v]=c;                                         //顶点染成 c
13    for (int i=0; i<G[v].size(); i++)                   //枚举相邻顶点
14    {
15      if(color[G[v][i]]==c)                             //如果相邻的顶点同色则返回 false
16        return false;
17      if(color[G[v][i]]==0 && !Dfs(G[v][i],-c))         //如果相邻顶点没被染色，且染 -c 失败
18        return false;
19    }
20    return true;                                        //成功则返回 true
21  }
22  
23  int main()                                            //仅读入一组数据的例程
24  {
25    cin>>V>>E;                                          //输入节点数和边数
26    for (int i=0; i<E; i++)
27    {
28      int s, t;
29      cin>>s>>t;
30      G[s].push_back(t);
31      G[t].push_back(s);                                //有向图此句省略
32    }
33    for (int i=0; i<V; i++)                             //枚举所有顶点
34      if (color[i]==0)                                  //如 i 顶点未被染色
35        if (!Dfs(i, 1))                                 //如果 i 顶点染色为 1 失败
```

```
36          {
37            cout<<"No"<<endl;
38            return 0;
39          }
40    cout<<"Yes"<<endl;
41    return 0;
42  }
```

BFS 算法的参考代码如下，请考虑该代码是否有考虑不周全的地方，如有则予以修改。

```
1   //染色问题  BFS 算法
2   #include <bits/stdc++.h>
3   using namespace std;
4   const int MAXN=10010;
5
6   vector <int> G[MAXN];
7   int color[MAXN];
8   int V,E;
9
10  int Bfs(int x)
11  {
12    queue <int> q;                                //BFS 用队列完成
13    q.push(x);
14    color[x]=1;
15    while (!q.empty())                            //当队列不为空时
16    {
17      int v=q.front();                            //取队首的顶点
18      q.pop();                                    //队首顶点出队
19      for (int i=0; i<G[v].size(); i++)           //枚举相邻顶点
20      {
21        int u=G[v][i];
22        if (color[u]==0)                          //未涂色，则涂相反色
23        {
24          color[u]=-color[v];
25          q.push(u);
26        }
27        else if (color[v]==color[u])              //相邻顶点涂色相同
28        {
29          cout<<"No"<<endl;
30          return 0;                               //不是二分图则退出程序
31        }
32      }
33    }
34  }
35
36  int main()                                      //仅读入一组数据的例程
37  {
38    cin>>V>>E;
39    for (int i=0; i<E; i++)
40    {
41      int s, t;
42      cin>>s>>t;
43      G[s].push_back(t);
44      G[t].push_back(s);
45    }
46    Bfs(1);                                       //从顶点 1 开始
```

```
47	    cout<<"Yes"<<endl;
48	    return 0;
49	}
```

10.2 二分图最大匹配问题

■ 410002 乒乓球队

【题目描述】乒乓球队（team）

乒乓球队中有 N 名男运动员和 M 名女运动员，出于某种原因，在混双比赛中，某些男运动员和某些女运动员不能配对比赛。这使得教练很苦恼，他希望你能帮他找出一种最优的配对方案，组成尽可能多的混双配对。

【输入格式】

第一行有 3 个正整数 N、M、K（$N+M \leqslant 1000$），分别表示男运动员个数、女运动员个数和可配对数。以下 K 行，每行有两个整数 a、b，表示 a 对应男运动员可与 b 对应女运动员配对比赛。

【输出格式】

只有一个整数，为最多的混双配对数。

【输入样例】

```
5 4 14
1 1
1 2
2 3
3 2
4 2
4 3
4 4
5 4
5 2
5 3
3 3
2 4
1 3
2 1
```

【输出样例】

```
4
```

【算法分析】

题目要求组成尽可能多的混双配对，其实质是求二分图的最大匹配数。如果我们将可配对的男、女运动员以粗线表示，则其中两种最大匹配方案见图 10.3。

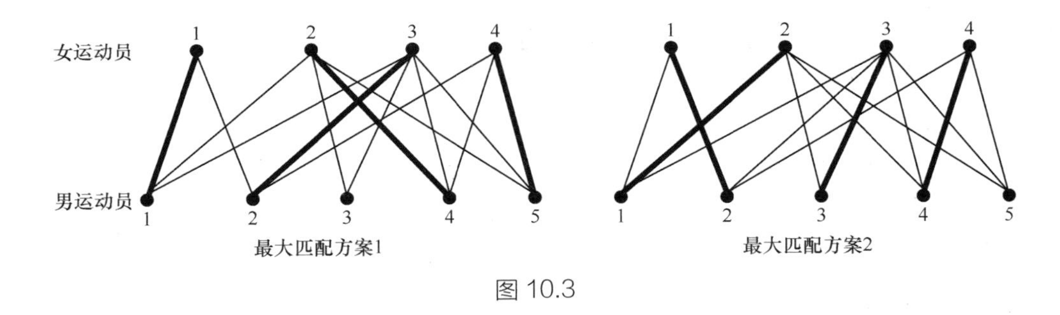

图 10.3

可以看出，最大匹配方案可能还会有很多种，但无论如何匹配，最大匹配数是一样的。

稍微观察即可发现，如果将所有的粗线看作集合 M，则 M 中的任意两条边都没有公共端点。因此匹配的定义是：设 $G=(V,E)$ 是一个无向图，M（$M \in E$）是 G 的若干条边的集合，如果 M 中的任意两条边都没有公共端点，就称 M 是一个匹配。

要解决二分图的最大匹配问题，首先需要了解交错轨的概念。设 P 是图 G 的一条路径，如果该路径的任意两条相邻边一定是一条属于 M 而另一条不属于 M 的，就称 P 是一条交错轨。如果轨 P 仅含一条边，那么无论该边是否属于匹配 M，P 一定是一条交错轨。

例如上面的两个最大匹配方案中，可以找出交错轨（粗线和细线交替出现），如图 10.4 所示。

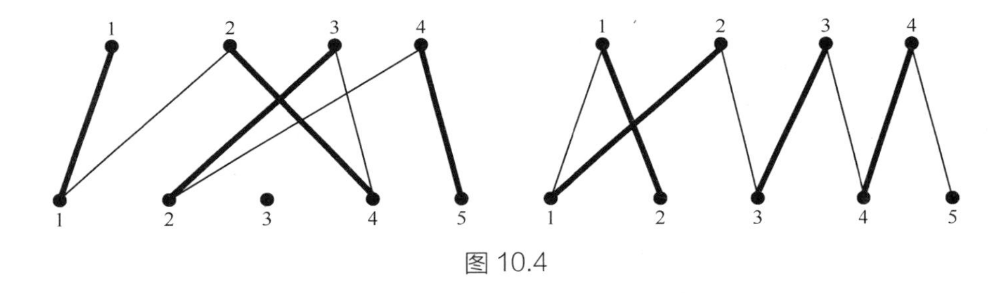

图 10.4

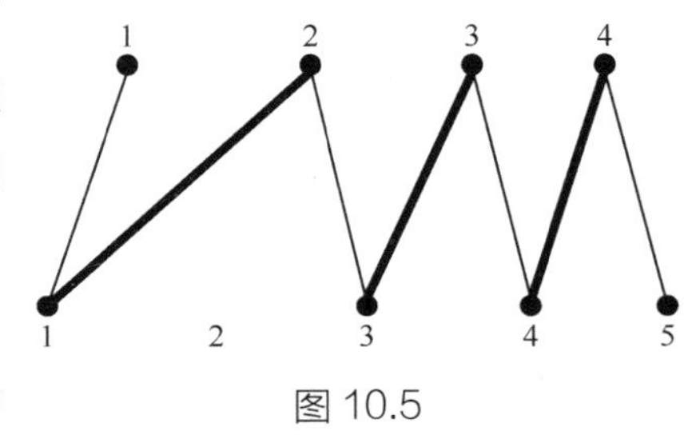

图 10.5

有两个端点都是未盖点的交错轨叫可增广轨。在给定了一个匹配 M 以后，我们可以认为每一条属于 M 的边 E“盖住”了两个顶点，就是 E 的两个端点。而其余没有被盖住的顶点，自然就称为未盖点。例如，图 10.5 所示是可增广轨，两个端点 1 和 5 为未盖点。

关于 M 的可增广轨的长度必为奇数，且路上的第一条边和最后一条边都不属于 M。

那么为什么叫可增广轨呢？因为对 G 的一个匹配 M 来说，如果能够找到一条可增广轨，那么这个匹配 M 一定可以改成一个原匹配数 + 1 的匹配。方法是将该交错轨粗线改为细线，将细线改为粗线，如图 10.6 所示。

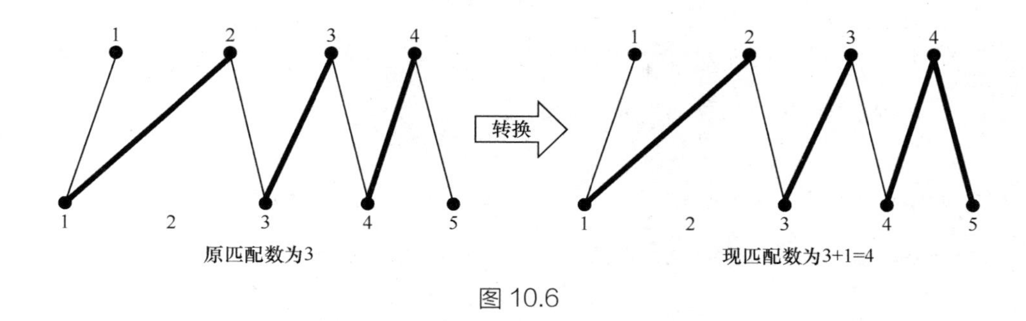

图 10.6

但这种方法并不一定就是最大匹配，判断是不是最大匹配的方法只有一个：若匹配 M 中不存在可增广轨，那么 M 一定是最大匹配。

匈牙利数学家 Edmonds 于 1965 年提出了一种求二分图最大匹配的有效算法——匈牙利算法。该算法应用了可增广轨的特性，即初始时，置 M 为空集，然后反复在二分图中找一条关于 M 的增广路径 P，再进行异或变化以增加一个匹配，直至二分图中不存在 M 的增广路径。

显然，从上面的例子可以看出，搜寻增广路径的方法就是 DFS，可以写成一个递归函数。当然，用 BFS 也完全可以实现。

另外，匈牙利算法还基于一个重要的定理：如果从点 A 出发，没有找到增广路径，那么无论再从别的点出发找到多少增广路径来改变现在的匹配，从点 A 出发都永远找不到增广路径。

DFS 算法的参考代码如下。

```
1   // 乒乓球队  DFS 算法
2   #include <bits/stdc++.h>
3   using namespace std;
4
5   int n,m,k;
6   int  Link[1011];                    // 例如 Link[1]=3 代表女运动员 1 与男运动员 3 相匹配
7   bool visit[1010];                   // 记录女运动员节点是否被访问过
8   bool Map[101][1010];                //Map[a][b]=1 代表 a、b 顶点有边相连
9
10  bool Dfs(int boy)
11  {
12    for (int girl=1; girl<=m; girl++)         // 遍历女运动员
13      if (Map[boy][girl]==1 && !visit[girl])// 如女运动员对应节点与男运动员对应节点间有边且未被访问
14      {
15        visit[girl] = true;                   // 标记为已访问
16        if(Link[girl]==0||Dfs(Link[girl]))// 如女运动员未匹配或匹配的男运动员有增广路径
17        {
18          Link[girl]=boy;                    // 反转
19          return true;                       // 返回
20        }
21      }
22    return false;                            // 无增广路径则返回 false
23  }
24
25  int main()
```

```
26  {
27    int a,b,ans=0;
28    cin>>n>>m>>k;                          //n、m分别为男、女运动员个数，k为边数
29    for(int i=1; i<=k; i++)
30    {
31      cin>>a>>b;
32      Map[a][b]=true;
33    }
34    for(int i=1; i<=n; i++)                //穷举男运动员顶点
35    {
36      memset(visit, 0, sizeof(visit));     //清空上次节点访问标记
37      if (Dfs(i))                          //从节点i尝试扩展
38        ans++;
39    }
40    cout<<ans<<endl;
41    return 0;
42  }
```

如果二分图的某一边共有 n 个点，那么最多找 n 条增广路径。如果图中共有 m 条边，那么每找一条增广路径最多把所有边遍历（DFS 或 BFS）一遍，所花时间也就是 m。所以总的时间大概为 $O(n \times m)$。

该程序实现简单，容易理解，适用于稠密图，因为边多，所以查找增广路径的速度很快。

图 10.7 所示是其递归算法的具体运行过程。

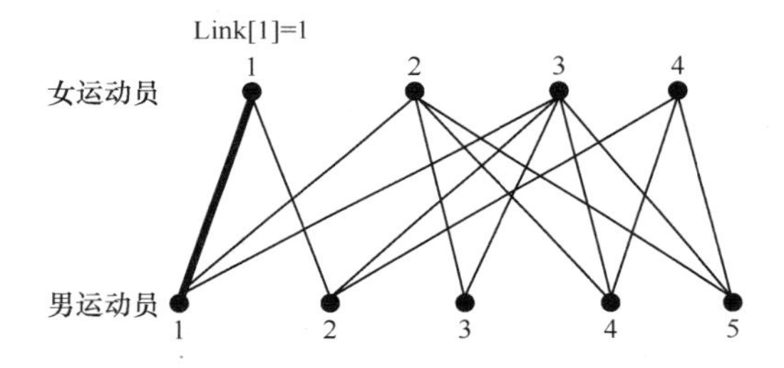

从男运动员1出发，发现女运动员1匹配，则Link[1]=1，即男运动员1连线女运动员1，此时匹配数=1

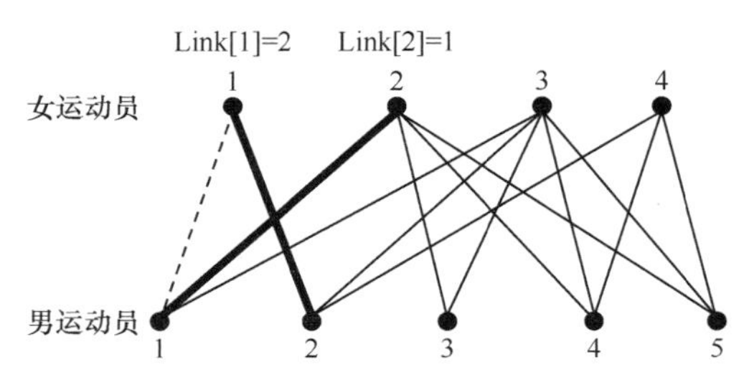

从男运动员2开始搜索，发现女运动员1匹配，但女运动员1已连线男运动员1，则递归查看男运动员1是否有增广路径。因为女运动员1已被访问过，所以跳过女运动员1查看女运动员2，发现男运动员1还可以连线到女运动员2，于是Link[2]=1后跳出递归，使Link[1]=2，此时匹配数=2

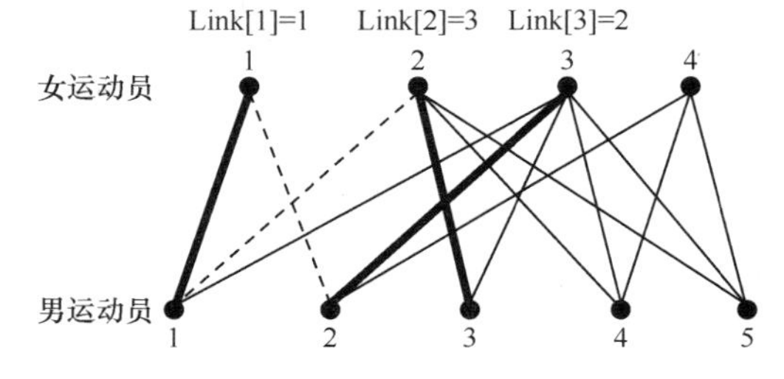

从男运动员3开始查找，发现女运动员2匹配，但女运动员2已连线男运动员1，则递归查看男运动员1是否有可增广路径。发现男运动员1可连线女运动员1，但女运动员1已连线男运动员2，则递归查看男运动员2是否有可增广路径。发现男运动员2可连线女运动员3，则Link [3]=2，递归返回true，使Link [1]=1，递归返回true，使Link[2]=3，此时匹配数=3

图 10.7

依此类推即可。

■ 410003 过山车

【题目描述】过山车（game）HDU 2063

一群人去游乐场玩过山车，但是过山车的每一排只有两个座位，而且必须是一男一女做同伴。现给出所有男生、女生搭配的信息，问最多有多少对组合可以坐过山车。

【输入格式】

有多组数据，每组数据的第一行是 3 个整数 K、M 和 N（$0 < K \leqslant 1000$，$1 \leqslant N, M \leqslant 500$），分别表示可能的组合数、男生人数和女生人数。

接下来的 K 行，每行有两个数 A_i、B_j，分别表示 A_i 对应的男生愿意和 B_j 对应的女生做同伴。最后以一个 0 结束输入。

【输出格式】

对于每组数据，输出一个整数，表示可以坐上过山车的最多组合数。

【输入样例】

```
6 3 3
1 1
1 2
1 3
2 1
2 3
3 1
0
```

【输出样例】

```
3
```

【算法分析】

简单的二分图最大匹配问题，除了可以用 DFS 算法解决，还可以用 BFS 算法解决。

BFS 算法适用于稀疏二分图、边少、增广路径短的情况，其时间复杂度与 DFS 算法的相同。

参考程序如下。

```
1   //过山车
2   #include <bits/stdc++.h>
3   using namespace std;
4   const int N=510;
5   
6   int n,m,k;
7   bool Graphi[N][N];
8   int Boy[N],Girl[N];          //Boy[x]=y 表示男生 x 连接女生 y, Girl[x]=y 表示女生 x 连接男生 y
9   int pre[N],visit[N];         //pre[] 存上一节点, visit[x]=y 表示女生 x 被男生 y 访问过
10  
11  int FindMatch(int iBoy)
```

```
12  {
13    queue<int> q;
14    q.push(iBoy);                      // 男生 iBoy 入队
15    pre[iBoy]=-1;
16    bool flag=0;
17    while(!q.empty() && !flag)         // 当队列不为空并且未找到匹配时
18    {
19      int boy=q.front();               // 取出队首男生
20      q.pop();
21      for(int girl=1; girl<=m && !flag; girl++) // 未找到匹配时，枚举所有女生
22        if(Graphi[boy][girl]&&visit[girl]!=iBoy)// 如果男生、女生之间有边且女生未被男生 iBoy 访问过
23        {
24          visit[girl]=iBoy;            // 标记女生为已访问
25          q.push(Girl[girl]);          // 与女生相关联的男生入队（没有匹配就是 -1）
26          if(Girl[girl]>=0)            // 如没增广路径，就回到循环枚举下个女生
27            pre[Girl[girl]]=boy;       // 标记位置以便后面回推更改交错轨状态
28          else                         // 如果有增广路径
29          {
30            flag=1;
31            int bb=boy,gg=girl;
32            while(bb!=-1)              // 回推，更改交错轨的状态
33            {
34              int t=Boy[bb];
35              Boy[bb]=gg,Girl[gg]=bb;
36              bb=pre[bb],gg=t;
37            }
38          }
39        }
40    }
41    return Boy[iBoy]!=-1;
42  }
43
44  int main()
45  {
46    while(~scanf("%d",&k) && k)
47    {
48      memset(Boy,-1,sizeof(Boy));
49      memset(Girl,-1,sizeof(Girl));
50      memset(visit,-1,sizeof(visit));
51      memset(Graphi,0,sizeof(Graphi));
52      scanf("%d%d",&n,&m);
53      int a,b;
54      while(k--)
55      {
56        scanf("%d%d",&a,&b);
57        Graphi[a][b]=1;
58      }
59      int ans=0;
60      for(int i=1; i<=n; i++)          // 枚举每个男生 i
61        if(Boy[i] == -1)               // 如果男生 i 没有匹配
62          if(FindMatch(i))             // 如果男生 i 发现一条增广路径
63            ans++;                     // 匹配数 ++
```

```
64        printf("%d\n",ans);
65      }
66      return 0;
67    }
```

例如输入以下数据。

3 2 2

1 1

1 2

2 1

程序运行时，先从男生 1 开始枚举，发现与女生 1 之间有连线，则以粗线连接后退出 FindMatch() 函数，如图 10.8 所示。

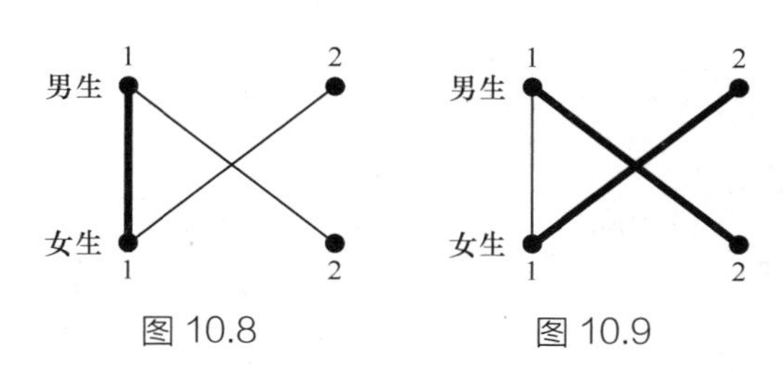

图 10.8　　图 10.9

再从男生 2 开始枚举，发现其与女生 1 之间有连线，但女生 1 已有连线，于是将女生 1 连接的男生 1 入队（此时男生 2 已出队，男生 1 是队首元素）。pre[Girl[1]] = 2 即 pre[1] = 2，继续枚举发现没有可连线的女生了，但队列不为空且未成功匹配，于是男生 1 出队，并枚举可与男生 1 连线的女生，找到女生 2 与男生 1 连线（女生 1 已被标记为被男生 1 访问，不符合条件）。于是男生 1 连接女生 2 后回推，由 pre[1] = 2 回推出男生 2 与女生 1 连线，如图 10.9 所示。

依此类推即可。

10.3 最小点覆盖问题

在二分图中，选取最少的点，使这些点和所有的边都有关联（把所有的边覆盖），叫作最小点覆盖。

有 Konig 定理：二分图的最小顶点覆盖数 = 最大匹配数。

■ 410004 隔离带

【题目描述】隔离带（Asteroids）POJ 3041

星际战队奉命在星系外围建立一条 100 光年宽的隔离带，隔离带中的所有小行星将被摧毁。摧毁工作是分段进行的，例如在某个 $n \times n$ 的空间内，分布着 k 个小行星，战舰的能量炮每启动一次可以清除某一行或某一列的小行星，但启动一次能量炮耗费的能量巨大，所以舰长希望你能计算出启动能量炮的最少次数。

【输入数据】

第一行为两个整数 n 和 k（$1 \leqslant n \leqslant 500$，$1 \leqslant k \leqslant 10000$）。随后 k 行中，每行有两个整数 R 和 C（$1 \leqslant R, C \leqslant N$），表示小行星的坐标。

【输出数据】

输出一个数，即最少次数。

【输入样例】

3 4
1 1
1 3
2 2
3 2

【输出样例】

2

【算法分析】

将 $n \times n$ 的空间看作一个特殊的二分图（以行、列分别作为两个顶点集 V_1、V_2，其中 $|V_1|=|V_2|$），如图 10.10 所示。

将每行 x 或者每列 y 看作一个点，坐标为 (x,y) 的小行星处理为连接 x 和 y 的边并构图，则问题就转换成为选择最少的一些点（x 或 y），使得从这些点与所有的边相邻，即最小点覆盖问题。

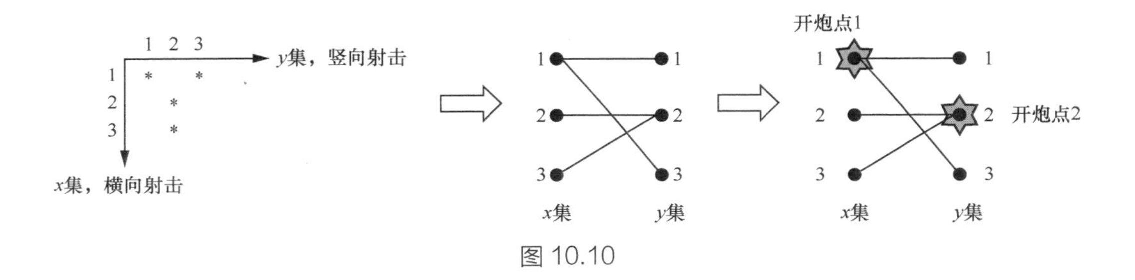

图 10.10

参考代码如下。

```
//隔离带
#include <bits/stdc++.h>
using namespace std;
const int N=1001;

int Map[N][N],vis[N],Link[N];
int n,k;

int Dfs(int x)
{
  for(int i=1; i<=n; i++)
    if(Map[x][i] && !vis[i])
    {
      vis[i]=1;
      if(Link[i]==0 || Dfs(Link[i]))
      {
        Link[i]=x;
```

```
18                return 1;
19            }
20        }
21    return 0;
22  }
23
24  int main()
25  {
26    int x,y,Ans=0;
27    scanf("%d%d",&n,&k);
28    for(int i=0; i<k; i++)
29    {
30      scanf("%d%d",&x,&y);
31      Map[x][y]=1;
32    }
33    for(int i=1; i<=n; i++)
34    {
35      memset(vis,0,sizeof(vis));
36      Ans+=Dfs(i);
37    }
38    printf("%d\n",Ans);
39    return 0;
40  }
```

10.4 最小边覆盖问题

将图 G 中的顶点看作村庄，将每条边看作一段公路，如图 10.11 所示。如果在一段公路上放上一辆消防车，就可以把这段公路两端的村庄保护起来，现在问至少用几辆消防车才能把所有村庄全部保护住，这些消防车应该放在哪些公路上。

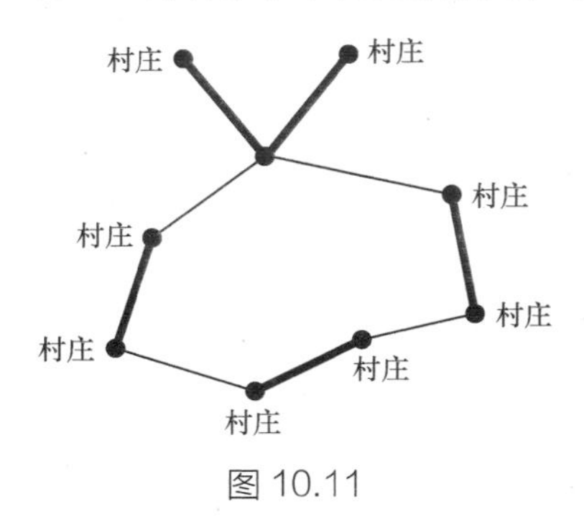

图 10.11

其数学模型是：求无向图 G = (V,E) 的一个边集合，这个边集合恰好把图中的所有顶点都盖住且含边数最少，这就是所谓的最小边覆盖。

由于一条边只能盖住两个顶点，因此对于一个有 N 个顶点的图 G 来说，盖住其所有顶点的边数不会少于 $N/2$，即最小边覆盖中的边数至少为 $N/2$。注意：如果图中有不和任何边相连的孤立点，这个图就不可能有边覆盖。

求最小边覆盖的算法其实很简单：找出最大匹配 M，因为这样盖住的顶点最多，对剩下的那些未盖点，一个顶点用一条边来盖。

求最小边覆盖的公式：最小边覆盖 = 最大独立集 = $|V|-$ 最小点覆盖（最大匹配数）。

其中最大独立集表示，从 V 个顶点中选出 k 个顶点，使得这 k 个顶点互不相邻。那么最大的 k 就是这个图的最大独立数，该集合称为最大独立集。

■ 410005 天线

【题目描述】天线（antenan）POJ 3020

如图 10.12 所示，电信公司给城市安装新型无线网络，一个无线网络最多可以覆盖网格上垂直或水平相邻的两座城市，问覆盖所有城市最少要用多少无线网络。

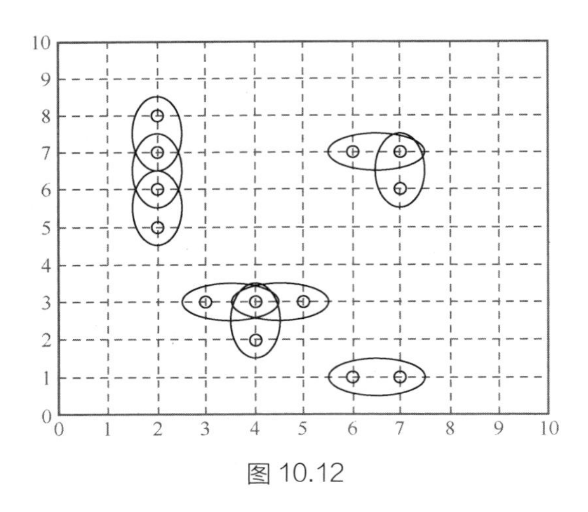

图 10.12

【输入格式】

第一行为一个整数 n（$n < 15$），表示测试数据组数。每组数据的第一行为两个整数 h 和 w（$1 \leqslant h \leqslant 40$，$0 < w \leqslant 10$），分别表示矩阵的高和宽。

随后 h 行，用于描述矩阵，其中“*”表示城市，“o”表示空地。

【输出格式】

输出最少无线网络数。

【输入样例】

```
2
7 9
ooo**oooo
**oo*ooo*
o*oo**o**
ooooooooo
*******oo
o*o*oo*oo
*******oo
10 1
*
*
```

*

o

*

*

*

*

*

*

【输出样例】

17

5

【算法分析】

本题为明显的最小边覆盖问题，但要注意的是，不能简单地把城市的两个坐标作为构造的二分图的两个顶点集，因为城市才是要构造二分图的顶点集。

例如输入数据如下。

*oo

***

o*o

将空地设为 0，城市按输入顺序编号如下。

100

234

050

两城市之间连边，可得边集为 {(1,2),(2,1),(2,3),(3,2),(3,4),(4,3),(5,3),(3,5)}。

可以看到，由于每一条边都有与其对应的一条相反边，即任意两个城市（顶点）之间的边是成对出现的，因此构造出来的双向图其实就是无向图。

把原有向图 G 的每一个顶点都“复制”一份，两份顶点分别属于要构造的二分图的两个顶点集。例如边集 {(1,2),(2,1)}，其顶点 1 和顶点 2“复制”一份为 1' 和 2'，构造的二分图如图 10.13 所示。

用之前输入的数据构造二分图如图 10.14 所示。

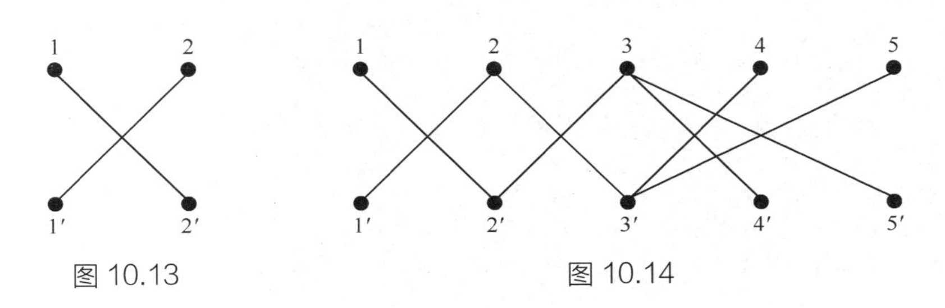

图 10.13　　图 10.14

这样就可以求二分图的最大匹配了，但无向图的最小边覆盖 = 顶点数 − 最大二分匹配数 /2。因为“复制”顶点使得匹配数多了一倍，因此除以 2 才能得到原图的真正的匹配数。

参考代码如下。

```
1  //天线
2  #include <bits/stdc++.h>
3  using namespace std;
4  const int MAXN=405;
5
6  char s[MAXN][MAXN];
7  vector<int> G[MAXN*MAXN];
8  int match[MAXN],visit[MAXN];
9  int dx[]= {1,0,-1,0},dy[]= {0,1,0,-1};      //方向的增量数组
10
11 bool Dfs(int u)
12 {
13   for(int i=0; i<G[u].size(); i++)
14   {
15     int v=G[u][i];
16     if(!visit[v])
17     {
18       visit[v]=1;
19       if(match[v]<0||Dfs(match[v]))
20       {
21         match[v]=u;
22         return true;
23       }
24     }
25   }
26   return false;
27 }
28
29 int main()
30 {
31   int Case,h,w;
32   scanf("%d",&Case);
33   while(Case--)
34   {
35     memset(match,-1,sizeof(match));
36     for(int i=0; i<MAXN; i++)
37       G[i].clear();
38     scanf("%d%d",&h,&w);
39     int V=0;
40     for(int i=1; i<=h; i++)
41     {
42       scanf("%s",s[i]+1);                  //一次读一行字符串
43       for(int j=1; j<=w; j++)
44         if(s[i][j]=='*') V++;              //统计顶点数
45     }
46     for(int i=1; i<=h; i++)
47       for(int j=1; j<=w; j++)
48         if(s[i][j]=='*')                   //以城市为顶点构图
```

```
49              for(int k=0; k<4; k++)
50              {
51                int x=i+dx[k],y=j+dy[k];
52                if(1<=x && x<=h && 1<=y && y<=w)
53                  if(s[x][y]=='*')
54                    G[w*(i-1)+j].push_back(w*(x-1)+y);
55              }
56        int ans=0;
57        for(int i=1; i<=h; i++)
58          for(int j=1; j<=w; j++)
59          {
60            int u=w*(i-1)+j;
61            memset(visit,0,sizeof(visit));
62            ans+=Dfs(u);
63          }
64        printf("%d\n",V-ans/2);
65      }
66      return 0;
67    }
```

10.5 最小路径覆盖问题

路径覆盖的定义是：在有向图中找一些路径，使之覆盖图中的所有顶点，就是指任意一个顶点都跟那些路径中的某一条相关联，且任何一个顶点有且只有一条路径与之关联，一个单独的顶点也是一条路径。最小路径覆盖就是最少的路径覆盖数，如图 10.15 中粗线所示。

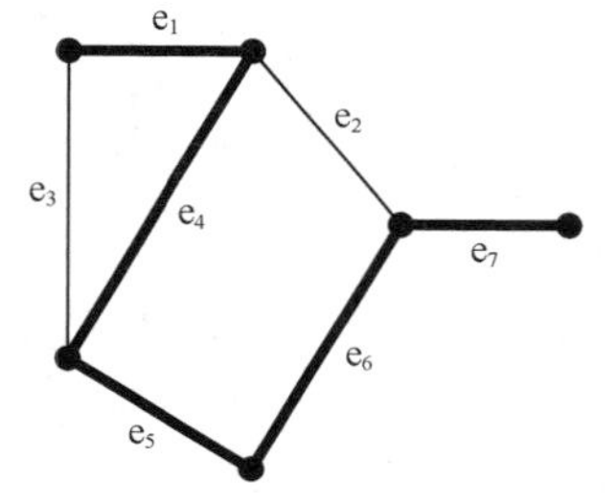

图 10.15

图 10.15 中的粗线即最小路径覆盖的那条路径，最小路径覆盖数为 1。如果不考虑图中存在回路，那么每条路径就是一个弱连通子集。

有定理：最小路径覆盖数 = 图的顶点数 − 最大匹配数。

■ 410006 伞兵任务

【题目描述】伞兵任务（paraboy）ZJU 1525

伞兵部队需要占领的某小镇有 m 个路口和 n 条路，这些路都是单向而且无环的。伞兵可以在任何路口着陆，也可以沿着单行道行走，但不能走到已经走过了的路。凡是伞兵走过的路口就可以看作被占领。试求占领这个城镇所有的路口至少需要多少伞兵。

【输入格式】

第一行为测试数据组数，每组数据的第一行为路口数 m（$0 < m \leq 120$），第二行为一个正整数 n，表示 n 条路。以下 n 行每行有两个整数，代表一条路的起点和终点，为无序排列。

【输出格式】

对于每组测试数据，输出最少伞兵数。

【输入样例】

2
4
3
3 4
1 3
2 3
3
3
1 3
1 2
2 3

【输出样例】

2
1

【算法分析】

伞兵访问路径时不能相互交叉，每个路口只能访问一次，参考程序如下。

```
//伞兵任务
#include <bits/stdc++.h>
using namespace std;

int g[125][125], Link[125];
bool visit[125];
int m,n;

int Find(int x)
{
  for (int i=1; i<=m; i++)
    if (g[x][i] && !visit[i])
    {
      visit[i]=1;
      if (!Link[i] || Find(Link[i]))
      {
        Link[i]=x;
        return 1;
      }
    }
  return 0;
}

int main ()
{
  int t,x,y;
```

```
27      scanf("%d",&t);
28      while (t--)
29      {
30        scanf("%d %d",&m,&n);
31        memset(g,0,sizeof(g));
32        for (int i=0; i<n; i++)
33        {
34          scanf("%d %d",&x,&y);
35          g[x][y]=1;
36        }
37        int sum=0;
38        memset(Link,0,sizeof(Link));
39        for (int i=1; i<=m; i++)
40        {
41          memset(visit,0,sizeof(visit));
42          sum+=Find(i);
43        }
44        printf ("%d\n",m-sum);
45      }
46      return 0;
47    }
```

■ 410007 出租车

【题目描述】出租车（taxi）POJ 2060

出租车公司的老板所在的城市可看作一个矩形网格，有 M 个出租车任务，告诉你每个任务的出发时间 s、起点坐标 (a,b)、终点坐标 (c,d)，可知出租车从 (a,b) 到 (c,d) 需要的时间为 $|a-c| + |b-d|$。若一辆出租车完成某项任务后，能及时赶到另一个任务的出发起点，则继续完成该任务。注意有些任务可能半夜才能结束。请求出完成所有任务所需要的最少出租车数。

【输入格式】

第一行为一整数 N（$N \leqslant 10$），表示有几组数据，每一组数据的第一行有一个整数 M（$0 < M < 500$），表示出租车任务。下面 M 行中，每行有起始时间，格式为 hh:mm（00:00—23:59），4 个整数，a、b 为起点坐标，c、d 为终点坐标。所有坐标在 0~200。每个任务已按起始时间排序。

【输出格式】

对于每组数据输出一行，每行只有一个整数，表示最少出租车数。

【输入样例】

2

2

08:00 10 11 9 16

08:07 9 16 10 11

2

08:00 10 11 9 16

08:06 9 16 10 11

【输出样例】

1

2

【算法分析】

可以发现如果一辆出租车可以在另外一个乘客出发之前赶到出发起点，就可以将这两个乘客相连，形成一条单向边，然后求这个有向图的最小路径覆盖。最小路径覆盖数 = 节点数 − 最大匹配数。

参考程序如下。

```
// 出租车
#include <bits/stdc++.h>
using namespace std;

int n,t;
struct node
{
  int time1,time2;
  int x1,y1,x2,y2;
} A[501];
int G[501][501],match[501],visit[501],dfscnt;

bool Dfs(int root)
{
  for(int i=1; i<=n; i++)
    if(G[root][i])
      if(visit[i]!=dfscnt)
      {
        visit[i]=dfscnt;
        if(!match[i]||Dfs(match[i]))
        {
          match[i]=root;
          return true;
        }
      }
  return false;
}

int D(int x1,int y1,int x2,int y2)
{
  return abs(x2-x1)+abs(y2-y1);
}

int main()
{
  scanf("%d",&t);
  while(t--)
  {
```

```
39        memset(G,0,sizeof(G));
40        memset(visit,0,sizeof(visit));
41        memset(match,0,sizeof(match));
42        scanf("%d",&n);
43        int hour,min;
44        for(int i=1; i<=n; i++)
45        {
46          scanf("%d:%d",&hour,&min);
47          A[i].time1=hour*60+min;
48          scanf("%d%d%d%d",&A[i].x1,&A[i].y1,&A[i].x2,&A[i].y2);
49          A[i].time2=A[i].time1+D(A[i].x1,A[i].y1,A[i].x2,A[i].y2);
50        }
51        for(int i=1; i<=n; i++)                       //构图，能接下个任务的连边
52          for(int j=i; j<=n; j++)
53            if(A[i].time2+D(A[i].x2,A[i].y2,A[j].x1,A[j].y1)<A[j].time1)
54              G[i][j]=1;
55        int ans=0;
56        dfscnt=0;
57        for(int i=1; i<=n; i++)
58        {
59          dfscnt++;
60          ans+=Dfs(i);
61        }
62        printf("%d\n",n-ans);
63      }
64    }
```

■ 410008 火星机器人

【题目描述】火星机器人（robot）POJ 2594

星际舰队派了一些机器人去探索火星，机器人可以落在火星的任意地方，探索的地方有 n 个可疑地点（编号为 1 ~ n）。某些地点通过单向道路连接，你可以观察到，两个机器人的行走路线可能包括一些相同的地点。

考虑到成本问题，舰长希望使用最少的机器人来探索火星上的所有可疑地点。作为一个优秀的程序员，你可以帮助舰长吗？

【输入格式】

有多组测试用例，对于每组测试用例，在第一行中给出两个整数 n（$1 < n \leqslant 500$）和 m（$0 < m \leqslant 5000$），分别表示可疑地点数和单向路数。随后 m 行包含两个不同的整数 A 和 B（$0 < A, B < n$），表示 A 对应地点到 B 对应地点有一条单向道路。

输入两个 0 表示输入结束。

【输出格式】

对于输入的每组测试用例，输出最少需要的机器人数。

【输入样例】

1 0

2 1

1 2
2 0
0 0

【输出样例】

1
1
2

【算法分析】

因为机器人的行走路线包括一些相同的地点，所以这个题的难点在于如何解决有重复地点的问题。对于有向图的边有相交的情况，不能简单地对原图求二分图最大匹配，因为当机器人重复走过一个地点的时候，一定有两条路径相交，那就必然存在一个点有大于 1 的出度或者入度。二分图是不允许这样的情况存在的，这就是 DAG 的最小可相交路径覆盖问题。以图 10.16 为例。

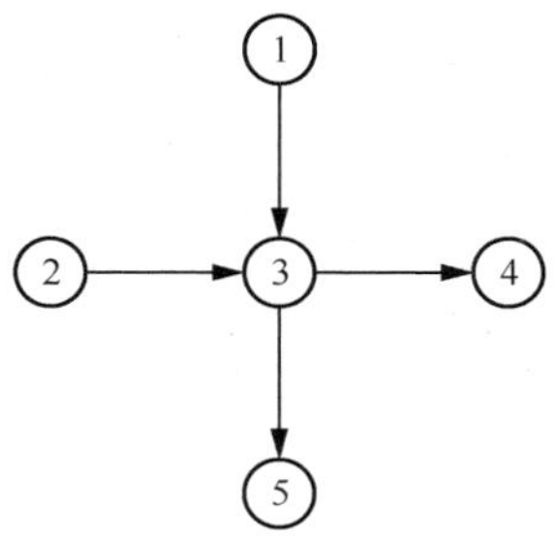

如果直接对原图求二分图最大匹配，得到的最大匹配数为 2，最小路径覆盖数 = 5-2 = 3，但实际上答案应该是 2。

这个错误的发生与交点 3 有关，因为边既然有相交，那么它们也应该连通下去。

图 10.16

解决的方法是对原图进行一次闭包传递（使用 Floyd 算法），在原图基础上再增加 4 条边：2→5、2→4、1→5、1→4。这时再求最大匹配数，得出的结果为 3，最小路径覆盖值为 5-3 = 2。

参考程序如下。

```
//火星机器人
#include <bits/stdc++.h>
using namespace std;
const int N=510;

int G[N][N],Link[N];
bool vis[N];
int n,m,u,v;

bool DFS(int u)
{
  for(int v=0; v<n; v++)
    if(G[u][v]&&!vis[v])
    {
      vis[v]=true;
      if(Link[v]==-1||DFS(Link[v]))
      {
        Link[v]=u;
        return true;
      }
```

```
21        }
22      return false;
23    }
24
25    void Floyd(int n)                                        //求图的闭包
26    {
27      for(int i=0; i<n; i++)
28        for(int j=0; j<n; j++)
29          if(G[i][j]==0)
30            for(int k=0; k<n; k++)
31              if(G[i][k]==1 && G[k][j]==1)
32              {
33                G[i][j]=1;
34                break;
35              }
36    }
37
38    int main()
39    {
40      while(~scanf("%d%d",&n,&m) && (n||m))
41      {
42        memset(G,0,sizeof(G));
43        memset(Link,-1,sizeof(Link));
44        while(m--)
45        {
46          scanf("%d%d",&u,&v);
47          u--;
48          v--;
49          G[u][v]=1;
50        }
51        Floyd(n);
52        int ans=0;
53        for(int u=0; u<n; u++)
54        {
55          memset(vis,false,sizeof(vis));
56          ans+=DFS(u);
57        }
58        printf("%d\n",n-ans);
59      }
60      return 0;
61    }
```

10.6 最佳匹配问题

■ 410009 公司效益

【题目描述】公司效益（max）HDU 2255

公司有工作人员 $x_1,x_2,\cdots,x_n$，他们去做工作 $y_1,y_2,\cdots,y_n$，每人适合做其中的一项或几项工作，但是不同的人做不同的工作使公司获得的效益未必一致。请制订一个分工方案，使公司获得的效益最大。

【输入格式】

有多组数据，每组数据的第一行为一个整数 n（$n \leqslant 300$），表示有 n 个人，n 项工作。

随后 n 行，用于表示每一个人完成各项工作的效率。

【输出格式】

输出最大效益值。

【输入样例】

5
3 5 5 4 1
2 2 0 2 2
2 4 4 1 0
0 1 1 0 0
1 2 1 3 3

【输出样例】

14

【算法分析】

图 10.17 所示是输入样例的两种可能的方案。

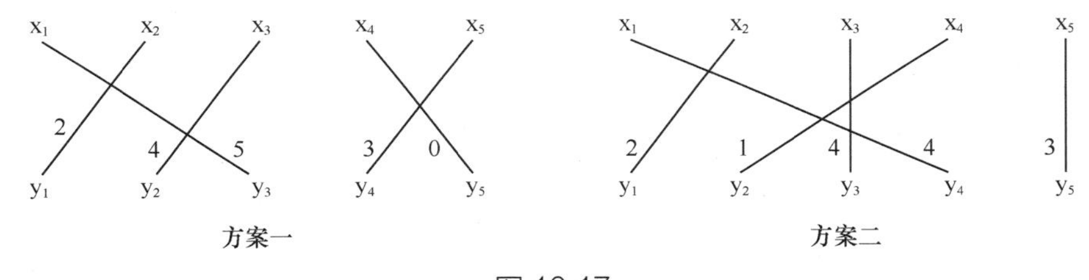

图 10.17

其数学模型为：在一个二分图内，上边的顶点为 x，下边的顶点为 y，现对于每组上下顶点连接 x_iy_j 有权值 w_{ij}，求一种匹配使得所有 w_{ij} 的和最大。

解决此问题使用库恩－曼克莱斯算法（KM 算法），其思路是尽量找最大的边进行连边，如果不能则换一条较大的。

为了更容易理解，我们将问题转换为男女婚姻匹配问题。设 $x_1,x_2,\cdots,x_n$ 为女生，$y_1,y_2,\cdots,y_n$ 为男生，边的权值表示彼此之间的好感度，如图 10.18 所示，我们希望把他们两两配对，并且使最后的好感度和最大。

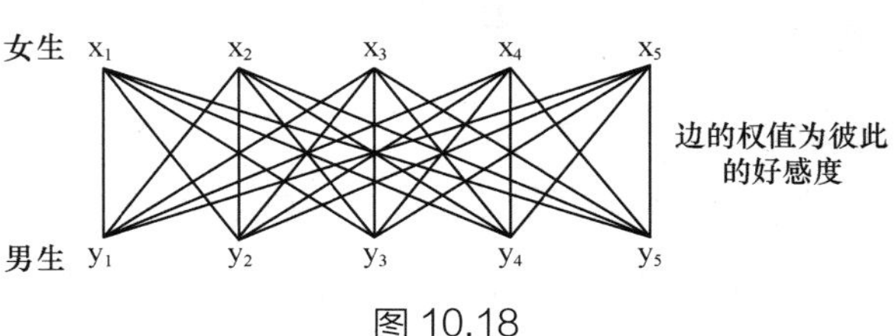

图 10.18

设女生 x_i 的期望值为 $\boldsymbol{A}[i]$，所谓期望值就是所有与她有好感度的男生中的最大值；

设男生 y_j 的期望值为 $\boldsymbol{B}[j]$，且所有男生的期望值均为 0（可以理解为男生不挑，只要能有女生匹配就好），则每个人的期望值如图 10.19 所示。

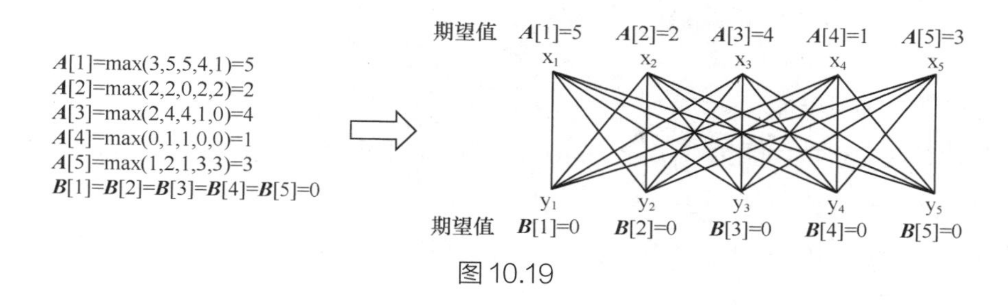

图 10.19

设 x_i 与 y_j 之间的边权为 $\boldsymbol{w}[i][j]$，匹配连线时，需保证任一时刻，所有的边 (i, j) 满足 $\boldsymbol{A}[i] + \boldsymbol{B}[j] = \boldsymbol{w}[i][j]$。这基于以下定理。

若由二分图中所有满足 $\boldsymbol{A}[i] + \boldsymbol{B}[j] = \boldsymbol{w}[i][j]$ 的边 (i, j) 构成的子图（称作相等子图）有完备匹配（若二分图 x 部分的每一个顶点都与 y 部分中的一个顶点匹配，并且 y 部分的每一个顶点也与 x 部分中的一个顶点匹配，则该匹配为完美匹配），那么这个完备匹配就是二分图的最大权匹配。

KM 算法与原始算法的不同点在于：某个顶点的增广路径必须满足 $\boldsymbol{A}[i] + \boldsymbol{B}[j] = \boldsymbol{w}[i][j]$ 的条件，而不是原始算法中只要有边相连即可。女生 x_1 和 x_2 通过寻找增广路径的方式分别匹配到了男生 y_2 和 y_1，如图 10.20 所示，这种匹配满足了女生 x_1 和 x_2 的最大期望值，即 $\boldsymbol{A}[1] + \boldsymbol{B}[2] = \boldsymbol{w}[1][2]$，$\boldsymbol{A}[2] + \boldsymbol{B}[1] = \boldsymbol{w}[2][1]$。

现在为女生 x_3 寻找匹配的男生，如图 10.21 所示，按照寻找增广路径的方式，将 x_1 换成与 y_3 匹配，则 x_3 可以与 y_2 匹配。可以看出，由图 10.21 中的 3 条边构成的子图（交错树），均满足 $\boldsymbol{A}[i] + \boldsymbol{B}[j] = \boldsymbol{w}[i][j]$ 的条件。

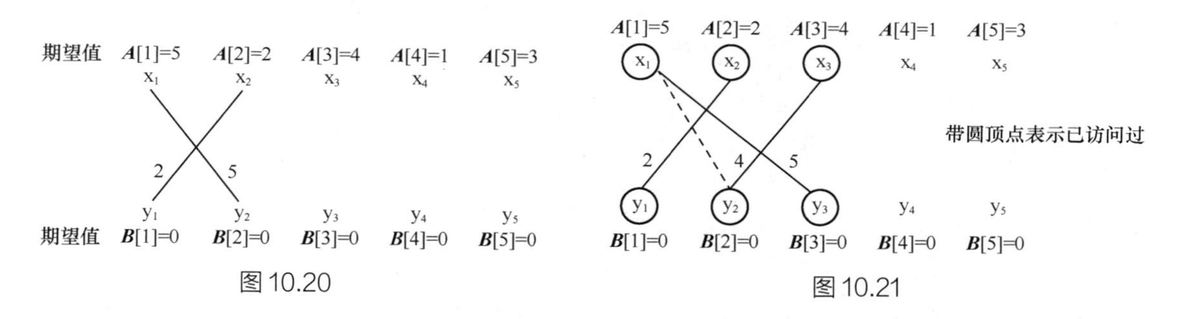

图 10.20　　图 10.21

但是接下来的女生 x_4 无法匹配到符合她期望值的男生，这时就需要女生降低一点期望值 d（注意，是所有已参与匹配的女生均降低期望值，即 x_1、x_2、x_3、x_4）。d 是任意一个参与匹配的女生（即 x_1、x_2、x_3、x_4）匹配到任意一个没有被匹配过的男生（即 y_4 和 y_5）所需要降低的最小值。例如若女生 x_1 匹配 y_4，期望值要减 5，若 x_4 匹配 y_4，期望值要减 1……，显然 1 为最小值。之所以这么计算是因为值如果过小不会使得交错树有所增广，值过大有可能会跳过最优解。

参与匹配的所有女生均降低了一点期望值 d，与之相对应的，所有参与匹配的男生则增加了一点期望值 d。更改后的各期望值如下。

$\boldsymbol{A}[1]=5-1=4$，$\boldsymbol{A}[2]=2-1=1$，$\boldsymbol{A}[3]=4-1=3$，$\boldsymbol{A}[4]=1-1=0$。

$\boldsymbol{B}[1]=0+1=1$，$\boldsymbol{B}[2]=0+1=1$，$\boldsymbol{B}[3]=0+1=1$。

此时会出现 4 种可能情况。

（1）两端都在交错树中的边 (i, j) 上，$\boldsymbol{A}[i]+\boldsymbol{B}[j]$ 的值没有变化。也就是说，它原来属于相等子图，现在仍属于相等子图，如 x_1 和 y_3。

（2）两端都不在交错树中的边 (i, j) 上，$\boldsymbol{A}[i]$ 和 $\boldsymbol{B}[j]$ 都没有变化。也就是说，它原来属于（或不属于）相等子图，现在仍属于（或不属于）相等子图，如 x_5 和 y_5。

（3）x 端不在交错树中，y 端在交错树中的边 (i, j) 上，它的 $\boldsymbol{A}[i]+\boldsymbol{B}[j]$ 的值有所增大。它原来不属于相等子图，现在仍不属于相等子图，如 x_5 和 y_2。

（4）x 端在交错树中，y 端不在交错树中的边 (i, j) 上，它的 $\boldsymbol{A}[i]+\boldsymbol{B}[j]$ 的值有所减小。也就是说，它原来不属于相等子图，现在可能进入了相等子图，因而使相等子图得到了扩大，如 x_4 和 y_4。

此时由于 x_4 与 y_4 现在满足 $\boldsymbol{A}[4]+\boldsymbol{B}[4]=\boldsymbol{w}[4][4]$，因此调用匈牙利算法时，边加入匹配，其匹配结果如图 10.22 所示。

依此法类推，直到求出最大匹配值。

KM 算法的数学构造法证明如下。

设矩阵 $\boldsymbol{C}$ 如图 10.23 所示。

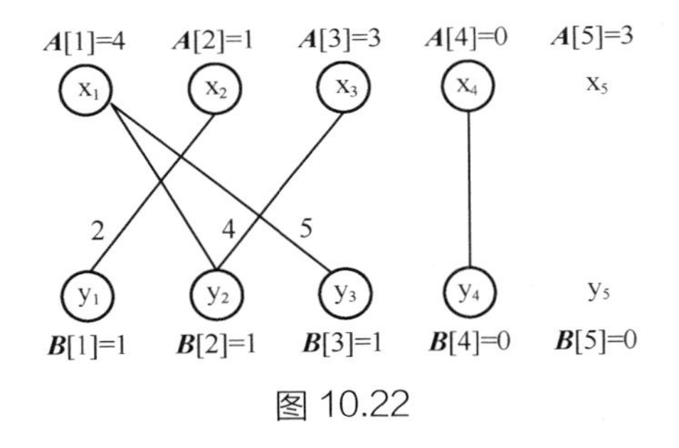

图 10.22

$$\boldsymbol{C}=\begin{pmatrix} 3 & 5 & 5 & 4 & 1 \\ 2 & 2 & 0 & 2 & 2 \\ 2 & 4 & 4 & 1 & 0 \\ 0 & 1 & 1 & 0 & 0 \\ 1 & 2 & 1 & 3 & 3 \end{pmatrix}\begin{matrix} x_1 \\ x_2 \\ x_3 \\ x_4 \\ x_5 \end{matrix}$$

$$\begin{matrix} y_1 & y_2 & y_3 & y_4 & y_5 \end{matrix}$$

图 10.23

初始标号如下：

$\boldsymbol{A}[1]=\max(3,5,5,4,1)=5$,

$\boldsymbol{A}[2]=\max(2,2,0,2,2)=2$,

$\boldsymbol{A}[3]=\max(2,4,4,1,0)=4$,

$\boldsymbol{A}[4]=\max(0,1,1,0,0)=1$,

$\boldsymbol{A}[5]=\max(1,2,1,3,3)=3$,

$\boldsymbol{B}[1]=\boldsymbol{B}[2]=\boldsymbol{B}[3]=\boldsymbol{B}[4]=\boldsymbol{B}[5]=0$。

设矩阵 $\boldsymbol{B}$，使得 $\boldsymbol{B}_{ij}=\boldsymbol{A}[i]+\boldsymbol{B}[j]-\boldsymbol{w}[i][j]$，如图 10.24 所示。

图 10.24 中，矩阵 **B** 的所有 0 元素可被第 2、5 行和第 2、3 列所覆盖。则我们对未覆盖的行所对应的顶标（期望值）进行调整，即 **A**[1] = **A**[1] − 1，**A**[3] = **A**[3] − 1，**A**[4] = **A**[4] − 1，对覆盖的列所对应的顶标进行调整，即 **B**[2] = **B**[2] + 1，**B**[3] = **B**[3] + 1，则矩阵 **B** 的变化如图 10.25 所示。

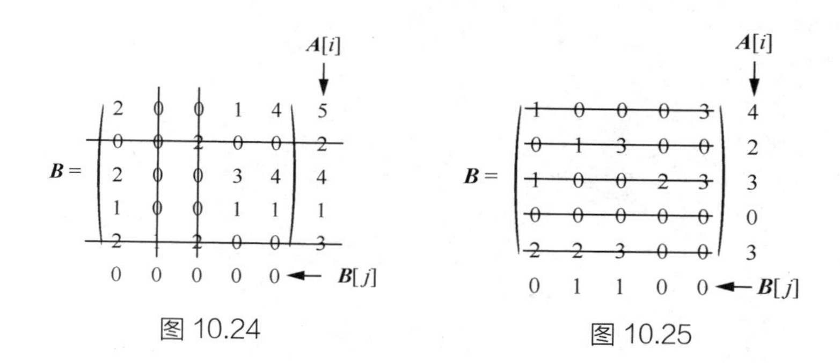

图 10.24　　图 10.25

此时已不能用少于数目 5 的行和列覆盖住矩阵 **B** 的所有元素了。可以根据该矩阵 **B** 的 0 元素所在的行和列作二分图，例如 **B**[1][2] = **B**[1][3] = **B**[1][4] = 0，则二分图中与 x_1 相连的边有 (x_1,y_2)、(x_1,y_3)、(x_1,y_4)，其余类推。再利用匈牙利算法对该二分图进行最大匹配，则该匹配即最佳匹配。

参考程序如下。

```
1	//公司效益
2	#include <bits/stdc++.h>
3	using namespace std;
4	const int MAXN=305;
5	
6	int match[MAXN],visitX[MAXN],visitY[MAXN],A[MAXN],B[MAXN],w[MAXN][MAXN];
7	int n;
8	
9	int Dfs(int x)
10	{
11	  visitX[x]=1;
12	  for(int i=1; i<=n; i++)
13	    if(!visitY[i] && A[x]+B[i]==w[x][i])             //特别判断
14	    {
15	      visitY[i]=1;
16	      if(!match[i] || Dfs(match[i]))
17	      {
18	        match[i]=x;                                   //i 与 x 匹配
19	        return 1;
20	      }
21	    }
22	  return 0;
23	}
24	
25	void KM()
26	{
27	  for(int i=1; i<=n; i++)
28	    for(int j=1; j<=n; j++)
29	      A[i]=max(A[i],w[i][j]);
```

```
30    for(int i=1; i<=n; i++)
31      while(1)
32      {
33        memset(visitX,0,sizeof(visitX));
34        memset(visitY,0,sizeof(visitY));
35        if(Dfs(i))                                    //如果能找到增广路径
36          break;                                      //跳出循环
37        else                                          //否则调整
38        {
39          int d=INT_MAX;                              //2^31-1=2147483647
40          for(int j=1; j<=n; j++)
41            for(int k=1; visitX[j] && k<=n; k++)
42              if(!visitY[k] && d>A[j]+B[k]-w[j][k])
43                d=A[j]+B[k]-w[j][k];                  //枚举出d的值
44          for(int j=1; j<=n; j++)
45          {
46            if(visitX[j]) A[j]-=d;
47            if(visitY[j]) B[j]+=d;
48          }
49        }
50      }
51  }
52
53  int main()
54  {
55    while(~scanf("%d",&n))
56    {
57      memset(A,0,sizeof(A));
58      memset(B,0,sizeof(B));
59      memset(match,0,sizeof(match));
60      for(int i=1; i<=n; i++)
61        for(int j=1; j<=n; j++)
62          scanf("%d",&w[i][j]);
63      KM();
64      int sum=0;
65      for(int i=1; i<=n; i++)
66        sum+=w[match[i]][i];
67      printf("%d\n",sum);
68    }
69    return 0;
70  }
```

10.7 课后练习

1. 交换（网站题目编号：410010）
2. 卡片覆盖（网站题目编号：410011）
3. 小狗散步（网站题目编号：410012）
4. 机器安排（网站题目编号：410013）
5. 回家（网站题目编号：410014）